DIHEJINGANG
HANJIE
JISHU

低合金钢
焊接技术

尹士科　王存　著

U0231633

化学工业出版社
·北京·

内容简介

本书介绍了两个方面的重点内容：首先介绍了各类钢材的情况，主要有低合金高强度结构钢、微合金钢、铬-钼耐热钢、低温用钢、耐大气及其他腐蚀钢、大热输入焊接用钢等；其次介绍了焊接技术方面的几个关键问题，包括焊缝的韧化、焊接接头的抗裂性、焊缝及热影响区的微观组织、新型焊接材料的研发与应用等。

书中内容大多是作者在科研、生产的焊材产品开发中取得的数据，在众多合作单位的努力下，通过探索性试验，得到了有创意性的结果，提高了书的实用性。

本书适于从事焊接材料开发、现场焊接施工及工程质量管理方面的一线人员参考，也可作为研究院所的科研人员、学校师生的参考用书。

图书在版编目（CIP）数据

低合金钢焊接技术/尹士科，王存著. —北京：化学工业出版社，2023.4（2023.9重印）
ISBN 978-7-122-42990-2

Ⅰ.①低…　Ⅱ.①尹…②王…　Ⅲ.①低合金钢-焊接
Ⅳ.①TG457.11

中国国家版本馆 CIP 数据核字（2023）第 033152 号

责任编辑：周　红
文字编辑：温潇潇
责任校对：宋　夏
装帧设计：王晓宇

出版发行：化学工业出版社
　　　　　（北京市东城区青年湖南街13号　邮政编码100011）
印　　装：北京天宇星印刷厂
787mm×1092mm　1/16　印张13½　字数323千字
2023年9月北京第1版第2次印刷

购书咨询：010-64518888
售后服务：010-64518899
网　　址：http://www.cip.com.cn
凡购买本书，如有缺损质量问题，本社销售中心负责调换。

定　　价：108.00元

前言

低合金钢是在碳素钢中加入不同成分或不同数量的各种合金元素，以提高钢的强度、韧性、耐蚀性、耐热性，满足其他特殊性能要求的合金钢材。目前，中国已经成为世界钢铁生产大国和消费大国，粗钢产量已连续多年超过全球产量的一半。我国每年有约 3 亿吨的钢材涉及焊接加工，占全球焊接加工量的 50% 以上；我国的焊接材料产量也已达到世界总产量的 60% 左右，是世界焊接材料生产大国和消费大国。我国的焊接材料生产企业（不含有色焊接材料企业）约有 400 家，焊接材料的年产量在 400 万吨左右。

近几十年来，低合金钢的发展十分迅速，有关统计表明，在全世界的现代工业生产中，60% 以上的焊接结构是采用各种低合金钢制造的。目前，已纳入各国钢材标准的低合金钢品种达 300 余种。通过利用先进的冶炼、轧制、合金化和热处理等技术，不仅能使低合金钢具有比普通碳素钢高得多的力学性能，还能满足不同工程结构所要求的各种特殊性能。因此，这些低合金钢，在船舶、桥梁、锅炉、压力容器、管道、核能动力等设备中，得到了广泛的应用。特别是在大型和重型焊接结构上，低合金钢已成为最主要的结构材料。经过多年的研究，又开发了力学性能优良、焊接性能更具优势的新型微合金钢系列。微合金钢的问世，是合金成分与轧制技术上的综合突破，已经得到了相当广泛的应用。

与钢材的发展相对应，焊接材料品种也在不断更新换代，焊接技术得到了快速发展，以适应新型钢铁材料发展的需要。为了提高自动化焊接水平和焊接效率，传统的焊条使用量正在逐年减少，气体保护焊和埋弧焊等用的实心焊丝在增加，特别是具有优良焊接工艺性能和力学性能的药芯焊丝，其品种在扩大，使用量在大幅度增加，与世界潮流相吻合。

作为一个焊接工作者或焊接技术人员，不仅需要掌握各种钢材或焊材的成分及性能，还要能够针对钢种在焊接过程中出现的疑难技术问题加以解决，制定出合理的焊接方案，确保不出现焊接裂纹，避免焊缝或热影响区脆化，获得满足各项性能要求的焊接接头。

本书内容包括五个方面，首先介绍各类钢材的基本情况，主要有低合金高强度结构钢、微合金钢、铬-钼耐热钢、低温用钢、耐大气及其他腐蚀钢、大热输入焊接用钢等；焊接技术问题，主要有焊缝的韧化、焊接接头的抗裂性、焊缝及热影响区的微观组织、新型焊接材料的研发与应用等。在六大类钢材中，我国的大热输入焊接用钢研究工作起步较晚，很少有厂家能进行批量生产，因此，主要介绍了日本几个大型钢铁公司的相关产品。我国的大热输入焊接用药芯焊丝及其配套设备的研究，却走在了前面，达到了先进水平。在焊接技术中的焊缝韧化问题，重点介绍了合金元素及微观组织对韧性的影响，包括钛、硼、铝等微量元素的影响，也介绍了常量元素镍以及有害元素氧的影响。在组织上仅介绍了铁素体与韧性的关系，以及奥氏体晶粒尺寸对焊缝韧性的影响。有关低合金钢焊接接头的抗裂性问题，分别从冷裂纹、热裂纹以及再热裂纹的产生原因、断口形貌等方面进行了简介，也对扩散氢在引起冷裂纹上的作用及其降氢措施做了较深入的探讨。还介绍了焊缝中的气孔，分别对酸性焊条和碱性焊条的焊缝气孔形成条件进行了分析对比，它对现有的焊接施工起到了指导作用。低合金钢焊缝及热影响区的微观组织部分，先从组织的分类、形貌加以综合说明，并结合焊缝 CCT 图及其组织形貌进行了深入分析。最后，就强度等级对焊缝组织的影响、焊接热循环对晶粒度及组织的影响做了介绍，并对各种钢的焊缝及热影响区组织形貌做了全面汇总。最后介绍了低合金钢用焊接材料的研发与应用，在 8 种焊接材料中，有 7 种是本书的作者研究开发的，已发表了论文，这次将其汇总于此书之内。焊接材料的应用，贯穿于焊接施工及焊接性评价两个重点环节，有焊接规范以及焊后热处理对焊缝金属力学性能的影响，也包括其它的焊接性能评价，例如大型工程性试验项目。

　　书中的内容，大多是笔者在科研和产品开发中取得的。在众多合作单位的努力下，在各位同事及外单位朋友的协作下，在解决技术问题的过程中，通过探索性试验或研究，得到了有创意的结果，既完成了科研任务，又丰富了个人的经验与学识。在此基础上写成技术报告或学术论文，现在汇总成书。针对不同的技术问题分别加以说明，像一本技术论文集，它汇总了笔者几十年的工作经历、心得及体会。

　　书的面世源于本单位同事及外单位朋友的多年合作与支持，他们的功劳与书同在，吴树雄、李勇、王移山、朱明生、边境、陈默、喻萍以及刘威、郑云星、孙连发等提供了相关技术资料及各方面支持，营口中板钢铁公司赵和明博士和王东明高级工程师参与撰写了大热输入钢板研究的部分内容，在此向他们致以衷心的感谢！

著者

目录

第一章　低合金钢的成分与性能 ……………………………………………001

第一节　低合金高强度结构钢 ……………………………………………001

第二节　微合金钢 ……………………………………………009

第三节　铬-钼耐热低合金钢 ……………………………………………015

第四节　耐大气及其他介质腐蚀低合金钢 ……………………………………………022

　　一、耐大气腐蚀钢 ……………………………………………022

　　二、耐海水腐蚀钢 ……………………………………………025

　　三、抗硫化氢应力腐蚀钢 ……………………………………………026

第五节　含镍低温钢及超低温钢 ……………………………………………027

第六节　大热输入焊接用钢 ……………………………………………029

　　一、日本 JEF 公司开发的大热输入焊接用船板钢 ……………………………………………029

　　二、日铁公司开发的大热输入焊接用建筑结构钢 ……………………………………………034

　　三、日本神钢制钢开发的大热输入焊接用高强度钢板 ……………………………………………038

　　四、中国营口中板厂开发的大热输入焊接用钢板 ……………………………………………043

第二章　低合金钢焊接接头的韧化途径 ……………………………………………056

第一节　焊接接头的强韧性匹配 ……………………………………………056

第二节　影响焊缝及热影响区韧性的因素 ……………………………………………060

　　一、针状铁素体对韧性的影响 ……………………………………………061

　　二、含镍量及组织类型对韧性的影响 ……………………………………………062

　　三、硼对焊缝组织及性能的影响 ……………………………………………063

四、钛对焊缝组织及韧性的影响 ·· 071

五、含氧量对焊缝组织和韧性的影响 ··· 073

六、铝对自保护焊焊缝组织和韧性的影响 ··································· 078

七、奥氏体晶粒尺寸对焊缝韧性的影响 ······································ 081

第三章 低合金钢焊接接头的裂纹与气孔 ·················· 087

第一节 低合金钢焊接接头的冷裂纹 ······································· 087

一、焊接接头的冷裂纹与断口形貌 ·· 087

二、氢的扩散行为及对冷裂纹的影响 ·· 091

三、原材料及存放条件对扩散氢的影响 ······································ 099

第二节 焊缝金属的热裂纹及再热裂纹 ···································· 106

第三节 焊缝气孔的形貌及成因分析 ······································· 110

第四章 低合金钢焊缝及热影响区微观组织 ·············· 116

第一节 焊缝金属的结晶与相变 ·· 116

第二节 低合金钢焊缝金属的微观组织 ···································· 119

一、焊缝金属的组织分类 ··· 119

二、焊缝金属相变及组织形貌 ·· 121

第三节 影响焊缝及热影响区组织的因素 ·································· 128

一、强度等级对焊缝组织的影响 ·· 128

二、焊接热循环对晶粒度及组织的影响 ······································ 132

第四节 焊缝 CCT 图及其影响因素 ·· 134

第五节 各种钢的焊缝及热影响区组织 ···································· 143

第五章 低合金钢用焊接材料的研发与应用

第五章 低合金钢用焊接材料的研发与应用 ·········150

第一节 低合金钢用焊接材料的研发 ·········150

一、铁粉焊条的研发 ·········150

二、低温钢用焊条的研制 ·········154

三、低合金耐腐蚀钢用焊条的研发 ·········157

四、铬-钼耐热钢用焊接材料 ·········161

五、六十千克级钢用烧结焊剂和焊丝的研发 ·········166

六、氧化性熔炼焊剂的研制 ·········169

七、高强度高韧性药芯焊丝的研发 ·········172

八、大热输入焊接用药芯焊丝的研发 ·········176

第二节 钢的焊接施工及焊接性评价 ·········186

一、焊接规范对焊缝金属力学性能的影响 ·········186

二、焊后热处理对焊缝金属力学性能的影响 ·········189

三、低合金钢的焊接性评价 ·········194

参考文献 ·········206

第一章
低合金钢的成分与性能

钢铁是国民经济建设及国防建设的重要原材料。一个国家钢铁的产量、品种、规格、质量水平，是衡量其国力的重要指标之一。当前，我国钢铁生产工艺技术处于大变革的阶段，正在运用高新技术来改造钢铁工业。国民经济各领域的发展，急需各种钢铁材料。现代化国防的常规武器，主要采用钢铁材料制造，开发尖端技术需要更高级的钢铁与合金材料。改革开放40多年来，我国的钢铁工业有了重大发展与进步，钢铁产品结构调整取得显著成效，研制开发出了各种新型钢铁材料，满足了国民经济发展的需求。下面简介各类低合金钢。

第一节
低合金高强度结构钢

低合金高强度结构钢，曾称为普通低合金钢或低合金结构钢，GB/T 1591—94《低合金高强度结构钢》是参照采用了 ISO 4950 和 ISO 4951 高屈服强度扁平钢材、高屈服强度棒材和型材标准，改名为低合金高强度结构钢。在 GB/T 1591—2018《低合金高强度结构钢》中，钢的牌号由三部分变更为四部分组成，即代表钢的屈服点"屈"字的汉语拼音首字母（Q）、最小上屈服点数值、交货状态代号（热轧状态代号可省略）和质量等级符号（B、C、D、E、F，表示不同温度下的冲击吸收能量），还可以附加表示厚度方向性能级别的符号（如 Z35）。在 Q355NB 钢号中，Q 代表屈服强度，355表示最小屈服强度为 355MPa，N 表示交货状态为正火或正火轧制，B 表示+20℃的冲击吸收能量，KV_2 为纵向不低于 34J，横向不低于 27J。最初制定国家标准时，屈服强度采用下屈服点数值，2018 版本改用上屈服点数值，还增加了对横向试样冲击吸收能量的要求。

在 GB/T 1591—1988《低合金高强度结构钢》标准中，低合金高强度结构钢的牌号是用化学元素符号来表示，例如 09Mn2，09 表示碳的平均质量分数为 0.09％，Mn2

表示锰的平均质量分数约为 2%。由于这种牌号表示方法能直观反映含碳量和合金元素及其含量，在目前的设计图样和工艺文件中，有的仍采用 1988 年标准中的低合金高强度结构钢牌号，故在此列出了低合金高强度结构钢新旧标准中的牌号对照，见表 1-1。

表 1-1　低合金高强度结构钢新旧标准中的牌号对照

项目		GB/T 1591—2018	GB/T 1591—1988
牌号		Q355	12MnV、14MnNb、16Mn、16MnRE、18Nb
		Q390	15MnV、15MnTi、16MnNb
		Q420	15MnVN、14MnVTiRE
		Q460	—
热轧态（B、C、D）或正火态（B、C）交货的纵向冲击吸收能量	B	+20℃，KV_2≥34J	12MnV、14MnNb、16Mn、16MnRE、18Nb 等
	C	0℃，KV_2≥34J	+20℃，KV_2≥34J
	D	-20℃，KV_2≥34J	
正火态交货的纵向冲击吸收能量	D	-20℃，KV_2≥40J	
	E	-40℃，KV_2≥31J	
	F	-60℃，KV_2≥27J	

1. 低合金高强度结构钢的分类及成分特征

① 按成分分类，有单元素钢、多元素钢、微合金钢等。

② 按强度等级分类，有 Q355、Q390、Q420、Q460 等。

③ 按金相组织分类，有珠光体-铁素体钢、贝氏体钢、低碳马氏体钢等。

④ 按用途分类：一是采用推荐性标准（GB/T）的专业用钢，如耐大气腐蚀钢、耐海水腐蚀钢、石油天然气输送管线用钢、建筑结构钢等；二是从 2017 年起，由采用强制性标准（GB）改为推荐性标准的专业用钢，如船舶及海洋工程用结构钢、桥梁用结构钢、锅炉和压力容器用钢等。

低合金高强度结构钢除了含有 Mn、Si 等主要合金元素外，有的还添加了 V、Ti、Nb、Al、Re、N 等元素。其中 V、Ti、Nb、Al 为细化晶粒元素，主要作用是在钢中形成微细的碳化物和氮化物，在金属相变时沿奥氏体晶界析出，形成细小弥散相，阻止晶粒长大，有效地防止钢的过热，改善钢的强度，提高钢的韧性和抗层状撕裂性。这类钢适用于较重要的钢结构，如压力容器、电站设备、海洋结构、工程机械、船舶、桥梁、管道和建筑结构等。为了满足上述产品的使用要求,对钢中硫和磷含量的上限、碳及碳当量的上限、最高硬度值、夏比试样冲击吸收能量的下限值等,均有严格规定。

2. 低合金钢的供货状态

近几十年来,钢铁的冶炼、轧制及热处理技术有了重大突破和明显进步。在炼钢方面有转炉和电炉炼钢。转炉炼钢又分为氧气顶吹转炉炼钢和顶底复合吹炼转炉炼钢,后者具有更好的冶金效果和经济效益。电炉炼钢以碱性电弧炉为主,也有的采用感应炉或电渣炉炼钢。碱性电弧炉炼钢中炉外精炼的出现具有极为重要的意义。炉外精炼的主要任务是脱碳、脱氧、脱硫、去气、去杂质、调整温度和化学成分等。精炼的主要手段有渣洗、真空处理、吹氩搅拌、电磁搅拌、吹氧、电弧加热、喷粉等。炉外精炼可大幅度地提高钢的质量,缩短冶炼时间,简化工艺流程和降低产品成本等。

在轧钢技术上,当今最为重大的进展是热控轧制技术的成熟和应用,它主要是利用细化铁素体组织,产生贝氏体或马氏体等低温相变组织,来提高钢材的强度和韧性。和以往同样强度级别的钢材相比较,热控轧制技术生产的钢材,降低了碳含量和合金成分含量,因而使钢的焊接性及接头的力学性能得到很大改善,这类技术生产的钢被称为热控轧制钢。热控轧制钢包括了控制轧制钢(CR 钢)、经 CR 处理后加速冷却钢(ACC 钢)和直接淬火钢(DC 钢)。现在,一般的热控轧制钢多指控制轧制钢,如果采取了加速冷却,则称为水冷型热控轧制钢,仅采用控制轧制时,称为非水冷型热控轧制钢。普通轧钢是加热到 1250～1350℃后立即进行轧制,轧制终了温度在 950℃以上;而控制轧制(CR)技术,可防止奥氏体晶粒过度粗大,加热温度在 1150～1200℃,轧制终了温度一般在 800℃以下。20 世纪 60 年代以前,是低合金高强度结构钢的发展阶段,从 20 世纪 70 年代起,以微合金化和控轧控冷技术为基础,开发了微合金高强度钢。这种钢是在低碳钢或低合金钢中加入微量的(≤0.2%)碳化物或氮化物形成元素,如 Nb、V、Ti 等,这类元素可以细化钢的晶粒,提高钢的强度和获得较好的韧性。但是,钢的良好性能不仅依靠添加微量合金元素,更主要的是通过控轧和控冷工艺的热变形,导入了物理冶金因素的变化使钢的晶粒细化。在容易产生再结晶的高温 γ 区(再结晶区)进行轧制时,可以细化 γ 晶粒;在难以产生再结晶的低温 γ 区(未再结晶区)进行轧制时,可使 γ 晶粒内形变组织均匀性提高;在更低温度下的铁素体和奥氏体双相区进行轧制时,可使相变后的铁素体晶粒进一步细化。另外,加速冷却还改变钢的最终组织铁素体、珠光体、贝氏体和马氏体的比例,也能提高钢的抗拉强度。总之,通过控制轧钢过程中的加热温度、轧制温度、变形量、变形速率、终轧温度以及轧后冷却工艺等参数,使轧件的塑性变形与固态相变相结合,可以获得细小的晶粒和良好的相变组织,提高钢的强韧性,使其成为具有优异综合性能的钢材。

在热处理技术上,以往常采用正火(N)、正火+回火(NT)、淬火+回火(QT)等方法,后来又开发了两次正火+回火(NN′T)、两次淬火+回火(QQ′T)等新工艺。两次淬火+回火处理有两大作用,分别是提高钢的低温韧性和降低钢的屈强比。就提高韧性而言,主要适用于 5Ni 钢、9Ni 钢等低温用钢和含 Ni 较多的高强度高韧性钢。就降低钢的屈强比而言,主要用于建筑行业中的高强度钢,即通过在两相区温度区间进行热处理,研制出了低屈强比的调质钢。这类钢的 Ni 含量很低（<0.5%），其屈强比≈0.7，而相近成分的调质钢屈强比>0.8。选择不同的两相区温度淬火后，可得到不同比例的混合组织，从而得到不同的屈强比。

低合金高强度结构钢的供货状态主要有如下四种：

① 热轧钢，它的合金系统有 C-Mn 系、C-Mn-Si 系等，主要依靠 Mn、Si 的固溶强化作用来提高强度，还可以加入微量的 V、Nb 或 Ti，利用其碳化物和氮化物的沉淀析出和细化晶粒，进一步提高钢的强度，改善塑性和韧性。其组织为细晶粒的铁素体和珠光体，这类钢的屈服强度多在 400MPa 以下。

② 正火钢，它可以充分发挥沉淀强化的效果，通过正火处理，使沉淀相从固溶体中以细小质点析出，弥散分布于晶界和晶内，细化晶粒，有效地提高强度，且具有良好的塑性和韧性。大部分正火钢的组织为细晶粒的铁素体和珠光体，正火钢的屈服强度为 420~540MPa。

③ 调质钢，通过淬火来获得高强度的马氏体组织，再经过回火处理改善其塑性和韧性，回火后的组织为回火马氏体，也称板条马氏体。调质处理主要用于 Q460 级以上的高强度高韧性结构钢，但对于 Q420 和 Q460 的 C、D、E 级钢，可通过调质处理来满足其低温韧性要求。

④ 热机械轧制钢，它是指钢材的最终变形是在一定温度范围内的轧制工艺中进行的，从而保证钢材获得仅通过热处理无法获得的性能。这种轧制也称控制轧制，或称 TMCP（热机械控制工艺）。热机械轧制包括回火或无回火状态下的冷却速率提高的过程，回火包括自回火，但不包括直接淬火或淬火加回火。这类钢不宜采用可能会降低钢材强度值的热成形，也不能采用温度在 580℃以上的焊后热处理；根据相关的技术规定，火焰矫直是允许采用的。

3. 低合金高强度结构钢的成分与性能

在 GB/T 1591—2018 中规定了低合金高强度结构钢的化学成分、拉伸性能及其冲击吸收能量，这些数据分别列于表 1-2～表 1-4；根据供货状态的不同，又分为如下各表。

表 1-2 低合金高强度结构钢的化学成分：

表 1-2（a）为热轧钢的牌号及化学成分；

表 1-2（b）为正火、正火轧制钢的牌号及化学成分；

表 1-2（c）为热机械轧制钢的牌号及化学成分。

表 1-3 低合金高强度结构钢的拉伸性能：

表 1-3（a）为正火、正火轧制钢材的拉伸性能；

表 1-3（b）为热机械轧制（TMCP）钢材的拉伸性能。

表 1-4 低合金高强度结构钢的夏比冲击试样吸收能量。

从 2017 年起，由采用强制性标准（GB）改为推荐性标准的专业用钢，如船舶及海洋工程用结构钢（GB/T 712—2011）、桥梁用结构钢（GB/T 714—2015）、锅炉和压力容器用钢（GB/T 713—2014）等，都属于低合金钢，它们的化学成分、拉伸性能及冲击吸收能量等，请参见相应的各个标准，此处一并省略。

表1-2 低合金高强度结构钢的化学成分（GB/T 1591—2018）

表1-2（a） 热轧钢的牌号及化学成分

化学成分（质量分数）/%

牌号 钢级	质量等级	C①（≤40②）	C①（>40）	Si	Mn	P③	S③	Nb④	V⑤	Ti③	Cr	Ni	Cu	Mo	N⑥	B
		以下公称厚度或直径/mm（不大于）		不大于				不大于								
Q355	B	0.24	0.24	0.55	1.60	0.035	0.035	—	—	—	0.30	0.30	0.40	—	0.012	—
	C	0.20	0.22	0.55	1.60	0.030	0.030	—	—	—	0.30	0.30	0.40	—	0.012	—
	D	0.20	0.22	0.55	1.60	0.025	0.025	—	—	—	0.30	0.30	0.40	—	0.012	—
Q390	B	0.20		0.55	1.70	0.035	0.035	0.05	0.13	0.05	0.30	0.50	0.40	0.10	0.015	—
	C	0.20		0.55	1.70	0.030	0.030	0.05	0.13	0.05	0.30	0.50	0.40	0.10	0.015	—
	D	0.20		0.55	1.70	0.025	0.025	0.05	0.13	0.05	0.30	0.50	0.40	0.10	0.015	—
Q420⑦	B	0.20		0.55	1.70	0.035	0.035	0.05	0.13	0.05	0.30	0.80	0.40	0.20	0.015	—
	C	0.20		0.55	1.70	0.030	0.030	0.05	0.13	0.05	0.30	0.80	0.40	0.20	0.015	—
Q460⑦	C	0.20		0.55	1.80	0.030	0.030	0.05	0.13	0.05	0.30	0.80	0.40	0.20	0.015	0.004

① 公称厚度大于100mm的型钢，碳含量可由供需双方协商确定。
② 公称厚度大于30mm的钢材，碳含量不大于0.22%。
③ 对于型钢和棒材，其磷和硫含量上限值可提高0.005%。
④ Q390、Q420最高可到0.07%，Q460最高可到0.11%。
⑤ 最高可到0.20%。
⑥ 如果钢中酸溶铝Als含量不小于0.015%或全铝Alt含量不小于0.020%，或添加了其他固氮合金元素，固氮元素应在质量证明书中注明，氮元素含量不做限制。
⑦ 仅适用于型钢和棒材。

低合金钢焊接技术

表 1-2（b） 正火、正火轧制钢的牌号及化学成分

牌号		化学成分（质量分数）/%													
钢级	质量等级	C	Si	Mn	P	S	Nb	V	Ti③	Cr	Ni	Cu	Mo	N	Als④
		不大于	不大于		不大于①	不大于①						不大于			不小于
Q355N	B	0.20			0.035	0.035									
	C	0.20			0.030	0.030									
	D	0.20	0.50	0.90~1.65	0.030	0.025	0.005~0.05	0.01~0.12	0.006~0.05	0.30	0.50	0.40	0.10	0.015	0.015
	E	0.18			0.025	0.020									
	F	0.16			0.020	0.010									
Q390N	B				0.035	0.035									
	C	0.20	0.50	0.90~1.70	0.030	0.030	0.01~0.05	0.01~0.20	0.006~0.05	0.30	0.50	0.40	0.10	0.015	0.015
	D				0.030	0.025									
	E				0.025	0.020									
Q420N	B				0.035	0.035									
	C	0.20	0.60	1.00~1.70	0.030	0.030	0.01~0.05	0.01~0.20	0.006~0.05	0.30	0.80	0.40	0.10	0.015	0.015
	D				0.030	0.025								0.025	
	E				0.025	0.020									
Q460N②	C	0.20	0.60	1.00~1.70	0.030	0.030	0.01~0.05	0.01~0.20	0.006~0.05	0.30	0.80	0.40	0.10	0.015	0.015
	D				0.030	0.025								0.025	
	E				0.025	0.020									

① 对于型钢和棒材，磷和硫含量上限值可提高 0.005%。
② V+Nb+Ti≤0.22%，Mo+Cr≤0.30%。
③ 最高可到 0.20%。
④ 可用全铝 Alt 替代，此时全铝最小含量为 0.020%。当钢中添加了铌、钒、钛等细化晶粒元素且含量不小于表中规定含量的下限时，铝含量下限值不限。
注：钢中应至少含有铝、铌、钒、钛等细化晶粒元素中一种，单独或组合加入时，应保证其中至少一种合金元素含量不小于表中规定含量的下限。

表1-2(c)　热机械轧制钢的牌号及化学成分

牌号		化学成分（质量分数）/%														
钢级	质量等级	C	Si	Mn	P①	S①	Nb	V 不大于	Ti② 不大于	Cr	Ni	Cu	Mo	N	B	Als③ 不小于
Q355M	B	0.14④	0.50	1.60	0.035	0.035	0.01~0.05	0.01~0.10	0.006~0.05	0.30	0.50	0.40	0.10	0.015	—	0.015
	C				0.030	0.030										
	D				0.030	0.025										
	E				0.025	0.020										
	F				0.020	0.010										
Q390M	B	0.15④	0.50	1.70	0.035	0.035	0.01~0.05	0.01~0.12	0.006~0.05	0.30	0.50	0.40	0.10	0.015	—	0.015
	C				0.030	0.030										
	D				0.030	0.025										
	E				0.025	0.020										
Q420M	B	0.16④	0.50	1.70	0.035	0.035	0.01~0.05	0.01~0.12	0.006~0.05	0.30	0.80	0.40	0.20	0.015 / 0.025	—	0.015
	C				0.030	0.030										
	D				0.030	0.025										
	E				0.025	0.020										
Q460M	C	0.16④	0.60	1.70	0.030	0.030	0.01~0.05	0.01~0.12	0.006~0.05	0.30	0.80	0.40	0.20	0.015 / 0.025	—	0.015
	D				0.030	0.025										
	E				0.025	0.020										
Q500M	C	0.18	0.60	1.80	0.030	0.030	0.01~0.11	0.01~0.12	0.006~0.05	0.60	0.80	0.55	0.20	0.015 / 0.025	0.004	0.015
	D				0.030	0.025										
	E				0.025	0.020										
Q550M	C	0.18	0.60	2.00	0.030	0.030	0.01~0.11	0.01~0.12	0.006~0.05	0.80	0.80	0.80	0.30	0.015 / 0.025	0.004	0.015
	D				0.030	0.025										
	E				0.025	0.020										
Q620M	C	0.18	0.60	2.00	0.030	0.030	0.01~0.11	0.01~0.12	0.006~0.05	1.00	0.80	0.80	0.30	0.015 / 0.025	0.004	0.015
	D				0.030	0.025										
	E				0.025	0.020										
Q690M	C	0.18	0.60	2.00	0.030	0.030	0.01~0.11	0.01~0.12	0.006~0.05	1.00	0.80	0.80	0.30	0.015 / 0.025	0.004	0.015
	D				0.030	0.025										
	E				0.025	0.020										

① 对于型钢和棒材，磷和硫含量可提高0.005%。

② 最高可到0.20%。

③ 可用全铝 Alt 替代，此时全铝最小含量为0.020%。当钢中添加了铌、钒、钛等细化晶粒元素且含量不小于表中规定含量的下限时，铝含量下限值不限。

④ 对于型钢和棒材，Q355M、Q390M、Q420M 和 Q460M 的最大碳含量可提高0.02%。

注：钢中应至少含有铝、铌、钒、钛等细化晶粒元素中的一种，单独或组合加入时，应保证其中至少一种合金元素含量不小于表中规定含量的下限。

表 1-3 低合金高强度结构钢的拉伸性能（GB/T 1591—2018）

表 1-3（a） 正火、正火轧制钢材的拉伸性能

钢级	牌号	质量等级	上屈服强度 $R_{eH}^{①}$/MPa 不小于								抗拉强度 R_m/MPa 公称厚度或直径/mm			断后伸长率 A/% 不小于					
			≤16	>16~40	>40~63	>63~80	>80~100	>100~150	>150~200	>200~250	≤100	>100~200	>200~250	≤16	>16~40	>40~63	>63~80	>80~200	>200~250
Q355N		B、C、D、E、F	355	345	335	325	315	295	285	275	470~630	450~600	450~600	22	22	22	21	21	21
Q390N		B、C、D、E	390	380	360	340	340	320	310	300	490~650	470~620	470~620	20	20	20	19	19	19
Q420N		B、C、D、E	420	400	390	370	360	340	330	320	520~680	500~650	500~650	19	19	19	18	18	18
Q460N		C、D、E	460	440	430	410	400	380	370	370	540~720	530~710	510~690	17	17	17	17	17	16

① 当屈服不明显时，可用规定塑性延伸强度 $R_{p0.2}$ 代替上屈服强度 R_{eH}。

注：正火状态包含正火加回火状态。

表 1-3（b） 热机械轧制（TMCP）钢材的拉伸性能

钢级	牌号	质量等级	上屈服强度 $R_{eH}^{①}$/MPa 不小于						抗拉强度 R_m/MPa 公称厚度或直径/mm					断后伸长率 A/% 不小于
			≤16	>16~40	>40~63	>63~80	>80~100	>100~120	≤40	>40~63	>63~80	>80~100	>100~120②	
Q355M		B、C、D、E、F	355	345	335	325	325	320	470~630	450~610	440~600	440~600	430~590	22
Q390M		B、C、D、E	390	380	360	340	340	335	490~650	480~640	470~630	460~620	450~610	20
Q420M		B、C、D、E	420	400	390	380	370	365	520~680	500~660	480~640	470~630	460~620	19
Q460M		C、D、E	460	440	430	410	400	385	540~720	530~710	510~690	500~680	490~660	17
Q500M		C、D、E	500	490	480	460	450	—	610~770	600~760	590~750	540~730	—	17
Q550M		C、D、E	550	540	530	510	500	—	670~830	620~810	600~790	590~780	—	16
Q620M		C、D、E	620	610	600	580	—	—	710~880	690~880	670~860	—	—	15
Q690M		C、D、E	690	680	670	650	—	—	770~940	750~920	730~900	—	—	14

① 当屈服不明显时，可用规定塑性延伸强度 $R_{p0.2}$ 代替上屈服强度 R_{eH}。

② 对于型钢和棒材，厚度或直径不大于150mm。

注：热机械轧制（TMCP）状态包含热机械轧制（TMCP）加回火状态。

表1-4　低合金高强度结构钢夏比（V型缺口）冲击试验的温度和冲击吸收能量（GB/T 1591—2018）

牌号		以下试验温度的冲击吸收能量最小值 KV_2/J									
钢级	质量等级	20℃		0℃		-20℃		-40℃		-60℃	
		纵向	横向	纵向	横向	纵向	横向	纵向	横向	纵向	横向
Q355、Q390、Q420	B	34	27	—	—	—	—	—	—		
Q355、Q390、Q420、Q460	C	—	—	34	27	—	—	—	—		
Q355、Q390	D					34[①]	27[①]				
Q355N、Q390N、Q420N	B	34	27								
Q355N、Q390N Q420N、Q460N	C	—	—	34	27						
	D	55	31	47	27	40[②]	20				
	E	63	40	55	34	47	27	31[③]	20[③]		
Q355N	F	63	40	55	34	47	27	31	20	27	16
Q355M、Q390M、Q420M	B	34	27	—	—						
Q355M、Q390M、Q420M Q460M	C	—	—	34	27						
	D	55	31	47	27	40[②]	20				
	E	63	40	55	34	47	27	31[③]	20[③]		
Q355M	F	63	40	55	34	47	27	31	20	27	16
Q500M、Q550M、Q620M Q690M	C	—	—	55	34	—	—				
	D	—	—	—	—	47[②]	27	—	—		
	E	—	—	—	—	—	—	31[③]	20[③]		

① 仅适用于厚度大于250mm的Q355D钢板。

② 当需方指定时，D级钢可做-30℃冲击试验时，冲击吸收能量纵向不小于27J。

③ 当需方指定时，E级钢可做-50℃冲击试验时，冲击吸收能量纵向不小于27J、横向不小于16J。

注：1. 当需方未指定试验温度时，正火、正火轧制和热机械轧制的C、D、E、F级钢材分别做0℃、-20℃、-40℃、-60℃冲击。

2. 冲击试验取纵向试样。经供需双方协商，也可取横向试样。

第二节
微合金钢

20世纪70年代起，以微合金化和控制轧制技术为基础，开发了微合金钢。微合金钢与普通低合金高强度结构钢的主要区别，在于微合金元素的存在将明显改变其轧制热形变行为，通过控制微合金钢的轧制及轧后冷却过程，使微合金元素的作用充分发挥，可使钢材的性能显著提高，进而发展成新型的高强度高韧性钢。它是20世纪世界钢铁业的重大技术进展之一。

微合金钢广泛用于石油和天然气管线，采油平台、桥梁、大型建筑物的建设，船舶、车辆、容器及机械、化工、轻工等设备的制造。在建筑领域使用的微合金钢，有微合金化钢筋钢、微合金化高强度钢、微合金化耐火钢、微合金化 H 型钢和其他高性能建筑用钢。在桥梁结构上采用的微合金钢，有 12MnVq、14MnNbq、15MnVq、15MnVNq 等，绝大多数的桥梁用钢均为微合金钢。汽车用微合金钢中，用量最大的是汽车框架和汽车壳体，是采用含 Nb 和（或）V 的微合金钢。在民用船舶建造上，微合金元素以钛为主，微合金钢在船舶建造上也将得到更加广泛的应用。

在石油和天然气输送管线方面，我国目前大量使用的 X52～X70 级钢，主要采用 Nb-V 复合微合金化。欧洲的 X80 级钢则采用 Nb-Ti 微合金化。20 世纪 90 年代起，国产 X60 管线钢用于陕京一线，并推动 X65 管线钢国产化，成功地用于库鄯线。进入 21 世纪，西气东输一线设计采用 X70 管线钢，虽然当时的管线钢绝大多数依赖进口，但该工程促进了我国 X70 管线钢的研究开发和应用。2008 年开工建设的西气东输二期工程，在 1219mm 大口径、12MPa 高压力条件下，采用了 X80 高强度管线钢，推动了我国 X80 管线钢的发展，实现了国产化，使我国管线钢的研究开发和生产应用达到了世界先进水平，标志着我国管道建设领域实现了从追赶先进技术到与世界潮流吻合。X80 管线钢还成功应用于中亚天然气管道、中俄原油管道、中哈原油管道、中缅原油管道、新疆天然气管道等工程建设中。长距离石油天然气管线工程的建设，大大促进了我国管线钢品种的开发及推广应用。

在深海海底管线领域，我国开发了 X65、X70 厚壁深海管线钢品种，钢管最大壁厚达到 31.8mm，成功用于我国南海荔湾 3#深水气田的海底管线工程，最大水深 1500m，它是目前我国首个深水气田。

1. 微合金钢的特点

微合金钢是在低碳钢或低合金高强度结构钢中，加入能形成碳化物或氮化物的微合金元素（如 Nb、V、Ti），且这些微合金元素的含量（质量分数）一般低于 0.2%。微合金元素的加入可以细化钢的晶粒，提高钢的强度并获得较好的韧性。钢的良好性能不仅依靠添加微合金元素，更主要的是通过控轧和控冷工艺的热变形导入的物理冶金因素的变化。因此，和一般热轧钢强度相同的情况下，微合金钢的碳当量低，焊接性优良。

微合金钢的组织以针状铁素体为主，其晶粒尺寸在 $10～20\mu m$，先共析铁素体和渗碳体都很少。微合金钢多用微量 Ti 处理，Ti 含量为 0.01%～0.02%。由于钢中形成的 TiN 颗粒，熔解温度很高（约 1000℃以上），所以在焊接热影响区邻近焊缝的高温区域内，TiN 颗粒很难熔解，因而阻止了奥氏体晶粒长大，使该区域的韧性下降不多，因此，这种钢适宜大热输入焊接。

2. 微合金钢的分类

① 微合金钢（TMCP）。在微合金钢热轧过程中，通过对金属加热温度、轧制温度、变形量、变形速率、终轧温度和轧后冷却工艺等诸参数的合理控制，使轧件的塑性变形与固态相变相结合，以获得良好的组织，提高钢材的强韧性，使其成为具有优异综合性能的钢。通常可分为奥氏体再结晶区（≥950℃）、奥氏体未再结晶区（950～A_3 点）和奥氏体与铁素体两相区（A_3 以下）三种不同的终轧温度下生产的微合金钢。

② 微合金控轧、控冷钢（TMCP+ACC）。在轧制过程中，通过冷却装置，在轧制线上对热轧后轧件的温度和冷却速度进行控制，即利用轧件轧后的余热，进行在线热处理

生产的钢。这种钢有更好的性能，特别是强度；又可省去再加热、淬火等热处理工艺。用较少的合金含量可生产出强度和韧性更高、焊接性更好的钢。在控制冷却中，主要控制轧件的轧制开始和终了温度、冷却速度和冷却的均匀程度。

3. 输气管线用微合金钢的成分与性能

石油天然气输送管用宽厚钢板的化学成分及力学性能，参见国家标准 GB/T 21237—2018。在国家标准中，钢板有两种产品规范水平，其中 PSL1 为标准质量水平，而 PSL2 则是在化学成分、力学性能等方面增加了一些强制性要求。有关碳当量的数值，给出如下两个计算公式：

当钢的成分中碳含量不大于 0.12% 时，碳当量用 CE_{Pcm} 表示，按下式计算：

$$CE_{Pcm}=C+Si/30+(Mn+Cu+Cr)/20+Ni/60+Mo/15+V/10+5B$$

当钢的成分中碳含量大于 0.12% 时，碳当量用 CE_{IIW} 表示，按下式计算：

$$CE_{IIW}=C+Mn/6+(Cr+Mo+V)/5+(Cu+Ni)/15$$

石油天然气输送管用宽厚钢板的牌号及化学成分列于表 1-5，钢板的力学和工艺性能见表 1-6，钢板的断裂韧性见表 1-7。

表 1-5 石油天然气输送管用宽厚钢板的牌号及化学成分（GB/T 21237—2018）

表 1-5（a） PSL1 化学成分（熔炼分析和产品分析）

牌号	化学成分[1],[7]（质量分数）/%						
	C[2]	Mn[2]	P	S	V	Nb	Ti
	不大于						
L210/A	0.22	0.90	0.030	0.030	—	—	—
L245/B	0.26	1.20	0.030	0.030	[3],[4]	[3],[4]	[4]
L290/X42	0.26	1.30	0.030	0.030	[4]	[4]	[4]
L320/X46	0.26	1.40	0.030	0.030	[4]	[4]	[4]
L360/X52	0.26	1.40	0.030	0.030	[4]	[4]	[4]
L390/X56	0.26	1.40	0.030	0.030	[4]	[4]	[4]
L415/X60	0.26[5]	1.40[5]	0.030	0.030	[6]	[6]	[6]
L450/X65	0.26[5]	1.45[5]	0.030	0.030	[6]	[6]	[6]
L485/X70	0.26[5]	1.65[5]	0.030	0.030	[6]	[6]	[6]

① 铜最大含量 0.50%；镍最大含量 0.50%；铬最大含量 0.50%；钼最大含量 0.15%。

② 碳含量比规定最大碳含量每降低 0.01%，锰含量则允许比规定最大锰含量高 0.05%，但对 L245/B、L290/X42、L320/X46 和 L360/X52，最大锰含量应不超过 1.65%；对于 L390/X56、L415/X60 和 L450/X65，最大锰含量应不超过 1.75%；对于 L485/X70，锰含量应不超过 2.00%。

③ 除另有协议外，铌、钒总含量应不大于 0.06%。

④ 铌、钒、钛总含量应不大于 0.15%。

⑤ 除另有协议外。

⑥ 除另有协议外，铌、钒、钛总含量应不大于 0.15%。

⑦ 除非另有规定，否则不应有意加入硼，残余硼含量应不大于 0.001%。

表 1-5（b）　PSL2 钢板的化学成分（熔炼分析和产品分析）及碳当量

牌号	化学成分（质量分数）/%，不大于									碳当量[1]/%，不大于	
	C[2]	Si	Mn[2]	P	S	V	Nb	Ti	其他	CE_{IIW}	CE_{Pcm}
L245R/BR	0.24	0.40	1.20	0.025	0.015	[3]	[3]	0.04	[5]、[11]	0.43	0.25
L290R/X42R	0.24	0.40	1.20	0.025	0.015	0.06	0.05	0.04	[5]、[11]	0.43	0.25
L245N/BN	0.24	0.40	1.20	0.025	0.015	[3]	[3]	0.04	[5]、[11]	0.43	0.25
L290N/X42N	0.24	0.40	1.20	0.025	0.015	0.06	0.05	0.04	[5]、[11]	0.43	0.25
L320N/X46N	0.24	0.40	1.40	0.025	0.015	0.07	0.05	0.04	[4]、[5]、[11]	0.43	0.25
L360N/X52N	0.24	0.45	1.40	0.025	0.015	0.10	0.05	0.04	[4]、[5]、[11]	0.43	0.25
L390N/X56N	0.24	0.45	1.40	0.025	0.015	0.10[6]	0.05	0.04	[4]、[5]、[11]	0.43	0.25
L415N/X60N	0.24[6]	0.45[6]	1.40[6]	0.025	0.015	0.10[6]	0.05[6]	0.04[6]	[7]、[8]、[11]	按协议	
L245Q/BQ	0.18	0.45	1.40	0.025	0.015	0.05	0.05	0.04	[5]、[11]	0.43	0.25
L290Q/X42Q	0.18	0.45	1.40	0.025	0.015	0.05	0.05	0.04	[5]、[11]	0.43	0.25
L320Q/X46Q	0.18	0.45	1.40	0.025	0.015	0.05	0.05	0.04	[5]、[11]	0.43	0.25
L360Q/X52Q	0.18	0.45	1.50	0.025	0.015	0.05	0.05	0.04	[5]、[11]	0.43	0.25
L390Q/X56Q	0.18	0.45	1.50	0.025	0.015	0.07	0.05	0.04	[4]、[5]、[11]	0.43	0.25
L415Q/X60Q	0.18[6]	0.45[6]	1.70[6]	0.025	0.015	[7]	[7]	[7]	[8]、[11]	0.43	0.25
L450Q/X65Q	0.18[6]	0.45[6]	1.70[6]	0.025	0.015	[7]	[7]	[7]	[8]、[11]	0.43	0.25
L485Q/X70Q	0.18[6]	0.45[6]	1.80[6]	0.025	0.015	[7]	[7]	[7]	[8]、[11]	0.43	0.25
L555Q/X80Q	0.18[6]	0.45[6]	1.90[6]	0.025	0.015	[7]	[7]	[7]	[9]、[10]	按协议	
L245M/BM	0.22	0.45	1.20	0.025	0.015	0.05	0.05	0.04	[5]、[11]	0.43	0.25
L290M/X42M	0.22	0.45	1.30	0.025	0.015	0.05	0.05	0.04	[5]、[11]	0.43	0.25
L320M/X46M	0.22	0.45	1.30	0.025	0.015	0.05	0.05	0.04	[5]、[11]	0.43	0.25
L360M/X52M	0.22	0.45	1.40	0.025	0.015	[4]	[4]	[4]	[5]、[11]	0.43	0.25
L390M/X56M	0.22	0.45	1.40	0.025	0.015	[4]	[4]	[4]	[5]、[11]	0.43	0.25
L415M/X60M	0.12[6]	0.45[6]	1.60[6]	0.025	0.015	[7]	[7]	[7]	[8]、[11]	0.43	0.25
L450M/X65M	0.12[6]	0.45[6]	1.60[6]	0.025	0.015	[7]	[7]	[7]	[8]、[11]	0.43	0.25
L485M/X70M	0.12[6]	0.45[6]	1.70[6]	0.025	0.015	[7]	[7]	[7]	[8]、[11]	0.43	0.25
L555M/X80M	0.12[6]	0.45[6]	1.85[6]	0.025	0.015	[7]	[7]	[7]	[9]、[10]	0.43[6]	0.25
L625M/X90M	0.10	0.55[6]	2.10[6]	0.020	0.010	[7]	[7]	[7]	[9]、[11]	—	0.25
L690M/X100M	0.10	0.55[6]	2.10[6]	0.020	0.010	[7]	[7]	[7]	[9]、[10]	—	0.25
L830M/X120M	0.10	0.55[6]	2.10[6]	0.020	0.010	[7]	[7]	[7]	[9]、[10]	—	0.25

　① 碳含量大于 0.12%时，CE_{IIW} 适用；碳含量不大于 0.12%时，CE_{Pcm} 适用。
　② 碳含量比规定最大碳含量每降低 0.01%，则允许锰含量比规定值提高 0.05%，但对 L245/B、L290/X42、L320/X46 和 L360/X52，最大锰含量应不超过 1.65%；对于 L390/X56、L415/X60 和 L450/X65，最大锰含量应不超过 1.75%；对于 L485/X70、L555/X80，最大锰含量应不超过 2.00%；对于 L625/X90、L690/X100 和 L830/X120，最大锰含量应不超过 2.20%。
　③ 除另有协议外，铌、钒总含量应不大于 0.06%。
　④ 铌、钒、钛总含量应不大于 0.15%。
　⑤ 除另有协议外，铜最大含量 0.50%；镍最大含量 0.30%；铬最大含量 0.30%；钼最大含量 0.15%。
　⑥ 除另有协议外。
　⑦ 除另有协议外，铌、钒、钛总含量应不大于 0.15%。
　⑧ 除另有协议外，铜最大含量 0.50%；镍最大含量 0.50%；铬最大含量 0.50%；钼最大含量 0.50%。
　⑨ 除另有协议外，铜最大含量 0.50%；镍最大含量 1.00%；铬最大含量 0.50%；钼最大含量 0.50%。
　⑩ 硼含量不大于 0.004%。
　⑪ 除另有协议外，不允许有意添加硼，残余硼含量应不大于 0.001%。

表 1-6　石油天然气输送管用宽厚钢板的拉伸性能及弯曲性能（GB/T 21237—2018）

表 1-6（a）　PSL1 钢板的力学和工艺性能

| 钢级 | 拉伸试验[①,②] | | | | 180°弯曲试验（a—试样厚度 D—弯曲压头直径） |
| | 规定总延伸强度 $R_{t0.5}$/MPa 不小于 | 抗拉强度 R_m/MPa 不小于 | 断后伸长率[③]/% 不小于 | | |
			A_{50mm}	A	
L210/A	210	335	见表下附注	25	$D=2a$
L245/B	245	415		21	
L290/X42	290	415		21	
L320/X46	320	435		20	
L360/X52	360	460		19	
L390/X56	390	490		18	
L415/X60	415	520		17	
L450/X65	450	535		17	
L485/X70	485	570		16	

附注：关于表 1-6（a）中的断后伸长率 A_{50mm}，它所采用的标距是 50mm，其计算公式如下：

$$A_{50mm} = 1940 \times \frac{S_0^{0.2}}{R_m^{0.9}}$$

式中　A_{50mm}——断后伸长率最小值，%；

S_0——拉伸试样原始横截面积，mm^2；

R_m——规定的最小抗拉强度，MPa。

注 1：对于圆棒试样，直径为 12.7mm 和 8.9mm 的试样的 S_0 为 $130mm^2$；直径为 6.4mm 的试样 S_0 为 $65mm^2$。

2：对于全厚度矩形试样，取 $485mm^2$ 和试样截面积（公称厚度×试样宽度）者中的较小者，修约到最接近的 $10mm^2$。

表 1-6（b）　PSL2 钢板的力学和工艺性能

| 牌号 | 拉伸试验[①,②] | | | | | 180°横向弯曲试验（a—试样厚度 D—弯曲压头直径） | |
| | 规定总延伸强度[③] $R_{t0.5}$/MPa | 抗拉强度 R_m/MPa | 屈强比 $R_{t0.5}/R_m$ 不大于 | 断后伸长率[④]/% 不小于 | | | |
				A_{50mm}	A		
L245R/BR、L245N/BN、L245Q/BQ、L245M/BM	245～450	415～655	0.90	见表 1-6（a）附注		21	$D=2a$
L290R/X42R、L290N/X42N、L290Q/X42Q、L290M/X42M	290～495	415～655	0.90			21	$D=2a$
L320N/X46N、L320Q/X46Q、L320M/X46M	320～525	435～655	0.90			20	$D=2a$
L360N/X52N、L360Q/X52Q、L360M/X52M	360～530	460～760	0.90			19	$D=2a$
L390N/X56N、L390Q/X56Q、L390M/X56M	390～545	490～760	0.90			18	$D=2a$
L415N/X60N、X415Q/X60Q、L415M/X60M	415～565	520～760	0.90[⑤]			17	$D=2a$
L450Q/X65Q、L450M/X65M	450～600	535～760	0.90[⑤]			17	$D=2a$
L485Q/X70Q、L485M/X70M	485～635	570～760	0.90[⑤]			16	$D=2a$

续表

牌号	拉伸试验[1][2]			断后伸长率[4]/% 不小于		180°横向弯曲试验 （a—试样厚度； D—弯曲压头直径）
	规定总延伸强度[3] $R_{t0.5}$/MPa	抗拉强度 R_m/MPa	屈强比 $R_{t0.5}/R_m$ 不大于	A_{50mm}	A	
L555Q/X80Q、L555M/X80M	555～705	625～825	0.93	15		D=2a
L625M/X90M	625～775	695～915	0.95	见表 1-6（a）附注		协议
L690M/X100M	690～840	760～990	0.97			协议
L830M/X120M	830～1050	915～1145	0.99			

① 表中所列拉伸，由需方确定试样方向，并应在合同中注明。一般情况下试样方向为对应钢管横向。

② 需方在选用表中牌号时，由供需双方协商确定合适的拉伸性能范围和屈强比要求，以保证钢管成品拉伸性能符合相应标准要求。

③ 对于 L625/X90 及更高强度钢级，规定塑性延伸强度 $R_{p0.2}$ 适用。

④ 在供需双方未规定采用何种标距时，按照定标距检验，当用户有特殊要求时，也可采用比例标距检验。当发生争议时，以标距为 50mm、宽度为 38mm 的试样进行仲裁。

⑤ 允许其中 5%的炉批屈强比 $0.90 < R_{t0.5}/R_m \leqslant 0.92$。

表 1-7 钢板的断裂韧性

牌号	-20℃夏比（V型缺口）冲击试验					-10℃落锤撕裂试验（DWTT）DWTT 最小剪切面积百分数（SA%）			
	冲击吸收能量 KV_8/J 不小于	剪切断面率（FA）/% 不小于				输油		输气	
		输油		输气		均值	单值	均值	单值
		均值	单值	均值	单值				
L245/B	80	—	—	—	—	—			
L290/X42									
L320/X46	90								
L360/X52									
L390/X56	120								
L415/X60		85	70	90	80	80	60	85	70
L450/X65									
L485/X70	150								
L555/X80									
L625/X90	180								
L690/X100									
L830/X120	按协议								

石油天然气工业管线输送系统用钢管的国家标准是 GB/T 9711—2017。钢管的化学成分及力学性能，可查阅国家标准中的规定，这里不再列出。

第三节
铬-钼耐热低合金钢

普通低合金钢使用温度一般在 450℃ 以下，高于 450℃ 则推荐使用耐热钢，高于 800℃，常用高温合金。耐热钢通常应具备两种基本性能：一种是能在高温下长期工作而不会因介质的侵蚀而破坏，这种性能称为高温化学稳定性（或称为钢的抗高温氧化性能）；另一种是在高温下仍具有较高的强度，在长期受载情况下不会产生大的变形或破断。所以，耐热钢应具备抗高温氧化性和抗高温断裂性能（又称热强性）。耐热钢广泛用于电站锅炉、石油化工、核动力等行业中。按通行的国际惯例，耐热钢分为铁素体型耐热钢和奥氏体型耐热钢。铁素体型耐热钢又分为铁素体耐热钢、珠光体耐热钢和马氏体耐热钢，本书仅介绍这一类耐热钢。

2006 年，我国的 600℃ 蒸汽参数百万千瓦级超超临界火电机组投入运行，标志着我国电站设备的设计、制造、安装和火电单机容量、蒸汽参数、环保技术等均进入世界先进水平，是我国电力工业发展的里程碑。为进一步提高我国燃煤电站技术水平，形成从材料研发到电站成套技术的自主知识产权，国家能源局 2010 年 7 月 23 日组织成立了"国家 700℃ 超超临界燃煤发电技术创新联盟"，由中国电力顾问集团公司、中国钢研科技集团有限公司（钢铁研究总院）、东北特钢等 17 家单位参加。依靠团队的力量提高我国超超临界机组的技术水平，实现 700℃ 超超临界燃煤发电技术的自主化。据此要求，钢铁研究总院创新研发的应用于 650℃ 蒸汽参数的 G115 铁素体耐热钢，在宝钢完成三轮次工业试制，可用于 650℃ 大口径锅炉管。如采用 G115 替代目前用于 600～620℃ 温度区间使用的 P92 钢管，锅炉管的壁厚可大幅度减薄，大幅度降低焊接难度，同时可减轻重量 50% 左右。

1. 铬-钼耐热钢的高温强化机理

关于耐热钢的高温强化机制，在合金化原理上主要归纳为三个方面，即固溶强化（或称基体强化）、沉淀强化（亦称析出强化或弥散强化）和晶界强化。

① 固溶强化。铁素体耐热钢一般以铁素体为基体，通过加入一些合金元素，形成单相过饱和固溶体来达到强化的目的。在固溶强化的过程中，通过原子间结合力的提高和晶格畸变，使固溶体中的滑移变形更加困难，从而使基体得到强化。同时，合金元素的加入不仅是单个合金元素本身的作用，还有溶入的合金元素之间的交互作用。因此，在耐热钢中加入少量的多元合金元素，往往比加入多量的单一合金元素更能提高抗高温断裂性能。

② 沉淀强化。固溶强化的效果是有限的，也不够稳定，而沉淀强化则是提高钢的热

强性能最有效方法之一。沉淀析出相有高度的稳定性，能更有效地阻止高温下的位错运动，所以沉淀强化的作用更加显著。耐热钢的沉淀强化主要是通过在钢中加入碳化物形成元素（如 V、Nb、Ti 及 W 等）来实现。而多元合金化则可以得到稳定性好、结构复杂的碳化物，增强沉淀强化的效果。

③ 晶界强化。晶界在高温形变时是薄弱环节，晶界强度随温度的升高而迅速下降。因此，耐热钢中应避免含有使晶界弱化的杂质元素，而应加入能有效强化晶界的微量元素。通常，加入微量硼、碱土金属或稀土元素，可显著地消除有害气体和杂质元素的不利影响，提高晶界在高温下的强度，改善钢的高温性能。

2．铬-钼耐热钢的回火脆性试验

Cr-Mo（铬-钼）耐热钢是高温高压下工作的锅炉、压力容器等使用的钢种，石油精炼的脱硫反应塔、热交换器等压力容器均使用 Cr-Mo 耐热钢。这种钢在高温下长期工作时，会发生回火脆化及韧性降低的问题。这种现象是长期在 375～575℃温度范围内工作后出现的。而石油精炼时，反应塔的操作温度通常在 400～800℃，正处于这个脆化温度区，因此，对耐热钢及其配套焊接材料的抗回火脆化性能及低温韧性也提出了相应的要求。

当 Cr-Mo 耐热钢用于制造石油化工及煤化工等临氢设备时，对于所采用的钢材则有更严格的要求。在临氢设备用钢的标准《临氢设备用铬钼合金钢钢板》（GB/T 35012—2018）中，明确限定了 P、Sn、Sb、As 等有害杂质的含量。同时，在抗回火脆性试验方面，提出了新的测定方法，以便进行定量评定。在实验室里，通过做脆化促进热处理试验，即步冷试验（Step Cooing Test），又称阶梯冷却试验，见图 1-1，再现实际操作时的回火脆化过程。

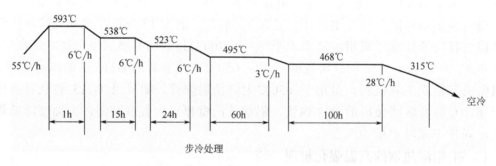

图 1-1　改进型阶梯冷却试验（步冷试验）

比较步冷试验前后 Cr-Mo 耐热钢的 V 型缺口冲击试验结果，以此来确定钢材对回火脆化的适用性。回火脆化敏感性采用图 1-2 所示的 △vTr40 来表示，△vTr40 为 vTr40 与 vTr′40 的差值，即冲击吸收能量达到 55J 时对应的温度偏移量；vTr40 为消除应力处理前 55J 时的转变温度；vTr′40 为消除应力处理加脆化促进热处理后 55J 时的转变温度。按照 GB/T 35012—2018 的规定，对于 12Cr2Mo1VR（H）钢的要求是 vTr40+3△vTr40≤0℃。而对焊缝的要求由原来的 vTr40+1.5△vTr40≤38℃，提高到现在的 vTr40+2.5△vTr40≤10℃。

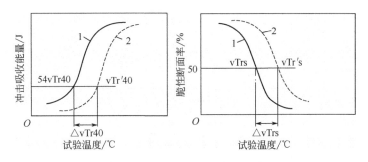

图 1-2 回火脆化敏感性表示法

下面给出了制造石油化工及煤化工临氢设备用 4 个牌号钢的化学成分，它规定了 P、Sn、Sb、As 的上限含量，且随着 Cr、Mo 含量的提高，相应地降低 Mn、Si 的含量，见表 1-8；也给出了回火脆化系数 J、X 的要求，见表 1-9。

另有资料介绍，对 Cr-Mo 耐热钢焊缝金属也提出了低温韧性及抗回火脆性要求，见表 1-10。

已经进行的研究结果表明，焊缝金属中的杂质（P、Sn、Sb、As 等）对回火脆性有很大影响，通过试验归纳出了如下的回火脆化系数 X、J 计算公式及回火脆性成分参数 P_E。

BrusCato 回火脆化系数 $X=(10P+5Sb+4Sn+As)/100$（P、Sb、Sn、As 用 ppm 表示，即 10^{-6}）（要求 $X \leqslant 15$）。

Watanabe 回火脆化系数 $J=(Mn+Si)(P+Sn) \times 10^4$（Mn、Si、P、Sn 用百分比表示，%）（要求 $J \leqslant 180$）

回火脆性成分参数 $P_E=C+Mn+Mo+Cr/3+Si/4+3.5(10P+5Sb+4Sn+As)$（C、Mn、Mo、Cr、Si、P、Sb、Sn、As 用百分比表示，%）

微观观察发现，这些杂质在脆化温度下偏析于晶界，减弱了晶界强度，而在冲击试验时表现为韧性降低，成为回火脆化的主要原因。因此，应严格限制 P、Sn、Sb、As 等有害杂质的来源，尽量减少 Mn、Si 的含量，以确保焊缝金属获得良好的抗回火脆性能力。

3．铬-钼耐热钢的主要产品

铁素体耐热钢的合金元素主要是铬和钼，为了改善高温下的相关性能，又加入钒、铌、钨、硼等合金元素。铁素体耐热钢的发展可分为两条主线：一是纵向的，主要是增加合金元素铬的含量，从 2.25%Cr 到 9%～12%Cr；二是横向的，通过添加 V、Nb、Mo、W、Co 等合金元素，使 600℃下 10^5h 的蠕变断裂强度，由 35MPa 级，向 60MPa、100MPa、140MPa 及 180MPa 级发展。下面逐一说明常用铬-钼耐热钢的品种及其性能特征。

① 0.5Mo 钢。它是在一般的 C-Mn 钢中加入 0.5%Mo，有效地提高了钢的中温蠕变强度和塑性，主要用于工作温度 450℃以下的压力容器及相应的管道系统。

② 1.25Cr-0.5Mo 钢（简称 T11/P11 钢）。该钢的长时间工作温度可达 550℃，主要用于汽轮机发电厂设备的制造，如蒸汽管道、气柜、阀门及锅炉过热器等，也可用于炼油厂及石化工业中承受氢侵蚀的设备，如加氢裂解器、煤液化设备等。

表 1-8 临氢设备用钢的牌号和化学成分（成品分析）

牌号	化学成分(质量分数)/%																			
	C	Si	Mn	Cr	Ni	Cu	Mo	P	S	B	Ca	Nb	V	Ti	As	Sn	Sb	H	O	N
15CrMoR(H)	0.08~0.20	0.13~0.40	0.37~0.73	0.80~1.25	≤0.23	≤0.20	0.45~0.62	≤0.010	≤0.007	—	—	—	—	—	≤0.010	≤0.010	≤0.003	≤0.0002	≤0.0025	≤0.0080
14Cr1MoR(H)	0.05~0.17	0.46~0.84	0.37~0.68	1.15~1.55	≤0.23	≤0.20	0.45~0.67	≤0.010	≤0.007	—	—	—	—	—	≤0.010	≤0.010	≤0.003			
12Cr2Mo1R(H)	0.08~0.17	≤0.16	0.27~0.63	2.00~2.60	≤0.23	≤0.20	0.90~1.13	≤0.010	≤0.007	—	—	—	—	—	≤0.010	≤0.010	≤0.003			
12Cr2Mo1VR(H)	0.10~0.16	≤0.10	0.27~0.63	2.00~2.60	≤0.25	≤0.20	0.90~1.13	≤0.010	≤0.005	≤0.0020	≤0.020	≤0.08	0.23~0.37	≤0.030	≤0.010	≤0.010	≤0.003			

表 1-9　临氢设备用钢的回火脆化系数 J 和 X

回火脆化系数（熔炼分析和成品分析）	牌号		
	14Cr1MoR（H）	12Cr2Mo1R（H）	12Cr2Mo1VR（H）
J	≤150	≤100	≤100
X	≤15	≤15	≤12

表 1-10　Cr-Mo 耐热钢焊缝金属的低温韧性及抗回火脆性的要求

吸　收　功	抗　回　火　脆　性
A_{kv}（−29℃）最小值≥47J A_{kv}（−29℃）平均值≥54J	vTr40≤−40℃ vTr′ 40≤−29℃

③ 1.25Cr-1Mo-0.25V 钢。该钢的工作温度可达 580℃，具有良好的抗蠕变断裂性能和抗氧化性，常用于电力、石化工业中锅炉及压力容器部件的制造。

④ 2.25Cr-1Mo 钢（T22/P22 钢）。钢的长时间工作温度可达 600℃，主要用于汽轮机发电厂设备的制造，也用于炼油厂，它在 250～450℃ 工作温度下，具有良好的耐含硫原油介质的腐蚀性能。

⑤ 2.25Cr-Mo-W-V-Nb 钢（T23/P23 钢）。它是在 2CrMo 钢的基础上加入适量的 W、V、Nb 及微量 B 改良而成的，与 2.25Cr-1Mo 钢（T22/P22 钢）相比，该材料的抗高温蠕变性能得到显著提高。有更好的抗氢致脆化能力，在大气和含氢环境中有更好的抗蠕变性能。T23/P23 钢的蠕变强度比 T22/P22 钢的蠕变强度高出一倍，其应用前景良好，因为该钢种是很好的用于燃煤和燃油电站超超临界锅炉的水冷壁等设施的备选钢种。

⑥ 5Cr-0.5Mo 钢。钢的长时间工作温度也是 600℃，主要用在炼油厂的热交换器上等。

⑦ 9Cr-1Mo 钢。钢的工作温度虽是 600℃，但用于比 5Cr-0.5Mo 钢性能要求更高的场合。

⑧ 9Cr-1Mo-V-Nb 钢（T91/P91 钢）。它是在 9Cr-1Mo 钢的基础上加入少量 V、Nb 及微量 N 改良而成的，又含适量的 Ni，以提高韧性。广泛用于燃煤及燃油电站锅炉气包等构件。

⑨ 9Cr-Mo-2W-V-Nb 钢（T92/P92 钢）。它是在 T91/P91 钢的基础上降低 Mo 含量至 0.5%，同时加入 W（约 1.8%），还加入了微量 B，使钢的高温断裂强度比 T91/P91 高出约 30%。目前，该钢已用于超临界及超超临界燃煤或燃油电站的建设，用在锅炉气包、主蒸汽管道等结构。

⑩ 9Cr-1Mo-1W-V-Nb 钢（E911 钢）。它是在 T91/P91 钢的基础上再加入约 1% 的 W，以提高 600℃ 以上的蠕变强度，用于矿物燃料发电厂的锅炉集箱、主蒸汽管道等。

⑪ 12Cr-1Mo-W-V 钢（X20 钢）。其标称成分是 0.2%C-12%Cr-1%Mo-0.5%W-0.3%V，还含有少量 Ni，用于工作温度在 550℃ 以上的关键性抗蠕变产品，它比其它铬-钼耐热钢在蒸汽和临火侧的耐高温氧化性更好。

4. 铬-钼耐热钢的成分及性能

在国家标准 GB/T 5310—2017 中给出了常用低合金耐热钢的成分和力学性能要求，见表 1-11 和表 1-12。国家标准 GB/T 5310—2017 和 GB/T 9948—2013 中给出了常用中合金耐热钢的成分和力学性能要求，分别汇总于表 1-13 和表 1-14。

表1-11 常用低合金耐热钢的化学成分 （GB/T 5310—2017 节选）

化学成分（质量分数）/%

牌号	C	Si	Mn	Cr	Mo	V	Ti	B	Ni	Al_tot	Cu	Nb	N	W	P	S
															不大于	
15MoG	0.12~0.20	0.17~0.37	0.40~0.80	—	0.25~0.35	—	—	—	—	—	—	—	—	—	0.025	0.015
20MoG	0.15~0.25	0.17~0.37	0.40~0.80	—	0.44~0.65	—	—	—	—	—	—	—	—	—	0.025	0.015
12CrMoG	0.08~0.15	0.17~0.37	0.40~0.70	0.40~0.70	0.40~0.55	—	—	—	—	—	—	—	—	—	0.025	0.015
15CrMoG	0.12~0.18	0.17~0.37	0.40~0.70	0.80~1.10	0.40~0.55	—	—	—	—	—	—	—	—	—	0.025	0.015
12Cr2MoG	0.08~0.15	≤0.50	0.40~0.60	2.00~2.50	0.90~1.13	—	—	—	—	—	—	—	—	—	0.025	0.015
12Cr1MoVG	0.08~0.15	0.17~0.37	0.40~0.70	0.90~1.20	0.25~0.35	0.15~0.30	—	—	—	—	—	—	—	—	0.025	0.010
12Cr2MoWVTiB	0.08~0.15	0.45~0.75	0.45~0.65	1.60~2.10	0.50~0.65	0.28~0.42	0.08~0.18	0.0020~0.0080	—	—	—	—	—	0.30~0.55	0.025	0.015
07Cr2MoW2VNbB	0.04~0.10	≤0.50	0.10~0.60	1.90~2.60	0.05~0.30	0.20~0.30	—	0.0005~0.0060	—	≤0.030	—	0.02~0.08	≤0.030	1.45~1.75	0.025	0.010
12Cr3MoVSiTiB	0.09~0.15	0.60~0.90	0.50~0.80	2.50~3.00	1.00~1.20	0.25~0.35	0.22~0.38	0.0050~0.0110	—	—	—	—	—	—	0.025	0.015
15Ni1MnMoNbCu	0.10~0.17	0.25~0.50	0.80~1.20	—	0.25~0.50	—	—	—	1.00~1.30	≤0.050	0.50~0.80	0.015~0.045	≤0.020	—	0.025	0.015

表 1-12 常用低合金耐热钢的力学性能 (GB/T 5310—2017 节选)

牌号	拉伸性能（室温）		断后伸长率 A/% 不小于		冲击吸收能量 KV₂（室温）/J		硬度		
	抗拉强度 R_m/MPa	下屈服强度 R_{eL} 或 规定塑性延伸强度 $R_{p0.2}$/MPa	纵向	横向	纵向	横向	HBW	HV	HRC 或 HRB
15MoG	450~600	270	22	20	40	27	125~180	125~180	—
20MoG	415~665	220	22	20	40	27	125~180	125~180	—
12CrMoG	410~560	205	21	19	40	27	125~170	125~170	—
15CrMoG	440~640	295	21	19	40	27	125~170	125~170	—
12Cr2MoG	450~600	280	22	20	40	27	125~180	125~180	—
12Cr1MoVG	470~640	255	21	19	40	27	135~195	135~195	—
12Cr2MoWVTiB	540~735	345	18	—	40	—	160~220	160~230	85~97HRB
07Cr2MoW2VNbB	≥510	400	22	18	40	27	150~220	150~230	80~97HRB
12Cr3MoVSiTiB	610~805	440	16	—	40	—	180~250	180~265	HRC≤25
15Ni1MnMoNbCu	620~780	440	19	17	40	27	185~255	185~270	HRC≤25

表 1-13 常用中合金耐热钢的化学成分 (GB/T 5310—2017、GB/T 9948—2013 节选)

牌号	合金元素含量/%														
	C	Si	Mn	Cr	Mo	V	B	Ni	Al_tot	Cu	Nb	N	W	P	S
														不大于	
10Cr9Mo1VNbN	0.08~0.12	0.20~0.50	0.30~0.60	8.00~9.50	0.85~1.05	0.18~0.25	—	≤0.40	≤0.020	—	0.06~0.10	0.030~0.070	—	0.020	0.010
10Cr9MoW2VNbBN	0.07~0.13	≤0.50	0.30~0.60	8.50~9.50	0.30~0.60	0.15~0.25	0.0010~0.0060	≤0.40	≤0.020	—	0.04~0.09	0.030~0.070	1.50~2.00	0.020	0.010
10Cr11MoW2VNbCu1BN	0.07~0.14	≤0.50	≤0.70	10.00~11.50	0.25~0.60	0.15~0.30	0.0005~0.0050	≤0.50	≤0.020	0.30~1.70	0.04~0.10	0.040~0.100	1.50~2.50	0.020	0.010
11Cr9Mo1W1VNbBN	0.09~0.13	0.10~0.50	0.30~0.60	8.50~9.50	0.90~1.10	0.18~0.25	0.0003~0.0060	≤0.40	≤0.020	—	0.06~0.10	0.040~0.090	0.90~1.10	0.020	0.010
12Cr5Mo 12Cr5MoNT	≤0.15	≤0.50	0.30~0.60	4.00~6.00	0.45~0.60	—	—	≤0.60	—	≤0.20	—	—	—	0.025	0.015

表 1-14 常用中合金耐热钢的力学性能（GB/T 5310—2017、GB/T 9948—2013 节选）

牌号	拉伸性能（室温）				冲击吸收能量 KV_2（室温）/J		硬度		
	抗拉强度 R_m/MPa	下屈服强度 R_{eL} 或规定塑性延伸强度 $R_{p0.2}$/MPa	断后伸长率 A/%		纵向	横向	HBW	HV	HRC
			纵向	横向					
	不小于								
10Cr9Mo1VNbN	≥585	415	20	16	40	27	185～250	185～265	≤25
10Cr9MoW2VNbBN	≥620	440	20	16	40	27	185～250	185～265	≤25
10Cr11MoW2VNbCu1BN	≥620	400	20	16	40	27	185～250	185～265	≤25
11Cr9Mo1W1VNbBN	≥620	440	20	16	40	27	185～250	185～265	≤25
12Cr5MoI	415～590	205	22	18	40	27	≤163	—	—
12Cr5MoNT	480～640	280	20	18	40	27	—	—	—

第四节
耐大气及其他介质腐蚀低合金钢

一、耐大气腐蚀钢

耐大气腐蚀钢是在低碳钢中加入 Cu、P、Cr、Si、Ni 等合金元素，使其在金属基体表面上形成保护层，以改善表层结构，提高致密度，增强与大气的隔离作用。上述元素中 Cu 的作用最大，Cu 能促使低合金钢表面生成致密的非晶态腐蚀产物保护膜，减弱钢的阳极活性，从而降低腐蚀速度，其含量通常为 0.25%～0.55%；P 在耐大气腐蚀性方面也起重要作用，P 在促使钢铁表面锈层生成非晶态性质上具备独特的效应。Cu 与 P 复合，则效果更明显。当 P 的加入量为 0.07%～0.15% 时，即为含 P 高的钢，又称为高耐候性钢。但是，P 降低钢的韧性，恶化焊接性能，只有要求高耐蚀性的环境时才采用含 P 钢种。普通结构用耐候钢中，强度级别低些的以 Cu-Cr 和 Cu-Cr-V 系为主，强度级别高些的以 Cu-Cr-Ni 系为主，钢中 P 含量≤0.035%，也有的≤0.025%，这些钢具有优良的焊接性能和低温韧性。焊接含 P 高的钢种时，可以采用含 P 的焊接材料，也可以采用不含 P 的焊接材料，而在焊缝中加入适量的 Cr、Ni 元素来替代。

货运铁路车辆大量使用耐大气腐蚀钢板，09CuPTiRe 钢是我国自主开发的经济型耐大气腐蚀钢品种，屈服强度等级为 295MPa，曾经广泛用于铁路车辆的制造。为了改善钢的耐腐蚀性能，提高车辆使用寿命，借鉴国际上耐候钢研究开发的成功经验，我国开发出了 Ni-Cr-Cu 系的耐大气腐蚀钢，形成了 345～550MPa 系列强度等级的铁道车辆用耐大气腐蚀钢品种，包括 Q345NQR、Q420NQR、Q450NQR、Q500NQR、Q550NQR 等产品，成功应用于铁道车辆的建造。

1．高耐候性结构钢的成分与性能

国家标准 GB/T 4171—2008 中给出的高耐候性结构钢的牌号和化学成分见表 1-15，高耐候性结构钢的拉伸及弯曲性能见表 1-16，高耐候性结构钢钢材的冲击试验要求见表 1-17。

表 1-15　高耐候性结构钢的牌号和化学成分（GB/T 4171—2008）

牌号	化学成分（质量分数）/%								
	C	Si	Mn	P	S	Cu	Cr	Ni	其他元素
Q265GNH	≤0.12	0.10~0.40	0.20~0.50	0.07~0.12	≤0.020	0.20~0.45	0.30~0.65	0.25~0.50[⑤]	①，②
Q295GNH	≤0.12	0.10~0.40	0.20~0.50	0.07~0.12	≤0.020	0.25~0.45	0.30~0.65	0.25~0.50[⑤]	①，②
Q310GNH	≤0.12	0.25~0.75	0.20~0.50	0.07~0.12	≤0.020	0.20~0.50	0.30~1.25	≤0.65	①，②
Q355GNH	≤0.12	0.20~0.75	≤1.00	0.07~0.15	≤0.020	0.25~0.55	0.30~1.25	≤0.65	①，②
Q235NH	≤0.13[⑥]	0.10~0.40	0.20~0.60	≤0.030	≤0.030	0.25~0.55	0.40~0.80	≤0.65	①，②
Q295NH	≤0.15	0.10~0.50	0.30~1.00	≤0.030	≤0.030	0.25~0.55	0.40~0.80	≤0.65	①，②
Q355NH	≤0.16	≤0.50	0.50~1.50	≤0.030	≤0.030	0.25~0.55	0.40~0.80	≤0.65	①，②
Q415NH	≤0.12	≤0.65	≤1.10	≤0.025	≤0.030[④]	0.20~0.55	0.30~1.25	0.12~0.65[⑤]	①~③
Q460NH	≤0.12	≤0.65	≤1.50	≤0.025	≤0.030[④]	0.20~0.55	0.30~1.25	0.12~0.65[⑤]	①~③
Q500NH	≤0.12	≤0.65	≤2.0	≤0.025	≤0.030[④]	0.20~0.55	0.30~1.25	0.12~0.65[⑤]	①~③
Q550NH	≤0.16	≤0.65	≤2.0	≤0.025	≤0.030[④]	0.20~0.55	0.30~1.25	0.12~0.65[⑤]	①~③

① 为了改善钢的性能,可以添加一种或一种以上的微量合金元素：Nb 0.015%~0.060%，V 0.02%~0.12%，Ti 0.02%~0.10%，Alt≥0.020%。若上述元素组合使用时，应至少保证其中一种元素含量达到上述化学成分的下限规定。
② 可以添加下列合金元素：Mo≤0.30%，Zr≤0.15%。
③ Nb、V、Ti等三种合金元素的添加总量不应超过0.22%。
④ 供需双方协商，S的含量可以不大于0.008%。
⑤ 供需双方协商，Ni含量的下限可不做要求。
⑥ 供需双方协商，C 的含量可以不大于 0.15%。

表 1-16　高耐候性结构钢的拉伸及弯曲性能（GB/T 4171—2008）

牌号	拉伸试验[①]									180°弯曲试验 弯心直径		
	下屈服强度 R_{eL}/（N/mm²）不小于				抗拉强度 R_m/（N/mm²）	断后伸长率 A/% 不小于						
	≤16	>16~40	>40~60	>60		≤16	>16~40	>40~60	>60	≤6	>6~16	>16
Q235NH	235	225	215	215	360~510	25	25	24	23	a	a	2a
Q295NH	295	285	275	255	430~560	24	24	23	22	a	2a	3a
Q295GNH	295	285	—	—	430~560	24	24	—	—	a	2a	3a
Q355NH	355	345	335	325	490~630	22	22	21	20	a	2a	3a
Q355GNH	355	345	—	—	490~630	22	22	—	—	a	2a	3a
Q415NH	415	405	395	—	520~680	22	22	20	—	a	2a	3a
Q460NH	460	450	440	—	570~730	20	20	19	—	a	2a	3a
Q500NH	500	490	480	—	600~760	18	16	15	—	a	2a	3a

续表

牌号	拉伸试验[①]									180°弯曲试验 弯心直径		
	下屈服强度 R_{eL}/（N/mm²）不小于				抗拉强度 R_m/（N/mm²）	断后伸长率 A/% 不小于						
	≤16	>16~40	>40~60	>60		≤16	>16~40	>40~60	>60	≤6	>6~16	>16
Q550NH	550	540	530	—	620~780	16	16	15	—	a	$2a$	$3a$
Q265GNH	265	—	—	—	≥410	27	—	—	—	a	—	—
Q310GNH	310	—	—	—	≥450	26	—	—	—	a	—	—

① 当屈服现象不明显时，可以采用 $R_{P0.2}$。

注：a 为钢材厚度。

表 1-17　高耐候性结构钢材的冲击试验要求（GB/T 4171—2008）

质量等级	V 型缺口冲击试验[①]		
	试样方向	试验温度/℃	冲击吸收能量 KV_2/J
A		—	—
B		+20	≥47
C	纵向	0	≥34
D		−20	≥34
E		−40	≥27[②]

① 冲击试样尺寸为 10mm×10mm×55mm。

② 经供需双方协商，平均冲击功值可以≥60J。

2．机车车辆用耐大气腐蚀钢及其焊接材料

铁道机车车辆用耐大气腐蚀钢的部颁标准是 TB/T 2374—2008，机车车辆用 400MPa 及以上级耐大气腐蚀钢的化学成分列于表 1-18，相对应的焊接材料牌号列于表 1-19。

表 1-18　机车车辆用 400MPa 及以上级耐大气腐蚀钢的化学成分（TB/T 2374—2008）

牌号	化学成分（质量分数）/%							
	C	Si	Mn	P	S	Cu	Cr	Ni
Q400NQR1	≤0.12	≤0.75	≤1.10	≤0.025	≤0.008	0.20~0.55	0.30~1.25	0.12~0.65
Q450NQR1	≤0.12	≤0.75	≤1.50	≤0.025	≤0.008	0.20~0.55	0.30~1.25	0.12~0.65
Q500NQR1	≤0.12	≤0.75	≤2.0	≤0.025	≤0.008	0.20~0.55	0.30~1.25	0.12~0.65

表 1-19　机车车辆用耐大气腐蚀钢对应的焊接材料（TB/T 2374—2008）

钢材牌号	焊材牌号			
	焊条	气体保护焊丝	埋弧焊丝	埋弧焊剂
09CuPCrNi-B、09CuPTiRE-A、05CuPCrNi	J502WCu、J502NiCrCu、J502NiCu、J505NiCrCu、J507NiCu、J507NiCrCu、J506WCu、J506NiCu	H08MnSiCuCrNiⅡ、H08MnSiCuCrⅡ、H08NiCuMnSiⅡ、TH500-NQ-Ⅱ	H08MnCuCrNiⅢ	SJ301
08CuPVRE、09CuPCrNi-A、09CuPTiRE-B	J502WCu、J502NiCrCu、J502NiCu、J505NiCrCu、J507NiCu、J507NiCrCu、J506WCu、J506NiCu	H08NiCuMnSiⅡ、TH500-NQ-Ⅱ	H08MnCuCrNiⅢ	SJ301

续表

钢材牌号	焊材牌号			
	焊条	气体保护焊丝	埋弧焊丝	埋弧焊剂
Q400NQR1	J506NiCrCu	TH500-NQ-Ⅱ	TH500-NQ-Ⅲ	SJ101
Q450NQR1	J556NiCrCu	TH550-NQ-Ⅱ	TH550-NQ-Ⅲ	SJ101
Q500NQR1	J606NiCrCu	TH600-NQ-Ⅱ	TH600-NQ-Ⅲ	SJ101

二、耐海水腐蚀钢

海洋环境复杂，包括海洋大气、飞溅带、潮差带、全浸带、海土带等，不同环境下腐蚀特性差异很大，对钢的合金化也有不同要求。磷和铜在飞溅带和海洋大气中耐蚀效果最显著；铬和铝在全浸带耐蚀效果较佳；钼主要是提高耐点蚀性能。上述元素的适当组合可进一步发挥其综合效果。其中铜、磷、铬、铝复合加入效果更好，所形成的表面内锈层富集了所加入的合金元素，促进形成致密连续的 Fe_3O_4 锈层，并与基材结合紧密，使锈层空洞和裂纹减少，水、氟和氯离子向钢的表面扩散有较大的阻力，起到了屏障作用。

我国常用的耐海水腐蚀低合金钢的成分和性能汇总于表 1-20。

表 1-20　耐海水腐蚀低合金钢的成分和性能一览表

钢种	化学成分（质量分数）/%									力学性能（例值）		
	C	Si	Mn	P	S	Cr	Al	Cu	其他	R_m/MPa	$R_{p0.2}$/MPa	A_5/%
16MnCu	0.12~0.20	0.20~0.60	1.20~1.60	≤0.050	≤0.05	—	—	0.20~0.40	—	510	343	21
10MnPNbRe	≤0.14	0.20~0.60	0.80~1.20	0.06~0.12	≤0.05	—	—	—	Nb 0.015~0.05 Re≤0.20	510	392	19
15NiCuP	≤0.22	≤0.10	0.60~0.90	0.08~0.15	≤0.04	—	—	≤0.50	Ni 0.40~0.65	490	353	18
10PCuRe	≤0.12	0.20~0.50	1.00~1.40	0.08~0.14	≤0.04	—	0.02~0.07	0.25~0.40	Re≤0.15	—	—	—
10CrMoAl	0.08~0.12	0.20~0.50	0.35~0.65	≤0.045	≤0.045	0.80~1.20	0.40~0.80	—	Mo 0.40~0.80	588	382	24
10Cr4Al	≤0.13	≤0.05	≤0.05	—	≤0.025	3.90~4.30	0.70~1.10	—	—	441	294	20
09Cu	≤0.12	0.17~0.37	0.35~0.65	≤0.050	≤0.050	—	—	0.20~0.50	—	392	235	21
09CuWSn	≤0.12	0.20~0.40	0.40~0.65	≤0.035	≤0.035	—	—	0.20~0.50	W 0.10~0.25 Sn 0.20~0.40	431	294	19
08PV	0.08~0.12	0.20~0.40	0.40~0.60	0.08~0.12	≤0.03	—	—	—	V 0.08~0.15	490	365	31
08CuVRe	0.06~0.12	0.20~0.50	0.40~0.70	0.07~0.13	≤0.04	—	—	0.20~0.50	Re 0.10~0.20 V 0.04~0.12	470	343	21

三、抗硫化氢应力腐蚀钢

硫化氢应力腐蚀是管线钢腐蚀的主要形式之一，它会造成穿孔而引起油、气、水的泄漏，造成重大的经济损失、环境污染、人员伤亡及油气输送的中断。研究表明，这种腐蚀破坏，主要是因为金属材料处在含硫化氢介质条件下，在电化学腐蚀过程中产生氢进入金属材料内部，产生阶梯形裂纹，这种裂纹的扩展将会导致金属材料开裂。

碳钢或低合金钢在含硫化物（特别是 H_2S）环境中，经常发生应力腐蚀破裂。例如，在酸性油井或气井中，使用的油气钢管产生的破裂即属于此情况。对于硫化氢腐蚀的风险主要来自两个方面。首先，材料氧化引起的腐蚀损失；其次，由于硫化氢中的氢原子渗透到材料基质中引起腐蚀开裂。对于硫化氢环境，后者导致更大的损害。所以，耐硫化氢腐蚀用低合金钢的选择，都集中在如何选择耐硫化物应力腐蚀开裂的材料。

可以从以下几个方面来选择耐硫化氢腐蚀的材料，即化学成分、硬度（强度）、微观结构和冷变形等。钢中的合金元素 Ni、Mn、Cu 等对于抗硫化氢介质腐蚀起有害作用，而 Cr、Mo、Ti、V 等元素起到有利作用。通常产生硫化氢应力腐蚀破裂的金属，其临界硬度为 22～23HRC。适用于硫化氢环境的材料包括 Q245（R-HIC）、Q345（R-HIC）、16MnR（R-HIC）等材料。曾经研究了不同焊接热输入条件下，16MnR（R-HIC）钢焊接接头在 NACE 溶液中的抗氢致开裂（HIC）性能，试验结果表明：焊接接头的抗 HIC 能力，随着接头硬度的提高而下降，当 HB≤200 时，接头对 HIC 不敏感。从抵抗湿硫化氢腐蚀性能上，对 16MnR（R-HIC）、16MnR、Q345（R-HIC）等钢进行了对比试验。结果表明，Q345（R-HIC）钢具有较好的抗硫化氢腐蚀性能，可用于制造各种压力容器。在其技术条件中规定，S 含量不大于 0.004%，Ca 的含量为 0.0015%～0.0030%。

由于我国的天然气产品中硫化氢浓度比较高，产生的硫化氢腐蚀更为严重，对管线用钢的抗硫化氢腐蚀性能要求必须更高。表 1-21 介绍了常用抗硫化氢腐蚀钢的化学成分。

表 1-21 抗硫化氢腐蚀钢的化学成分

钢种	化学成分（质量分数）/%								CE
	C	Si	Mn	P	S	Al	Ca	O_2	
16MnR（HIC）	≤0.20	0.2～0.6	1.20～1.35	≤0.015	≤0.004	≥0.02	0.0015～0.003	≤0.004	≤0.45
Q245R（HIC）	≤0.20	≤0.35	0.5～1.00	≤0.015	≤0.004	≥0.02	0.0015～0.003	≤0.004	≤0.36
Q345R（HIC）	≤0.20	0.2～0.55	1.20～1.36	≤0.015	≤0.004	≥0.02	0.0015～0.003	≤0.004	≤0.45

注：碳当量（CE）的计算公式为 CE=C+Mn/6+(Cu+Ni)/15+(Cr+Mo+V)/5。

制造抗硫化氢腐蚀设备的钢，需取样进行模拟焊后热处理：加热温度 620℃，误差正负 10℃，保温时间 8h［16MnR（HIC）钢要求的加热温度：620℃，误差正负 15℃；保温时间为 12h］。试样在 400℃以上装炉，升降温的速度≤150℃/h，要求布氏硬度≤200HB。

第五节
含镍低温钢及超低温钢

低温工程用钢是指工作温度在-20～-269℃的工程结构用钢。目前由于能源结构的变化，越来越普遍地使用液化天然气（LNG）、液化石油气（LPG）、液氧（-183℃）、液氢（-252.8℃）、液氮（-195.8℃）、液氦（-269℃）和液体二氧化碳（-78.5℃）等液化气体。生产、储存、运输和使用这些液化气体的化工设备及构件，也愈来愈多地在低温工况下工作。另外，寒冷地区的化工设备及其构件，也在低温环境中使用，导致一些压力容器、管道、设备及其构件容易发生脆性断裂。因此，对低温下使用的钢材韧性提出了更高的要求。

大型石油、天然气储罐是保障国家能源安全的重要存储设备，需要采用易焊接、高强度、耐低温的压力容器用钢。为了满足我国大型石油储罐建设的需要，我国开发了适用于大热输入焊接且裂纹敏感性低的钢，实现了大型石油储罐用钢国产化。这类钢种包括 12MnNiVDR 和 07MnNiVDR，钢板的屈服强度大于 490MPa，抗拉强度 610～730MPa。为了满足液化天然气等低温液化气体的生产、加工、储存和运输需求，研制了 2.5Ni、3.5Ni、5Ni、9Ni 等镍系低温及超低温钢，用于广东、福建、浙江、上海、江苏、山东、辽宁等地的 LNG 项目建设。

1．低温工程用钢分类

按照组织类型的不同，在低合金钢范围内有铁素体型钢和低碳马氏体型钢两个类型的低温钢。

（1）铁素体型钢

铁素体型钢的显微组织主要是铁素体，伴有少量的珠光体。为了降低这类钢的脆性转变温度，提高低温下抗开裂的能力，要求降低钢中的碳及磷、硫等的含量，并通过加入不同量的镍以及采用细化晶粒的方法，来提高这类钢的低温韧性，如 2.5%Ni 钢、3.5%Ni 钢等。在-70℃条件下工作可选用 2.5%Ni 钢，在-100℃条件下工作可选用 3.5%Ni 钢，二者都是通过增加镍的含量来提高其低温下的韧性。3.5%Ni 钢通常采用 870℃正火，而后在 635℃进行 1h 的消除应力回火处理，其最低使用温度可达-100℃；若采用调质处理，则可提高其强度，且改善韧性和降低脆性转变温度，其最低使用温度可降低至-130℃。

（2）低碳马氏体型钢

低碳马氏体型钢的典型钢号是 9%Ni 钢。这类钢在淬火后为低碳马氏体，经过 550～580℃的回火处理，其组织为回火低碳马氏体，并含有 12%～15%的富碳奥氏体。这些富碳奥氏体比较稳定，即使冷至-200℃也不会发生组织转变，从而使钢保持良好的低温韧性。回火温度高于 580℃，会使奥氏体的含量增多，奥氏体中的碳含量降低，影响奥氏体的稳定性，它的分解将会降低钢的低温韧性。也可采用正火处理，经常进行二次正火，正火温度在 880～920℃，正火后的组织为低碳马氏体、铁素体以及少量的奥氏体，具有高的强度和良好的低温韧性，可在-196℃下工作。9%Ni 钢经过冷加工变形后，需进行 565℃消除应力退火，以改善其低温韧性。

2．低温及超低温钢的合金化原理

（1）合金元素对钢的低温性能的影响

合金元素对低温钢的作用，主要表现在对钢的低温韧性的影响。钢的韧性一般会随着含碳量的上升而下降。因此，无论从钢的低温韧性还是从钢的焊接性能角度考虑，低温用钢的含碳量必须严格控制在 0.2%以下。

锰是提高钢的低温韧性的合金元素之一。锰在钢中主要以固溶体形式存在，起到固溶强化的作用。另一方面，锰是扩大奥氏体区的元素，使奥氏体相变温度降低，容易得到细小而富有韧性的铁素体和珠光体，从而改善钢在低温下的工作性能。

镍是提高钢的低温韧性的主要元素，比锰的作用大得多。镍不与碳发生相互作用，全部溶入固溶体中，从而强化了合金元素的作用。镍不仅降低奥氏体相变温度，还能使钢的共析点的含碳量降低，因此，与同样含碳量的碳钢相比较，铁素体的数量减少，晶粒细小；同时，珠光体的数量增多，珠光体的含碳量则较低。研究表明，镍提高钢的低温韧性的主要原因，是含镍钢在低温时的可动位错比较多，交滑移比较容易进行。

磷是损害钢材低温韧性的主要杂质元素，其含量在低温用钢中必须严格加以控制。

（2）组织结构对钢的低温性能的影响

钢的显微组织形状、分布和大小是决定钢低温韧性的重要影响因素。通过适当的热处理改变钢的组织特征，可以改善钢的低温力学性能。试验研究证明，细小的粒状碳化物比片状碳化物的低温力学性能（特别是低温冲击韧性）要好。对片状碳化物来说，片距越大，片层越厚，这种钢的低温韧性越差。

调质处理是得到铁素体＋粒状碳化物组织的有效方法，它可改善钢的低温韧性。但是，随着回火温度的上升，粒状碳化物会聚集长大，当碳化物长大到一定尺寸时，就会使钢的低温韧性降低。因此，必须严格控制调质处理时的回火温度。

正火是低温钢常用的热处理方法。随着钢中合金元素含量的增多，正火温度也要相应升高。低温钢一般不采用退火处理，因为钢的退火组织比正火组织粗大，其韧性也比正火和调质处理的钢差。

金属材料的不同晶体结构，对低温条件下韧性的影响有很大的区别，就三种常见晶体结构的钢做比较，具有体心立方晶格结构的铁素体钢，它的脆性转变温度较高，在低温下的韧性差，脆性断裂倾向较大，密排六方结构次之，面心立方晶格的奥氏体钢低温脆性不明显，在低温下，即使在-196℃或-253℃的低温下，面心立方晶格的奥氏体 Cr-Ni 钢的韧性，也不随温度下降而突然下降，其主要原因是当温度下降时，面心立方金属的屈服强度没有显著变化，且不易产生形变孪晶，位错容易运动，局部应力易于松弛，裂纹不易传播，故一般不存在脆性转变温度。体心立方金属在低温下随着温度的下降，屈服强度很快增加，最后，几乎与抗拉强度相等，除此之外，它在低温下又容易产生形变孪晶，也容易引起低温脆性。

3．低温及超低温钢的成分与性能

1.5Ni～5Ni 低温钢的化学成分和力学性能要求列于表 1-22 和表 1-23；%9Ni 超低温钢的化学成分和力学性能要求列于表 1-24 和表 1-25。

表 1-22　低温钢的化学成分

钢号	化学成分（质量分数）/%						
	C	Mn	Si	P	S	Ni	其他元素
1.5Ni	≤0.14	0.30～1.50	0.10～0.35	≤0.025	≤0.02	1.30～1.70	Cr≤0.25 Mo≤0.08 Cu≤0.35 Cr+Mo+Cu≤0.60 Al（酸溶）≥0.015
2.25Ni	≤0.14	≤0.70	≤0.30	≤0.025	≤0.025	2.10～2.50	
3.5Ni	≤0.12	0.30～0.80	0.10～0.35	≤0.025	≤0.02	3.20～3.80	
5Ni	≤0.12	0.30～0.90	0.10～0.35	≤0.025	≤0.02	4.70～5.30	

表 1-23　低温钢的力学性能

钢号	R_m/MPa	$R_{p0.2}$/MPa（不小于）	A/%（不小于）	冲击温度/℃	冲击吸收能量/J（不小于）	
					（横向）	（纵向）
1.5Ni	470～640	275	22	-60	27	41
2.25Ni	420～570	295	19	-65	27	41
3.5Ni	440～690	345	21	-90	27	41
5Ni	520～710	390	21	-105	27	41

表 1-24　9%Ni 超低温钢的化学成分

钢号	化学成分（质量分数）/%						
	C	Mn	Si	P	S	Ni	其他元素
9Ni	≤0.10	0.30～0.90	0.10～0.35	≤0.025	≤0.02	8.5～10.0	

注：含氮量应不超过 0.009%（如含有铝时，应不超过 0.012%）。

表 1-25　9%Ni 超低温钢的力学性能

钢号	R_m/MPa	$R_{p0.2}$/MPa	A/%	冲击温度/℃	冲击吸收能量/J	
					（横向）	（纵向）
9Ni	640～830	≥490	≥19	-196	≥27	≥41

第六节
大热输入焊接用钢

一、日本 JEF 公司开发的大热输入焊接用船板钢

1. 日本 JEF 公司开发的热影响区组织控制技术

日本 JEF 公司开发的名为"JFE EWEL"的技术，即大热输入热影响区组织控制技术，其核心要素是 N、B 的微量合金化控制。借助于焊缝中的 B 扩散进入熔合线外的热影响区（HAZ），与熔合线附近存在的自由态 N 结合成 BN，从而提高热影响区韧性。自由态 N 降低母材的韧性，它与从焊缝中扩散来的 B 结合生成 BN 后，避免了对母材韧性的危害。BN 又能起到形核核心作用，促进铁素体的生成，使得熔合线附近的热影响区组织得

到细化，如图 1-3 所示。

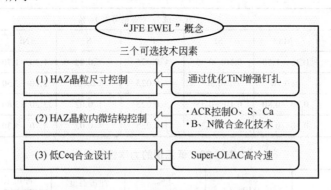

图 1-3　JFE EWEL 技术的概念

由于焊缝中的 B 扩散进入熔合线外的热影响区，母材自身的 B 量可以减少，避免 B 损害母材的强度及韧性。因此，利用焊缝中扩散的 B 得到高韧性的热影响区是一个技术创新。

（1）JFE EWEL 的第一项技术是控制热影响区晶粒尺寸

TiN 的加入量、Ti/N 的比例以及加入其它微合金元素，综合处理得当的话，可以使得 TiN 熔解温度由 1400℃以下，提高到 1450℃以上，使得 TiN 粒子细小而分散，大幅度减少热影响区晶粒的粗大化，如图 1-4 所示，单道气电立焊时，粗晶区宽度由 2.1mm 减少到 0.3mm。

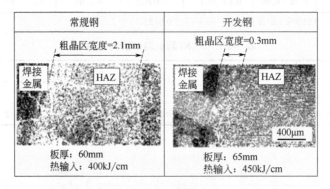

图 1-4　气电立焊接头热影响区的晶粒尺寸

（2）JFE EWEL 的第二项技术是增加晶内形核核心

首先是利用 Ca 系非金属夹杂物，主要是（Ca、Mn）S 系非金属夹杂物，它们的含量要严格控制，O、S、Ca 的加入量要合适，即符合 ACR（原子浓度率）控制指数，以便形成 CaS、MnS 的复合夹杂物，起到晶内形核核心的作用。

其次是发挥 BN 的作用，一是起到晶内形核核心的作用，二是把固溶态的 N 固定起来，有利于提高韧性。在熔合线附近的 TiN 粒子，由于高温下长时间停留，会有部分 N 变成固溶态 N。而由焊缝中扩散来的 B，会与固溶态 N 结合成 BN，起到晶内形核核心作用。根据板厚的不同，B 的加入量也不同，以使整个热影响区的固溶态 N 全部变成起到形核核心作用的 BN，使整个热影响区得到细化。钢板越厚，热输入越大，冷却速度越慢，B 的扩散距离也会增大，使整个热影响区达到细化，这是其他方法所不具备的。图 1-5 给出了两种钢的比较，通过加入 B 及控制 ACR 指数后，开发钢的模拟热影响区组织，主要是微细的铁素体组织；而常规钢则是粗大的侧板条铁素体和上贝氏体组织。

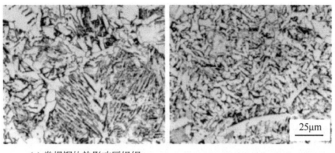

(a) 常规钢的热影响区组织　　　　　(b) 开发钢的热影响区组织

图 1-5　模拟热影响区微观组织（峰值温度 1400℃，800~500℃的冷却时间为 30s）

（3）JFE EWEL 的第三项技术是用加速冷却来限制碳当量极限值

对于造船用 YS390MPa 钢，板厚 80mm 时，根据控轧控冷技术（super-OLAC）的设计，碳当量应限制在 0.36%以下，使得碳当量、热输入、微观组织之间呈现最佳匹配。此时，钢的强度能满足要求。为了控制热影响区的晶粒尺寸和晶内组织，还加入了 Ca、B、Ti 等元素。

2．大热输入焊接用船板钢的试验结果

（1）YS390MPa 级船板钢

YS390MPa 钢的化学成分和力学性能列于表 1-26，采用双丝单道气电立焊，焊接条件见表 1-27，焊接热影响区的低温韧性见图 1-6。可以得知：新开发的钢在 680kJ/cm 超大热输入条件下，-40℃低温下也具有优良的接头性能，满足了船级社的 F 级要求，并符合 LPG 船用低温钢的要求。

表 1-26　YS390MPa 等级钢板的化学成分和力学性能

厚度 /mm	化学成分（质量分数）/%							拉伸性能（横向）			夏比冲击吸收能量（纵向）
	C	Si	Mn	P	S	其他元素	$Ceq^{①}$	YS /MPa	TS /MPa	EL /%	$vE_{-40℃}$ /J
80	0.08	0.22	1.54	0.007	0.001	Ti、B、Ca 等	0.36	411	532	28	265

① $Ceq=C+Mn/6+(Cu+Ni)/15+(Cr+Mo+V)/5$。

表 1-27　YS390MPa 级钢板焊接条件

厚度 /mm	焊接方法	坡口形状	焊材	焊丝	位置	焊接电流 /A	电弧电压 /V	焊接速度 /（cm/min）	焊接热输入 /（kJ/cm）
80	气电立焊	20° 80mm 10mm	DWS-50GTF DWS-50GTR KL-4GT （神钢）	1	表面	400	42	2.9	680
				2	根部	400	40		

（2）YS460MPa 级船板钢

对于板厚为50mm的YS460MPa级钢,它的化学成分见表1-28,力学性能列于表1-29。钢板的韧性完全符合 E 级钢的规定。采用大热输入气电立焊,焊接热输入约 360kJ/cm,焊接规范列于表1-30,焊接接头各个部位的韧性见图1-7。由图可知,在各个部位都表现出了相当高的冲击吸收能量值。焊接接头的宏观组织及热影响区各个部位的微观组织见图1-8,从图中可以看出,热影响区各个部位的晶粒都是比较细小的。

表 1-28 YS460MPa 钢的化学成分

型号	厚度/mm	化学成分（质量分数）/%						Ceq[1]
		C	Si	Mn	Nb	Ti	其他	
YH60	60	0.05	0.07	1.55	0.01	0.01	Cu、Ni、Ca、B 等	0.39
EH40	80	0.08	0.22	1.54	—	0.01	Ca、B 等	0.36

[1] $Ceq=C+Mn/6+(Cr+Mo+V)/5+(Cu+Ni)/15$。

表 1-29 YS460MPa 钢的力学性能

YP/MPa	TS/MPa	EL/%	$vE_{-40℃}$/J
508	654	21	282

表 1-30 大热输入气电立焊的焊接规范

厚度/mm	焊接方法	焊丝	焊道	电流/A	电压/V	速度/（cm/min）	热输入/（kJ/cm）
80	气电立焊	KL-4（ϕ1.6mm）	1	390	42	2.7	364

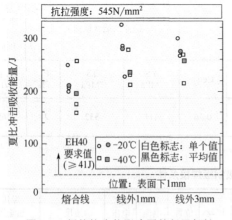

图 1-6 焊接接头热影响区的低温韧性

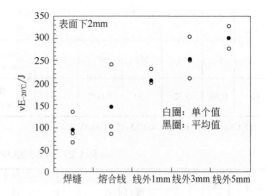

图 1-7 气电立焊焊接接头各个部位的韧性

（3）YS355MPa 级低温用船板钢

对于板厚为50mm的YS355MPa级低温船板钢,它的化学成分和力学性能列于表1-31,进行两面单道埋弧焊,单道焊接的热输入约 130kJ/cm,焊接规范列于表1-32,热影响区不同部位的韧性见图1-9。可以确认,热影响区不同部位的韧性,完全符合 FH36 级的船规要求（在-40℃≥34J）,且其低温韧性有足够的富余量。

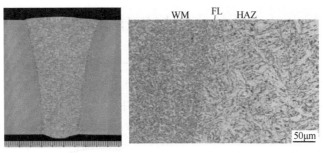

图 1-8 气电立焊接头的宏观组织及各个部位的微观组织

WM—焊缝金属；FL—熔合线；HZA—热影响区

表 1-31 YS355MPa 级低温用钢的化学成分和力学性能

化学成分（质量分数）/%							拉伸性能（横向）			夏比冲击性能（纵向）
C	Si	Mn	P	S	其他元素	Ceq[①]	YS /（N/mm²）	TS /（N/mm²）	EL /%	vE₋₆₀℃/J
0.07	0.19	1.56	0.008	0.002	Ti，Ca，等	0.36	399	546	30	292

① Ceq=C+Mn/6+(Cu+Ni)/15+(Cr+Mo+V)/5。

表 1-32 YS355MPa 级低温用钢采用的两道埋弧焊焊接规范

厚度/mm	焊接方法	坡口形式	焊丝	焊道	前后焊丝	焊接电流/A	电弧电压/V	焊接速度/（cm/min）	热输入量/（kJ/cm）
50	双面埋弧焊（KX）	90° 11mm 50mm 11mm 90°	KW-101B KW-101（JFE 公司）	1	前丝 后丝	1600 1200	35 45	50	132
				2	前丝 后丝	1700 1300	35 45	55	129

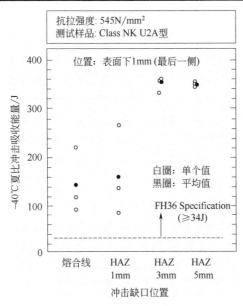

图 1-9 YS355MPa 级低温钢埋弧焊接热影响区不同部位的韧性

二、日铁公司开发的大热输入焊接用建筑结构钢

1. 日铁公司开发的热影响区高韧性化技术——HTUFF

为了开发热影响区高韧性的大热输入焊接用钢，日铁公司提出了如下思路，如图 1-10 所示。首先要使热影响区细晶粒化，这主要利用 HTUFF 技术；为了抑制脆化组织的生成，采用 TMCP 技术；另外，减少固溶 N 的措施是加入适量的 Nb、Ti 等，使成分调整得更为合理。

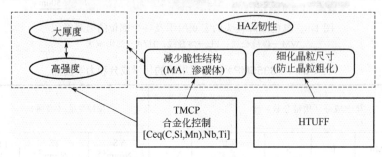

图 1-10　大热输入焊接时热影响区的韧性支配因素

（1）抑制奥氏体晶粒的长大

HTUFF 技术，即细化晶粒使热影响区高韧性化技术，针对的主要部位就是熔合线附近的热影响区，采用的手段是强化钉扎作用。为此，首先要求第二相粒子在 1400℃的高温下具有不溶解、不长大的稳定性；其次，要求第二相粒子在钢中呈细小弥散的分布状态，防止因为第二相粒子长大而出现粗大的组织。

（2）开发起到钉扎作用的新粒子

HTUFF 技术的开发，着眼于热稳定性更好的第二相粒子——氧化物或硫化物，因此，特别重视与 O、S 亲和力强的 Ca、Mg 等元素。当钢中含有适量的这些元素时，将导致氧化物或硫化物在钢中呈细小弥散的分布状态，如图 1-11 所示。钢中含有适量的这类起钉扎作用的粒子，使这一技术开发成功；因为第二相粒子不再长大，就不出现成为破坏起点的粗大组织。

在 HTUFF 钢中起到钉扎作用的粒子，是含有 Ca 或 Mg 的氧化物或硫化物，它们的尺寸只有数十纳米到数百纳米。经过观测，在 1400℃的温度下它们没有固溶，依然残存着。在以前的钢中，氧化物或硫化物尺寸是数微米大小，而 HTUFF 钢的粒子是它们尺寸的百分之一至十分之一，非常细小，且具有密密麻麻分散分布的特征。

将 HTUFF 钢与常规钢进行模拟加热，对奥氏体晶粒的长大程度进行比较。HTUFF 钢在 1400℃保持 100s 后，奥氏体晶粒基本没有成长，发挥了极强的钉扎作用，这是常规钢根本无法实现的。图 1-12 给出了 HTUFF 钢与常规钢经过模拟加热后奥氏体晶粒尺寸的对比。

2. 开发的建筑结构用高韧性钢

（1）BT-HT355C、BT-HT440C 钢的试验结果

作为大热输入焊接用高韧性建筑结构钢，开发钢的化学成分见表1-33，与常规钢相比较，碳的含量减少了，为了补偿强度的损失，增加了 Mn、Cu、Ni 的含量。对于 BT-HT440C-HF 钢而言，为减少脆性相 M-A 组元的生成，它的化学成分也做了适当调整。除了上述基本成分外，钢中还含有少量的 Ca 和 Mg，以便形成细小弥散分布的氧化物或硫化物，这符合了 HTUFF 技术的要求。

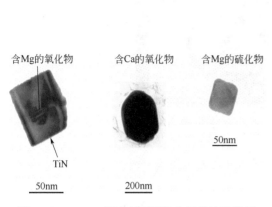

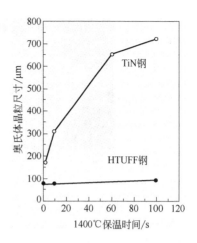

图 1-11 HTUFF 钢中起到钉扎作用的粒子举例

图 1-12 HTUFF 钢与常规钢经过模拟
加热后奥氏体晶粒尺寸比较

开发钢的力学性能见表1-34，两种强度级别的钢都达到了指标要求，包括强度、伸长率、屈强比、厚度方向的特性及韧性要求。

表 1-33 开发钢的化学成分

钢号	化学成分（质量分数）/%					其他元素	Ceq[①]/%	Pcm[②]/%
	C	Si	Mn	P	S			
BT-HT355C-HF	0.12	0.26	1.50	0.008	0.002	Nb，Ti	0.39	0.21
BT-HT440C-HF	0.10	0.16	1.56	0.006	0.002	Cu，Ni，Nb，V，Ti	0.39	0.23

① Ceq=C+Si/24+Mn/6+Ni/40+Cr/5+Mo/4+V/14。
② Pcm=C+Si/30+(Mn+Cr+Cu)/20+Ni/60+Mo/15+V/10+5B。

表 1-34 开发钢的力学性能

钢号	厚度/mm	方向	拉伸性能（1/4 厚度）（圆棒拉伸试样）				冲击性能（1/4 厚度）	厚度方向拉伸性能（板状拉伸试样）	
			屈服点/MPa	抗拉强度/MPa	伸长率/%	屈强比/%	$vE_{0℃}$/J 最小/平均	抗拉强度/MPa	面缩/%
BT-HT355C-HF	50	纵向	450	574	32	78	298/302	564，564，522	77，77，76
		横向	451	579	26	78	220/252		
BT-HT440C-HF	60	纵向	468	610	31	77	251/254	607，615，610	69，74，75
		横向	466	603	32	77	234/236		

图 1-13 给出了不同结构形式的焊缝断面宏观形貌，焊接方法包括电渣焊和埋弧焊。

图 1-14 给出了不同结构形式的焊接接头各区域的韧性，它们的韧性都达到了指标要求，表现出了良好的韧性，特别是熔合线及熔合线外 1mm 处的热影响区，其夏比冲击吸收能量远超过 70J。

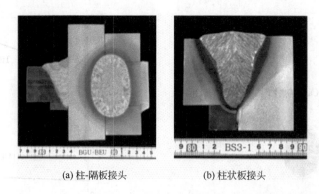

(a) 柱-隔板接头　　　　　　　　　(b) 柱状板接头

图 1-13　BT-HT355C-HF 不同形式焊接接头的断面宏观形貌

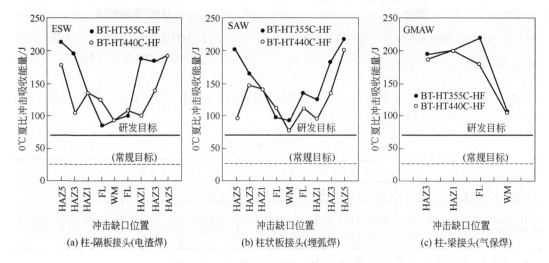

(a) 柱-隔板接头(电渣焊)　　　(b) 柱状板接头(埋弧焊)　　　(c) 柱-梁接头(气保焊)

图 1-14　不同接头形式各焊接区域的韧性

　　图 1-15 是电渣焊接头的微观组织，图 1-16 是埋弧焊接头的微观组织，采用的均为 BT-HT440C-HF 钢柱-隔板结构。由于 HTUFF 技术的细化作用，在大焊接热输入条件下，热影响区各部位的组织都是很细小的。

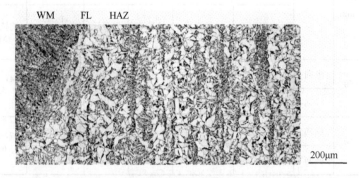

图 1-15　BT-HT440C-HF 钢柱-隔板结构电渣焊接头的微观组织

　　(2) 590MPa 级建筑结构钢的试验结果

　　采用 HTUFF 技术开发了 590MPa 级的建筑结构钢，它的化学成分列于表 1-35。钢中含有适量的 Ca 或 Mg，对热影响区的晶粒长大具有极强的钉扎作用。表 1-36 是电渣焊的焊接条件，模拟柱-隔板结构进行焊接试验后，其焊接热影响区的微观组织如图 1-17。并采用常规钢进行比较试验，结果表明，采用 HTUFF 技术的钢，其熔合线附近的热影响区晶粒显著细化，可以确认，HTUFF 技术对于大热输入焊接条件下的热影响区，有着明显的细化效果。

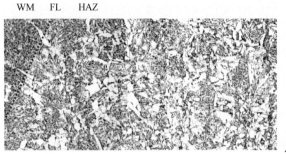

图 1-16　BT-HT440C-HF 钢柱-隔板结构埋弧焊角接接头凸缘侧的微观组织

表 1-35　新开发的建筑结构用 590MPa 级钢的化学成分与板厚

化学成分（质量分数）/%					其他元素	Ceq[①]/%	Pcm[②]/%	厚度/mm
C	Si	Mn	P	S				
0.10	0.16	1.56	0.006	0.002	Cu、Ni、Nb、V、T	0.39	0.23	60，80

① Ceq=C+Si/24+Mn/6+Ni/40+Cr/5+Mo/4+V/14。
② Pcm=C+Si/30+(Mn+Cr+Cu)/20+Ni/60+Mo/15+V/10+5B。

表 1-36　新开发的建筑结构用 590MPa 级钢电渣焊焊接条件

焊接方法	焊道数	焊接热输入	接头形状	壳板厚	隔板厚
电渣焊	单道	870kJ/cm	T 形接头	80mm	60mm

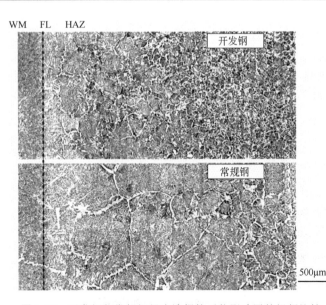

图 1-17　开发钢与常规钢经电渣焊接后热影响区的组织比较

三、日本神钢制钢开发的大热输入焊接用高强度钢板

1. 神户制钢开发的低碳多方位贝氏体技术

通过降低碳含量，使热影响区中未相变的奥氏体中碳浓度降低，进而导致生成的 M-A 组元的体积分数减少，其尺寸也变得细小。图 1-18 示出了含碳量由 0.1%降低到 0.03%，经过模拟大热输入焊接热循环后（热输入达到 250kJ/cm），最终生成的热影响区组织。从图中可以看到，在含碳量低的钢中，M-A 组元微细化了，且其体积分数大幅度降低，由 3.8%降低至 1.1%。

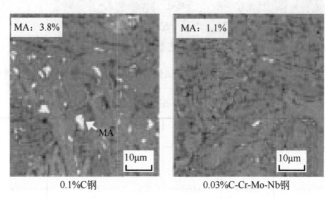

图 1-18　含碳量对模拟焊接热影响区 M-A 组元的影响

为了改善大热输入焊接时高强度钢热影响区的韧性，由奥氏体直接相变为贝氏体，对于细化组织是非常必要的。为此，探索了各个合金元素对于形成贝氏体的影响，与强碳化物生成元素（Mo、Nb 等）相比，弱碳化物生成元素（Mn、Cu、Ni、Cr 等）对于贝氏体组织细化具有更良好的作用。这可能是因为，当奥氏体晶界上存在强碳化物生成元素时，贝氏体的形核概率降低；相反，在奥氏体晶界上存在弱碳化物生成元素时，贝氏体的形核概率增高。

通过降低含碳量及加入弱碳化物生成元素，使得相变为晶粒细化的贝氏体，神户制钢开发了低碳贝氏体技术。图 1-19 给出了三个不同成分的钢板，经过模拟焊接热循环后测定的夏比冲击吸收能量值。当加入弱碳化物生成元素后，其韧性明显提高，即使采用超大热输入 550kJ/cm 的模拟热循环，仍能确保它的热影响区具有足够的韧性。

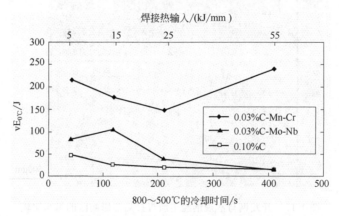

图 1-19　焊接热输入及合金元素对模拟热影响区韧性的影响

2．大热输入焊接用高强度钢板的试验结果

（1）造船用大热输入焊接厚钢板 EH40

该钢板是采用低碳多方位贝氏体技术开发出来的，适于约 600kJ/cm 的超大热输入焊接，热影响区具有优良的低温韧性，大大提高了船体建造的焊接施工效率。钢的化学成分见表 1-37，它的含碳量较过去的钢降低了一半以上，加入了弱碳化物形成元素 Mn、Cu、Ni 等，均在船规要求的范围之内。又采用了控轧技术，以便得到更高的强度。钢的力学性能列于表 1-38，在钢板厚度为 80mm 时，依然能确保高强度要求。

表 1-37　开发的船用钢 EH40 和常规的船用钢 EH40 的化学成分

钢	化学成分（质量分数）/%			其他元素	Ceq[①]/%	Pcm[②]/%
	C	Si	Mn			
开发钢	0.05	0.15	1.56	Cu、Ti、Nb、B	0.35	0.16
常规钢	0.12	0.36	1.49	Ti、Nb	0.37	0.21

① $Ceq=C+Si/24+Mn/6+Ni/40+Cr/5+Mo/4+V/14$。

② $Pcm=C+Si/30+(Mn+Cr+Cu)/20+Ni/60+Mo/15+V/10+5B$。

表 1-38　开发的船用钢 EH40 的力学性能

厚度	力学性能			
	YS/MPa	TS/MPa	EL/%	冲击功 $vE_{-40℃}$/J
80mm	491	586	23	281
要求值	≥390	610～650	≥20	≥55

对开发的大热输入焊接厚钢板 EH40 进行焊接检验，采用气电立焊，热输入为 580kJ/cm，测定热影响区不同部位的冲击吸收能量。在-20℃下热影响区具有优良的韧性，如图 1-20 所示。

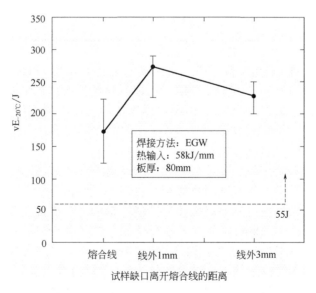

焊接方法：EGW
热输入：58kJ/mm
板厚：80mm

图 1-20　开发的船用钢 EH40 热影响区韧性

（2）建筑结构用 590MPa 级和 780MPa 级钢板

超高层建筑结构采用高强度厚钢板后，所采用的焊接热输入范围通常是桥梁领域的 2～10 倍。经过了阪神大地震的灾难，从提高抗震性能考虑，对建筑结构用钢的焊接热影响区韧性提出了更高的要求。基于这些要求，神户制钢又采用低碳多方位贝氏体技术，开发出了建筑结构用 590MPa 级和 780MPa 级钢板，它们的焊接性及焊接接头韧性都是相当优良的。

建筑结构用钢板的化学成分见表 1-39，为了确保热影响区的韧性，含碳量降低到了过去用钢的 1/3 以下；采用 Mn、Cu、Ni 等弱碳化物形成元素作为强化元素。基于满足建筑结构用钢特有的低屈服强度要求，在热处理方面采用了在两相区热处理的工艺。

建筑结构用 590MPa 级和 780MPa 级钢板的力学性能及其焊接特性列于表 1-40。它们均具有良好的抗裂性能，对于 590MPa 级钢，在 0℃ 施工时可以不预热；对于 780MPa 级钢，在 25℃ 施工时不要求预热。

表 1-39　建筑结构用钢板的化学成分

钢种		化学成分（质量分数）/%			其他元素
		C	Si	Mn	
590MPa	开发钢	0.03	0.09	1.44	Cu、Ni、Cr、Ti、B
	常规钢	0.12	0.25	1.45	Cu、Ni、Mo、V、Nb
780MPa	开发钢	0.05	0.26	2.00	Ni、Cr、Mo、V、Ti、B

表 1-40　建筑结构用钢板的力学性能及焊接性能

钢种		厚度/mm	力学性能					焊接性
			YS/MPa	TS/MPa	EL/%	YR/%	$vE_{0℃}$/J	预热温度/℃
590MPa	开发钢	60	485	636	32	76	313	0
	常规钢	60	467	624	32	75	262	25
	规定的范围值（SA440）		440～540	590～740	≥20	≤80	≥47	—
780MPa	开发钢	50	668	846	25	79	204	25
	要求值（KBSA630）		630～750	780～930	≥16	≤85	≥47	—

对于 590MPa 级钢，在电渣焊条件下，热输入达到 1000kJ/cm 时，其热影响区韧性的测试结果示于图 1-21；对于 780MPa 级钢，在埋弧焊条件下，热输入为 400kJ/cm 时，其热影响区韧性的测试结果见图 1-22。由图可以确认，这两个强度级别的钢，其热影响区均具有优良的韧性。

（3）桥梁用大热输入高强度钢板

神户制钢开发的桥梁用钢，有常温用的和低温用的，也有耐大气腐蚀用的和耐盐卤腐蚀用的。这里只介绍耐大气腐蚀用桥梁钢，开发钢及常规钢的化学成分列于表 1-41，采用控轧控冷技术，以得到更好的焊接接头性能，钢的力学性能见表 1-42。

采用厚度为 22mm 及 50mm 的钢板，分别经过气电立焊（热输入为 143kJ/cm）及 CO_2 气体保护焊（热输入为 33kJ/cm）后，熔合线外 1mm 处的夏比冲击吸收能量列于表 1-43。可以得知，在大热输入焊接条件下，熔合线外 1mm 处具有高的韧性，与常规钢相比，夏比冲击吸收能量增加了一倍以上。铁研式裂纹试验表明，开发钢的抗裂性能优良，在 25℃ 气温下，不预热焊接时无裂纹产生。

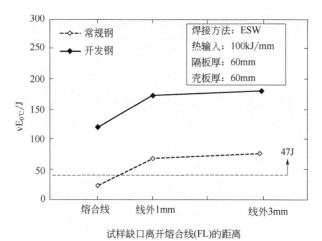

图 1-21 开发的及常规的 590MPa 级建筑用钢板热影响区韧性比较

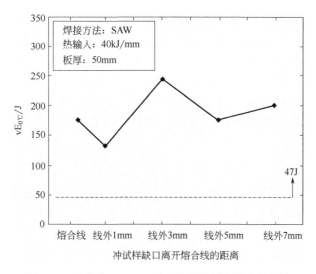

图 1-22 开发的 780MPa 级建筑用钢板热影响区韧性

表 1-41 桥梁用 570MPa 级钢的化学成分

钢	化学成分（质量分数）/%						Ceq[①]/%	Pcm[②]/%
	C	Si	Mn	Cu	Cr	Ni		
开发钢	0.09	0.30	0.96	0.33	0.52	0.21	0.37	0.19
常规钢	0.12	0.30	1.10	0.36	0.50	0.19	0.42	0.23

① Ceq=C+Si/24+Mn/6+Ni/40+Cr/5+Mo/4+V/14。
② Pcm=C+Si/30+(Mn+Cr+Cu)/20+Ni/60+Mo/15+V/10+5B。

表 1-42 桥梁用 570MPa 级钢的力学性能

钢	板厚/mm	YP/MPa	TS/MPa	$vE_{0℃}$/J
开发钢	22	423	531	342
	50	424	528	337
常规钢	22	387	512	359
	50	425	520	312

表 1-43　桥梁钢焊接接头的力学性能及焊接性

钢	板厚/mm	焊接接头的力学性能					抗裂性[①]
		焊接方法	热输入/（kJ/cm）	TS/MPa	冲击性能		预热温度/℃
					缺口位置	$vE_{0℃}$/J	
开发钢	22	气电立焊	143	621	熔合线外1mm	114	25，无裂纹
	50	CO_2气体保护焊	33	688	熔合线外1mm	282	25，无裂纹
常规钢	22	气电立焊	146	641	熔合线外1mm	51	25，无裂纹
	50						50，无裂纹

① 铁研式裂纹试验（Y 形坡口拘束裂纹试验）。

3．大热输入焊接后熔合线附近的微观组织

采用 80mm 厚的 YP355MPa 级钢板，进行双丝气电立焊，热输入为 586kJ/cm，开发钢及常规钢焊接接头熔合线附近的微观组织示于图 1-23，与常规钢相比较，开发钢的奥氏体晶粒粗大化受到了控制，晶内生成细小铁素体，晶粒得到细化，同时 M-A 组元的生成得以控制。透射电镜观察测定，在开发钢中 TiN 起到核心作用，它促成了 BN 的生成[见图 1-23（a）]，BN 又能起到形核核心作用，这两者的复合作用达到了细化晶粒的目的。

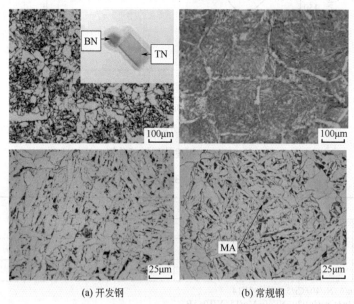

(a) 开发钢　　　　　　　　　　(b) 常规钢

图 1-23　焊接接头熔合线附近的微观组织

综合上面三节的内容可知，日本各钢厂采用了加入 Ti 以形成 TiN，阻止奥氏体晶粒长大；依靠铁素体形核核心实现晶粒细化；降低碳含量，使 M-A 组元减少并变得细小；采用 TCMP 控轧技术，既能保证韧性又能降低合金含量，且达到高强度；借助于加入弱碳化物生成元素，得到微细化的贝氏体组织等，先后开发了热影响区组织控制技术（JFE EWEL）、细化晶粒使热影响区高韧性化技术（HTUFF 技术）、低碳多方位贝氏体技术等。应用这些技术，他们开发出了大热输入焊接用钢，其热影响区具有优良的韧性、良好的

抗裂性，满足了用户的使用要求，广泛用于各类产品上，如船舶、海洋工程、高层建筑、桥梁、管线及石油化工容器等。

四、中国营口中板厂开发的大热输入焊接用钢板

日钢营口中板厂与东北大学等高校合作，到 2021 年底，已经完成了适于热输入不低于 400kJ/cm 的 AH36 正火钢、EH36\DH420\Q500MC 级 TMCP 钢的工业化试验，完成了适于热输入不低于 200kJ/cm 的 12MnNiVR、Q550C 等调质钢的工业化试验，各项性能均达到了预定目标。下面具体介绍各个钢种的成分、力学性能、金相组织及其焊接接头性能情况。

1．AH36 正火钢板（厚度 80～120mm）

（1）钢的成分及性能

在低碳成分前提下，利用 VN 第二相粒子沉淀强化，保障 80mm 以上大厚度钢板的强度性能；为保证 VN 沉淀强化效果，控制钢中 Al_t、Nb 含量在 0.010% 以下；为保证钢的韧性，添加适量的 Cu、Ni 元素。为满足大热输入焊接的要求，严格控制脱氧剂的加入顺序及 Ti、Ca 等的含量，以便形成尺度适中的复合夹杂物，借以钉扎过热区的奥氏体晶界，避免奥氏体粗大化，并促使晶内形成针状铁素体，细化过热区的组织。AH36 正火钢的化学成分要求列于表 1-44，钢的力学性能见表 1-45。

表 1-44　AH36 正火钢的化学成分　　　　　　　wt%

元素	C	Si	Mn	P	S	Al_t	Cu	Ni	Nb	V	Ti	N
范围	≤0.14	0.10～0.25	1.40～1.60	≤0.012	≤0.003	≤0.015	≤0.5	≤0.5	总量≤0.1			≤0.007

表 1-45　AH36 正火钢的力学性能

钢板号	钢板厚度/mm	厚度位置	拉伸性能			横向冲击韧性				
			R_{eH}/MPa	R_m/MPa	A/%	温度/℃	KV_2/J			均值
202104130131	80	1/4	411	516	27.5	0	307	305	344	319
		1/2	405	513	37.5		264	278	230	257
202104130133	120	1/4	378	503	38.5	0	262	234	231	242
						−20	258	250	273	260
						−40	186	195	179	187
		1/2	376	491	31	0	243	258	247	249
						−20	253	214	188	218
						−40	216	175	207	199

（2）钢的金相组织

AH36 正火钢（AH36 N）不同厚度位置的金相组织如图 1-24，其组织为铁素体+珠光体，铁素体晶粒度在 7.0～8.5 级，可以看出，1/2 厚度位置的晶粒尺度略显粗化。由于钢

板是轧制状态，钢板组织呈带状分布，白色的铁素体带两侧是黑色的珠光体带。

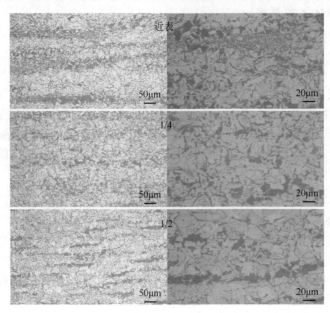

图 1-24　AH36 钢在不同厚度位置的金相组织

（3）钢的焊接性能试验

焊接方法：气电立焊+埋弧焊（EGW+SAW）；接头型式：X 形坡口；保护气体种类：CO_2；冷却水流量：2L/min；焊丝伸出长度：25mm。焊接坡口及焊道布置见图 1-25。采用日本神钢的焊丝 DW-S50GTF DW-S50GTR，气电立焊侧的焊接工艺参数见表 1-46。焊接接头拉伸性能见表 1-47，接头的冲击性能见表 1-48。

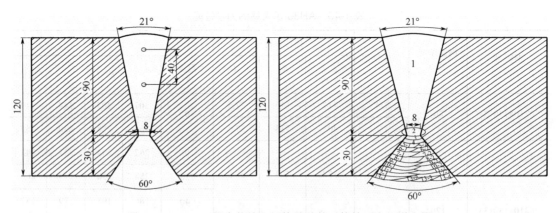

图 1-25　AH36N 钢大热输入焊接试验的对接坡口和焊道布置

表 1-46　AH36N 钢焊接试验参数（厚度 120mm）

焊接方法	焊丝直径/mm	电源及极性	电流/A	电压/V	焊速/（cm/min）	热输入/（kJ/cm）	气体/（L/min）
EGW（面侧）	$\phi1.6$	DCEP	400	39	2.54	737	30
EGW（根侧）	$\phi1.6$	DCEN	400	39	2.54		

表 1-47　AH36N 钢焊接接头拉伸性能（厚度 120mm）

试样	抗拉强度 /（N/mm）		伸长率 /%	断面收缩率 /%	断裂位置	试验温度 /℃
横向拉伸 1	493	499.5	23.5	—	断于母材	20
横向拉伸 2	506		21.0	—	断于母材	20
横向拉伸 3	500	499.5	22.0	—	断于母材	20
横向拉伸 4	499		18.5	—	断于母材	20

表 1-48　AH36N 钢焊接接头大热输入侧的 0℃夏比冲击吸收能量　　J

焊道表面下 2mm	试验值	平均值	标准	1/2 板厚位置	试验值	平均值	标准
焊缝	59.5，53.1，63.8	58.8	≥34	焊缝	48，52.4，62.7	54.37	≥34
熔合线	89.4，46.8，148	94.73	≥34	熔合线	51.6，69，142	87.5	≥34
熔合线外 2mm	135，82.2，91.3	102.83	≥34	熔合线外 2mm	166，192，58.5	138.83	≥34
熔合线外 5mm	263，223，209	231.67	≥34	—	—	—	—
熔合线外 20mm	234，247，253	244.67	≥34	—	—	—	—

从表 1-48 可知，在 0℃温度条件下，焊缝金属的夏比冲击吸收能量完全满足了标准要求；熔合线处的韧性波动较大，但都能满足标准要求；熔合线外各部位的冲击韧性优良，远远超过 AH36N 钢材的标准要求。

在焊接接头的不同位置进行了硬度检测，焊接接头的硬度分布情况见图 1-26。

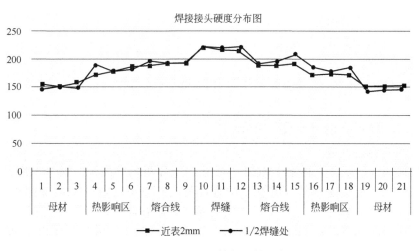

图 1-26　AH36N 钢焊接接头的硬度分布

气电立焊侧和埋弧焊侧的热影响区表层组织见图 1-27 及图 1-28，两者对比可见，AH36N 钢气电立焊侧的热影响区组织和埋弧焊侧的热影响区组织，在形态上和构成上有着明显的区别，气电立焊侧的晶界铁素体范围大，在 200μm 左右，晶内为针状组织，取向紊乱。埋弧焊侧的晶界铁素体范围较小，由 20～150μm 不等，晶内为针状组织，且更短小。两者的晶界铁素体相近，但气电立焊侧的侧板条铁素体更发达，又宽又长。

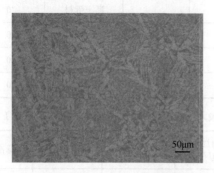 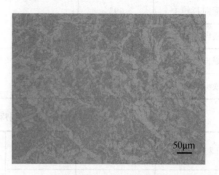

图 1-27　AH36N 气电立焊侧表层热影响区显微组织　　图 1-28　AH36N 埋弧焊侧表层热影响区显微组织

　　图 1-29、图 1-30 为焊接接头经过大热输入焊接后，表层和板厚 1/2 位置焊缝金属的组织。由图可见，焊缝金属为超细的贝氏体组织，表层焊缝的两侧没有树枝状的先析铁素体，而 1/2 位置则出现了明显的树枝状先析铁素体，这是由于进行埋弧焊接时，它对先焊的气电立焊焊缝进行了高温加热，产生二次相变，再次结晶时生成先析铁素体。

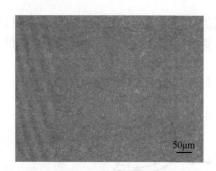 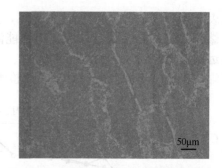

图 1-29　气电立焊侧表层的焊缝金属显微组织　　图 1-30　气电立焊侧板厚 1/2 位置的焊缝金属显微组织

2. DH36 TMCP 钢（厚度 80mm 以下）

（1）钢的成分及性能

　　在超低碳成分前提下，利用 TMCP 手段获得低碳贝氏体组织；利用 TiN 第二相粒子，在高温下以纳米尺度动态存续，钉扎奥氏体晶界，抑制其迁移，从而保障再热奥氏体的粒径在 200μm 以下；以晶内 Ti 的 CN 化物等第二相析出物，诱导降温过程发生 AF 相变；并以非碳化物形成元素进行强化补偿。DH36 TMCP 钢的化学成分列于表 1-49，钢的力学性能见表 1-50。

表 1-49　DH36 TMCP 钢的化学成分　　　　　　　　　　wt%

元素	C	Si	Mn	P≤	S≤	Als	Nb	Ti	Cu	Ni	N	Ceq
范围	≤0.10	0.10～0.25	1.40～1.60	0.010	0.003	0.015～0.045	≤0.03	≤0.02	≤0.5	≤0.5	≤0.008	≤0.38

表 1-50　DH36 TMCP 钢的力学性能

钢板号	规格	R_{eH} /MPa	R_m /MPa	屈强比	A /%	冲击温度 /℃	冲击消耗功 A_{kv}/J
202001080239	40mm	442	573	0.77	25.5	−20	353，346，361
						−40	299，302，315
202001080240	60mm	443	549	0.81	29.5	−20	324，334，306
						−40	296，289，320
202101130345	80mm	435	559	0.78	26.5	−20	351，379，353
						−40	276，253，243

（2）钢的金相组织

DH36 TMCP 大热输入焊接用钢的金相组织，如图 1-31～图 1-33 所示。钢板表层组织主要为针状铁素体+多边形铁素体，有少量贝氏体和珠光体；1/4 厚度位置的针状组织减少，块状组织增多。越临近厚度的中心位置，越趋向于等轴化的铁素体，尺寸也明显变大，这与中心部位的冷却速度变低有关系。

（3）钢的焊接性能试验

焊接方法：EGW（双丝气电立焊）；接头型式：V 形坡口；保护气体种类：CO_2；冷却水流量：2L/min；焊丝伸出长度：25mm；焊接材料：神钢 DW-S50GTF $\phi1.6$mm，DW-S50GTR $\phi1.6$mm。焊接坡口见图 1-34，实际焊接参数见表 1-51。接头拉伸性能见表 1-52，接头冲击韧性见表 1-53。焊接区各部位的金相组织见图 1-35～图 1-37。

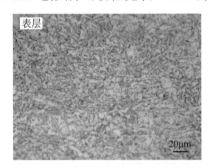

图 1-31　DH36 TMCP 钢的金相组织（表层）

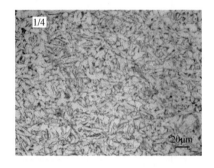

图 1-32　DH36 TMCP 钢的金相组织（1/4 厚度）

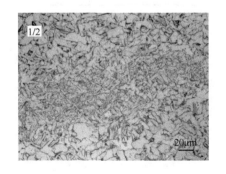

图 1-33　DH36 TMCP 钢的金相组织（1/2 厚度）

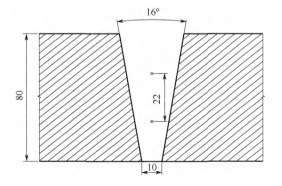

图 1-34　DH36 TMCP 钢板 EGW 对接焊的坡口形状

表 1-51　DH36 TMCP 钢板焊接试验工艺参数

厚度 /mm	位置	电流 /A	电压 /V	焊速 /（cm/min）	热输入 /（kJ/cm）	气体流量 /（L/min）
80	宽面	360	38	2.41	340.6	30
	根部	360	38	2.41	340.6	

表 1-52　焊接试验的接头拉伸性能

样号	厚度 /mm	抗拉强度 /（N/mm）	屈服强度 /（N/mm）	伸长率 /%	断裂位置	试验温度 /℃
345	80	511	373	15.0	断于母材	室温
		513	378	15.5	断于母材	
		520	383	14.5	断于母材	

表 1-53　接头冲击试验结果

厚度 /mm	取样部位	缺口位置	$-20℃$　KV_2/J			均值
			实际值			
80	焊缝宽面	焊缝	126	120	135	127
		熔合线（L）	228	248	206	227
		L+2mm	241	247	200	229
		L+5mm	389	366	389	381
		L+7mm	292	295	281	289
	1/2 厚度	焊缝	133	138	115	129
		L+2mm	119	90.4	64	91
		L+5mm	125	177	169	157
		L+7mm	165	176	176	172
	焊缝根部	焊缝	141	132	131	135
		熔合线（L）	157	66.1	131	118
		L+2mm	221	210	243	225

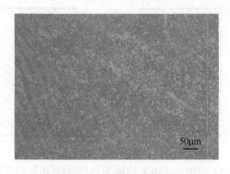

图 1-35　焊缝金属组织

图 1-36　熔合线两侧组织全貌

焊缝金属组织主要为细晶粒的贝氏体；临近熔合线的热影响区中，晶界铁素体（GBF）很发达，其晶粒直径平均在 50μm 左右（最大的约在 100μm），也有侧板条铁素体，由晶界铁素体向晶粒内并行排列扩展；在 GBF 包围的原奥氏体晶粒内部，是取向相互交织的针状铁素体。有的呈现小黑块，可能是 M-A 组元，它是马氏体与残余奥氏体的混合组织。熔合线两侧的组织形貌有着明显差别，焊缝一侧是铸造组织，晶粒粗大。热影响区一侧的晶粒由粗大逐渐减小，最后进入母材原始组织。热影响区的晶粒最粗大部分与焊缝一侧相差不大。

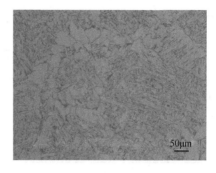

图 1-37 熔合线附近热影响区一侧的组织

3. Q500MC 级 TMCP 钢（厚度 60mm 以下）

（1）钢的成分及性能

采用氮氧化物冶金方法，通过形成 Ti 的氮化物抑制过热奥氏体的晶粒粗化，通过形成细小弥散的 Ti-Mg-Ca 等复合氧化物，诱导过热奥氏体在降温相变过程中，形成高比例的 AF 相，并通过控制 C、Mo、Nb 等组分，抑制热影响区不利于韧性的粒状贝氏体组织形成。以 V 固氮抑制过量的 N 对韧性的不利影响；低 P 控制，减少 P 在晶界的偏聚。以 B、Ni、Cu、Cr 降低贝氏体转变的临界冷却速度，增加贝氏体的形成比例，提高强度。钢的化学成分见表 1-54，钢的力学性能见表 1-55，钢的横向冲击韧性见表 1-56。

表 1-54 Q500MC 钢的化学成分　　　　　　　　　　　　wt%

元素	C	Si	Mn	P	S	Ti	Al_t	V	Cu	Ni	Cr	Mo
范围	≤0.1	0.10~0.25	1.50~1.75	≤0.012	≤0.003	≤0.02	≤0.015	≤0.04	≤0.40	≤0.40	≤0.5	≤0.10

表 1-55 Q500MC 钢的力学性能

板号	板厚/mm	R_{eH}/MPa	R_m/MPa	A/%	0℃纵向 KV_2/J		
202011250167	40	546	633	21	241	228	248
202011250171	60	555	643	21.5	291	291	294
标准		≥490	610~760	≥17	≥54		

表 1-56 Q500MC 钢的横向冲击韧性

钢板号	厚度	位置	温度	KV_2/J			剪切面积 1/%	剪切面积 2/%	剪切面积 3/%
202011250167	40	1/4	0	274	250	261	96	94	96
			−20	268	273	273	96	97	97
			−40	232	242	244	92	93	93
		1/2	0	274	265	264	96	96	96
			−20	296	321	266	99	100	96
			−40	296	299	295	99	99	99

钢板号	厚度	位置	温度	KV_2/J			剪切面积 1/%	剪切面积 2/%	剪切面积 3/%
202011250172	60	1/4	0	266	254	280	96	95	97
			−20	231	240	228	92	93	92
			−40	275	226	188	96	91	85
		1/2	0	254	211	241	95	90	93
			−20	164	122	153	65	49	56
			−40	58	112	164	20	45	66

（2）钢的金相组织

两种厚度钢板的组织类型，均为粒状贝氏体+板条贝氏体组织，见图 1-38 及图 1-39。40mm 钢板，在其 1/4 位置板条贝氏体较为细小，而在其 1/2 位置，板条贝氏体更宽更长，碳化物以颗粒状分布在 BF 基体上；60mm 钢板由于厚度大、冷却速率降低，相变前的奥氏体晶粒粗大，相变后板条状贝氏体减少，粒状贝氏体增加，且 M-A 组元或碳化物较 40mm 钢板明显粗化，分布在 BF 板条之间，组织的均匀性较 40mm 板明显降低。

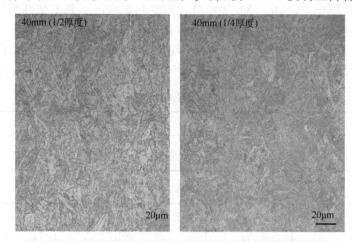

图 1-38　40mm 厚度 Q500MC（TMCP）钢的金相组织

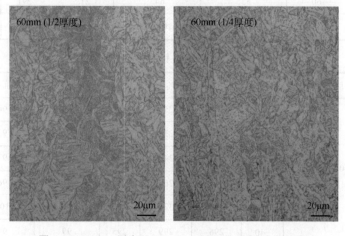

图 1-39　60mm 厚度 Q500MC（TMCP）钢的金相组织

（3）钢的焊接性能试验

焊接方法为单丝气电立焊，选用北京奥邦新材料有限公司生产的 OA-50GF 焊丝，坡口如图 1-40，40mm 厚板一道填满。焊接参数列于表 1-57，接头的拉伸性能列于表 1-58，接头冲击韧性见表 1-59。接头各位置的金相组织见图 1-41。

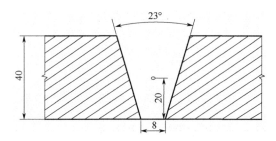

图 1-40　40mm 厚度 Q500MC 钢板对接坡口

表 1-57　Q500MC 钢的焊接参数

焊材直径 /mm	电流种类和极性	焊接电流 /A	电弧电压 /V	焊接速度 / (cm/min)	热输入 / (kJ/cm)	气体流量 / (L/min)	停止时间		摆动行程	
							前停 /s	后停 /s	摆动幅度 /mm	摆动时间 /s
$\phi1.6$	DCEP	340	35	2.58	276.74	20	1.0	1.2	17	3.75

表 1-58　焊接接头拉伸性能

试样编号	抗拉强度/MPa	伸长率/%	断裂位置	试验温度/℃
横向拉伸 1	657	16.0	断于母材	20
横向拉伸 2	615	16.0	断于母材	20
标准	≥610			

表 1-59　焊接接头冲击韧性

试验温度	取样区间	缺口位置	冲击试验值/J	平均值/J
0℃	焊缝宽面	焊缝表面	136　151　102	130
		熔合线	154　95.3　138	129
		熔合线外 2mm	116　111　136	121
		熔合线外 5mm	95.9　131　131	119
		熔合线外 7mm	158　162　156	159
	焊缝根部	焊缝中心	140　107　123	123
		熔合线	177　161　190	176
		熔合线外 2mm	191　182　172	182
标准要求			—	≥54

由图 1-41 可知，焊缝金属和熔合线组织为针状铁素体和贝氏体，也有晶界铁素体；熔合线外 2mm 处，主要为颗粒状的铁素体+碳化物，但仍有针状铁素体存在；熔合线线外 6mm 处，针状形态的组织完全消失。

应注意的是，在大热输入焊接条件下，热影响区存在 5～7mm 宽的软化区，软化区的硬度较母材约低 60（HV10），见图 1-42。

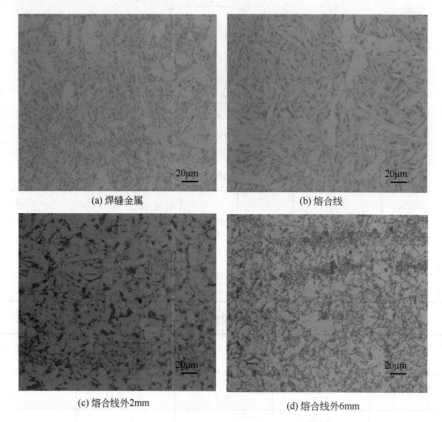

(a) 焊缝金属　　　　　　　　　　　　(b) 熔合线

(c) 熔合线外2mm　　　　　　　　　　(d) 熔合线外6mm

图 1-41　焊接接头各位置的金相组织

图 1-42　焊接接头硬度分布

4. 大热输入焊接用调质钢板

（1）钢的成分及性能

大热输入调质钢板以低碳贝氏体钢为目标，需要添加较高的 Ni、Cu 等合金元素，主要依靠 Ti 的氮化物抑制过热区奥氏体粗大化。营口中板厂先后试制了屈服强度为490MPa、550 MPa、690MPa 的调质钢板，其中 490MPa 级最大厚度为 40mm，550MPa、690MPa 级的最大厚度为 60mm。490MPa 级调质钢板的韧性目标是-20℃≥47J，它的成分设计思想与 Q500MC 相近，但添加了更多的非碳化物形成元素，焊接热输入超过200kJ/cm，热影响区的软化程度较严重。550MPa 级以上的钢，在限制强碳化物形成元素的同时，需要将 Ni 含量提高到 0.7%以上。

现以 Q550MC 为例，介绍所试制的高强度调质钢的成分、性能及组织。钢的成分要求列于表 1-60，钢的力学性能列于表 1-61。钢的金相组织如图 1-43 和图 1-44 所示，为板条马氏体的回火组织，板厚 1/2 和表层组织基本一致。其中 40mm 钢板，由于实际的淬火冷却速度更快，板条马氏体比例更高。

表 1-60 调质型 Q550MC 钢的成分要求   wt%

C	Si	Mn	P	S	Ti	Al$_t$	V	Cu	Ni	Cr	Mo
≤0.06	0.10～0.30	1.50～1.70	≤0.010	≤0.003	≤0.02	≤0.015	≤0.05	≤0.60	≤1.0	≤0.60	≤0.30

表 1-61 调质型 Q550MC 钢的力学性能

钢板号	厚度/mm	屈服强度/MPa	抗拉强度/MPa	伸长率/%	屈强比	冲击温度/℃	冲击吸收能量/J			
							1	2	3	均值
20211010226	40	689	740	18.5	0.93	-20	226	240	234	233
20211010227	60	630	707	17.5	0.89	-20	207	193	202	201
标准		≥550	640～820	≥16	—	-20	≥47			

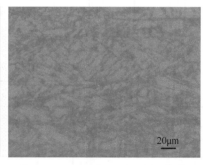

图 1-43 调质型 Q550MC 钢的组织（40mm）

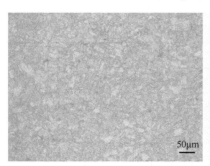
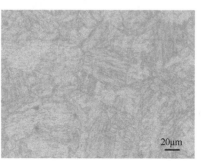

图 1-44 调质型 Q550MC 钢的组织（60mm）

(2) 钢的焊接性能试验

采用试制的 60mm 钢板，焊接方法为单丝气电立焊，选用奥邦新材料公司研发的 OA 50G-01 药芯焊丝。X 形的坡口形状和焊道布置如图 1-45，控制焊接热输入在 200kJ/cm 左右；背侧采用多层多道埋弧焊。气电立焊的参数如表 1-62，接头拉伸性能见表 1-63，冲击韧性列于表 1-64，接头各位置的组织示于图 1-46。

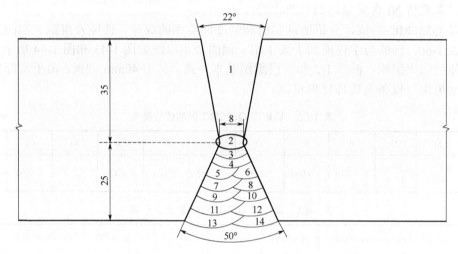

图 1-45 X 形对接坡口及焊道布置示意图

表 1-62 Q550MC 调质钢焊接试验参数

焊接方法	焊材直径/mm	电源种类、极性	电流/A	电压/V	速度/（cm/min）	热输入/（kJ/cm）	气体/（L/min）	停止时间/s		摆动	
								前停	后停	幅度/mm	时间/s
EGW	ϕ1.6	DCEP	360	36	3.596	216.24	30	0.4	0.7	48	30

表 1-63 气电立焊侧接头拉伸性能

焊材	试样编号	抗拉强度/MPa	屈服强度/MPa	断裂位置	试验温度/℃
OA 50G-01	横向拉伸 1	695	606	断于母材	20
	横向拉伸 2	673	590	断于母材	20
标准要求		≥640			

表 1-64 气电立焊侧接头冲击韧性（表面下 2mm）

焊材	冲击试验温度	缺口位置	冲击试验值/J	平均值/J
OA 50G-01	0℃	焊缝表面	59、65、72	65
		熔合线	63、63、65	54
		熔合线外 2mm	99、158、69	109
		熔合线外 5mm	189、266、261	239
标准要求			—	≥47

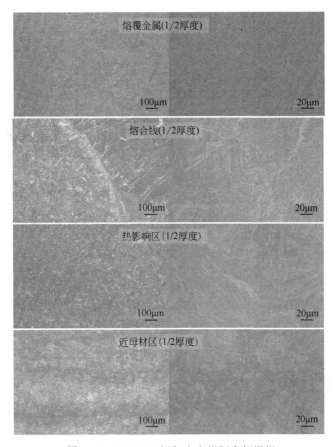

图 1-46 Q550MC 钢气电立焊侧金相组织

试验结果表明，60mm 厚度的 Q550MC 调质钢，在 216kJ/cm 焊接热输入下，焊接接头的强韧性均达到了 GB/T 1591 标准对母材的要求。

由图 1-46 可知，在 216kJ/cm 热输入下，熔合线附近和热影响区的组织，以较粗大的板条贝氏体为主。其原始奥氏体晶粒截面直径约在 20～100μm。比母材原奥氏体平均晶粒尺度增加不到 1 倍。

第二章
低合金钢焊接接头的韧化途径

第一节
焊接接头的强韧性匹配

1. 焊接接头的强度匹配

长期以来，焊接结构的传统设计原则基本上是强度设计。在实际的焊接结构中，焊缝与母材在强度上的配合关系有三种：焊缝强度等于母材（等强匹配）、焊缝强度超出母材（超强匹配，也叫高强匹配）及焊缝强度低于母材（低强匹配）。从结构的安全可靠性考虑，一般都要求焊缝强度至少与母材强度相等，即所谓"等强"设计原则。但实际生产中，多是按照熔敷金属强度来选择焊接材料，而熔敷金属强度并非实际的焊缝强度。熔敷金属不等同于焊缝金属，特别是低合金高强度结构钢用焊接材料，其焊缝金属的强度往往比熔敷金属的强度高出不少。所以，就会出现名义"等强"而实际"超强"的结果。超强匹配是否一定安全可靠，认识上并不一致，并且有所质疑。我国九江长江大桥设计中，就限制焊缝的"超强值"不大于98MPa；美国的学者Pellini则提出，为了达到保守的结构完整性目标，可采用在强度方面与母材相当的焊缝或比母材低137MPa的焊缝（即低强匹配）。根据日本学者佑藤邦彦等的研究结果，低强匹配也是可行的，并已在工程上得到应用。但张玉凤等人的研究指出，超强匹配应该有利。显然，涉及焊接结构安全可靠的有关焊缝强度匹配的设计原则，还缺乏充分的理论和实践的依据，未有统一的认识。为了确定焊接接头更合理的设计原则和为正确选用焊接材料提供依据，清华大学陈伯蠡教授等人承接了国家自然科学基金研究项目"高强钢焊缝强韧性匹配理论研究"。课题的研究内容有490MPa级低屈强比高强钢接头的断裂强度，690～780MPa级高屈强比高强钢接头的断裂强度，无缺口焊接接头的抗拉强度，深缺口试样缺口顶端的变形行为，焊接接头的NDT试验，等等。大量试验结果表明：

① 对于抗拉强度490MPa级的低屈强比高强钢，选用具备一定韧性而适当超强的焊

接材料是有利的。如果综合焊接工艺性和使用适应性等因素，选用具备一定韧性而实际"等强"的焊接材料应更为合理。该类钢焊接接头的断裂强度和断裂行为，取决于焊接材料的强度和韧塑性的综合作用。因此，仅考虑强度而不考虑韧性进行的焊接结构设计，并不能可靠地保证其使用安全性。

② 对于抗拉强度 690～780MPa 级的高屈强比高强钢，其焊接接头的断裂性能不仅与焊缝的强度、韧性和塑性有关，而且受焊接接头的不均质性所制约，焊缝过分超强或过分低强均不理想，而接近等强匹配的接头具有最佳的断裂性能，按实际等强原则设计焊接接头是合理的。因此，焊缝强度应有上限和下限的限定。

③ 抗拉强度匹配系数（S_r 即焊接材料的熔敷金属抗拉强度与母材抗拉强度之比值），它可以反映接头力学性能的不均质性。试验结果表明，当 $S_r \geq 0.9$ 时，可以认为焊接接头强度很接近母材强度。因此，生产实践中采用比母材强度降低 10% 的焊接材料施焊，是可以保证接头等强度设计要求的。当 $S_r \geq 0.86$ 时，接头强度可达母材强度的 95% 以上。这是因为强度较高的母材对焊缝金属产生拘束作用，使焊缝强度得到提高。

④ 母材的屈强比对焊接接头的断裂行为有重要影响，母材屈强比低的接头抗脆断能力，较母材屈强比高的接头抗脆断能力更好。这说明母材的塑性储备对接头的抗脆断性能亦有较大的影响。

⑤ 焊缝金属的变形行为受到焊缝与母材力学性能匹配情况的影响。在相同拉伸应力下，低屈强比钢的超强匹配接头的焊缝应变较大，高屈强比钢的低强匹配接头的焊缝应变较小。焊接接头的裂纹张开位移（COD 值）也呈现相同的趋势，即低屈强比钢的超强匹配接头具有裂纹顶端处易于屈服且裂纹顶端变形量更大的优势。

⑥ 焊接接头的抗脆断性能与接头力学性能的不均质性有很大关系，它不仅取决于焊缝的强度，而且受焊缝的韧性和塑性所制约。焊接材料的选择不仅要保证焊缝具有适宜的强度，更要保证焊缝具有足够高的韧性和塑性，即要控制好焊缝的强韧性匹配。

对于强度级别更高的钢种，要使焊缝金属与母材达到等强匹配，存在很大的技术难度，即使焊缝强度达到了等强，焊缝的塑性、韧性也降低到了不可接受的程度；抗裂性能也显著下降，为防止出现焊接裂纹，施工条件要求极为严格，施工成本大大提高。为了避免这种只追求强度而损害结构整体性能，提高施工上的可靠性，不得不把强度降下来，采用低强匹配方案。如日本的潜艇用钢 NS110，它的屈服强度 ≥1098MPa，而与之配套的焊条和气保焊焊丝的熔敷金属屈服强度则要求 ≥940MPa，其屈服强度匹配系数为0.85。采用低强匹配的焊接材料后，焊缝的含碳量及碳当量都可以降低，这将使焊缝的塑韧性得到提高，抗裂性能得到改善，给焊接施工带来了方便，降低了施工方面的成本。

人们在研究高强钢焊缝强韧性匹配时得出，等强或接近等强匹配时所用的焊材，焊接接头最容易获得最优异的抗脆断性能。这是因为等强匹配时所用的焊材，不需要将其韧性提高到优于低强或超强匹配时所要求的韧性。而如欲使低强匹配或超强匹配达到等强匹配的抗断裂性效果，则要进一步改善焊材的韧性水平。降低焊材强度时，容易改善其韧性；而提高焊材强度时，大幅度地提高其韧性则有相当难度。由此可知，超强匹配不如低强匹配更容易改善接头的抗脆断性能。故从抗脆断性方面考虑，超强匹配未必有利，在一定条件下，低强匹配反而是可行的。对于低强度钢，无论是母材还是焊缝都有较高的韧性储备，所以按等强原则选用焊接材料时，既可保证强度要求，也不会损害焊缝韧性。但对于高强钢，特别是超高强钢，其配套用的焊接材料韧性储备是不高的，此时如仍要求焊缝与母材等强，则焊缝的韧性水平就有可能降低到安全线以下，有可能因其韧性不足而引起脆断。此时，如少许牺牲焊缝强度而提高其韧性，将会更为有利。已有这方面的事故教训，某厂家容量 10000 吨的油罐脆性破坏时，其强度和伸长率都是合格的，脆性断裂主要是韧性不足引起的。

另外，日本学者佐滕邦彦的一些试验数据表明，只要焊缝金属的强度不低于母材强度的 80%，仍可保证接头与母材等强，但是，低强焊缝的接头整体伸长率要低一些。在疲劳载荷作用下，如不削除焊缝的余高，疲劳裂纹将产生在熔合区；但若削除焊缝的余高，疲劳裂纹将产生在低强度的焊缝之中。因此，关于低强焊缝的运用，应当结合具体条件进行一些试验工作为宜。

2．焊缝韧性指标的相关论述

目前采用最广泛的韧性判据是 V 型缺口的夏比（Charpy）试样冲击吸收能量，它是根据二十世纪四十年代初美国船体破坏事故的分析经验得出来的。当时的船体均采用低碳沸腾钢，在事故温度下试验时，船体钢未断裂部位的冲击吸收能量平均为 21J，因此，认为可采用这一数值作为判据来确定临界温度，即所谓 vTr15 判据，后来又发展为平均冲击吸收能量不小于 27J，且允许有一个试样低于此值，但不得低于 21J。1954 年又出现了油船断为两半的事故，该船体钢为细晶粒钢或低合金钢，经英国劳埃德船级社调查分析得出，这类钢的 V 型缺口冲击吸收能量低于 47J 时易于发生脆性断裂，因此提议以 47J 冲击吸收能量作为最低保证值。可见，在同一韧性水平下，高强度钢比低强度钢更易于断裂。为安全考虑，对于钢材冲击吸收能量的要求，应随其强度的提高而适当地提高。1978 年，挪威船级社在采油平台结构入级规范中给出了冲击吸收能量要求值与屈服强度最低值之间的关系函数，写为数学公式即：

$$VE_T \geqslant 0.1\sigma_y \tag{2-1}$$

式中　VE_T——在规定试验温度时的冲击吸收能量，J；
　　　σ_y——最低屈服强度保证值，MPa。

1980 年，英国颁布的桥梁规程 BS 5400 中，不仅将焊缝韧性要求与屈服强度联系起来，而且还考虑了板厚 h 的影响，其表达式为：

$$VE_T \geqslant (\sigma_y/355) \times (h/2) \tag{2-2}$$

近年来，中国船级社（CCS）参照国外各船级社（LR、NV、ABS、NK 等）的规范，对高强度钢用焊条、自动焊及半自动焊焊丝的熔敷金属强度和韧性作出了规定，如表 2-1 所列。

表 2-1　高强度钢用焊材的熔敷金属力学性能要求

屈服强度/MPa	抗拉强度/MPa	伸长率/%	冲击温度/℃	冲击吸收能量/J
≥400	510~690	≥22	0~-60	≥47
≥460	570~720	≥20	-20~-60	≥47
≥500	610~770	≥18	-20~-60	≥50
550	660~830	≥18	-20~-60	≥55
≥620	720~880	≥18	-20~-60	≥62
≥690	770~940	≥18	-20~-60	≥69

该表中的数值与数学公式 $VE_T = 0.1\sigma_y$ 是相一致的，也是目前各国船级社都采用的。

有人认为，$VE_T=0.1\sigma_y$ 的适用范围不是无限的，而是有一定限制的。表中所列的 690MPa 和-60℃下 69J 的强韧性配合指标，已经是上限范围了，进一步提高强度和冲击吸收能量的双重要求将很难实现。这是金属材料本身的性能所决定，强度和韧性是要相互制约的。

在焊缝韧性指标上，有的规范不是这样要求的，它对各种强度级别的焊缝，都要求相同的韧性水平。如潜艇用钢，按照日本防卫厅规格，对各种强度级别的焊条或焊丝的熔敷金属，都要求-50℃下的冲击吸收能量不小于 27J，其焊缝金属的屈服强度包括 460MPa、630MPa、800MPa 和 940MPa 四个等级，其焊接方法适用于焊条电弧焊、埋弧焊、MIG（熔化极惰性气体保护）焊和 TIG（钨极惰性气体保护）焊等。除了对熔敷金属的冲击吸收能量有指标要求外，对焊接接头还要进行落锤试验，根据屈服强度等级和试板厚度选用规定的打击功，要求是在-50℃下不发生试样断裂。从这两个方面进行韧性考核应是更为科学的。

美国军标（MIL）对潜艇用焊接材料的韧性考核，有些方面与日本一致，但也有不同之处。对熔敷金属的韧性考核，早期也是采用夏比 V 型冲击试验，要求-50℃下的冲击吸收能量不小于 27J、47J 或 68J。这些冲击吸收能量的提高不是因为强度的提高而相应提高，它是根据焊接材料的韧性储备等因素来确定的。后来又改为动态撕裂试验（DT 试验），常用的试样厚度约为 16mm，试样的宽度和长度分别为 41mm 和 180mm，对裂纹源缺口的加工有着更严格的要求。试验温度为 30℉（约为 0℃），撕裂功的最低值要求为 610ft·lb、644ft·lb、678ft·lb 及 880ft·lb[1]。这些数值的确定也不是与强度的提高成线性关系，而与材料的韧性储备有直接关系，例如，屈服强度≥920MPa 级的焊缝 DT 值要求不小于 644ft·lb，而屈服强度≥700MPa 级的焊缝，则要求其 DT 值≥880ft·lb。曾经有几年时间，夏比 V 型冲击试验和动态撕裂试验两者并用，后来就只采用动态撕裂试验一种方法了。

在焊接接头的韧性考核方面，美国与日本截然不同，美国采用的是爆炸试验，试板厚度为 25mm 或 38mm，对接焊后成为正方形，边长分别为 510mm 或 640mm，焊缝在中心部位。试验温度为 30℉（约为 0℃），经三次爆炸后，厚度减薄率希望达到 7%，要求不产生碎片，允许有穿过整个厚度的裂纹，但裂纹不应扩展到支撑区之内。美国军标将这种方法定为认可试验或鉴定试验，只有通过此种试验的焊接材料才能用于潜艇建造。一旦试验通过，只要焊接材料的焊芯成分、药皮配方和原材料、制造技术和工艺等不做改变，就不再进行此项试验，只进行熔敷金属的韧性检验（夏比 V 型冲击或动态撕裂试验），而且这种韧性检验的目的，主要是控制焊接材料的质量稳定性。故熔敷金属的冲击吸收能量可以认为是控制焊材产品质量的相对判据。当某种焊接材料用于船舶、桥梁、压力容器、车辆、高架建筑等具体结构时，应根据结构的特征、受力情况（是静载还是动载、低周疲劳还是高周疲劳）、环境条件等，提出具体要求，有的还要求做特殊的评定试验，同时将其符合安全要求的熔敷金属韧性指标确定下来。既不是韧性指标越高越好，也不可为了降低成本而降低对韧性的要求。用钢材的韧性指标来要求焊接材料也不全是合理的，因为钢材经焊接之后，其热影响区中的粗晶区，因晶粒明显长大使其韧性大幅度下降。所以，为了保证热影响区有好的韧性，应该对母材韧性有更高的要求。

目前国内外的焊接材料标准都是由焊接材料标准化机构制定出来的。高强钢用焊接材料的强度级别虽不完全一致，但各种强度级别下的熔敷金属韧性指标是相同的，主要

[1] 1ft·lb=1.3557J。

有两个体系：一个是欧洲体系，冲击吸收能量要求≥47J；另一个是太平洋周围国家，如美国、中国、日本、韩国等，它们对冲击吸收能量要求是＞27J。2000年以后，国际标准化组织（ISO）同时认可了这两个体系，将其按A、B两个体系，并列于同一个标准之中。如 ISO 18275—2005、ISO 16834—2006 和 ISO 18276—2005，分别是高强钢用的焊条、实芯焊丝和药芯焊丝的标准，在这三个标准的 A 体系中，统一把熔敷金属的屈服强度划分成如下五个等级，即 550MPa、620MPa、690MPa、790MPa 和 890MPa 级。而熔敷金属的冲击吸收能量则不随强度等级变化，它是一个固定数值，即 A 体系要求≥47J，B 体系要求≥27J。可是，在同一个冲击吸收能量条件下，又分成若干个试验温度，通常有+20℃、0℃、-20℃、-30℃、-40℃、-50℃、-60℃、-70℃和-80℃。可根据结构的使用温度或对韧性储备的要求，来选择试验温度，以满足对韧性的不同需要。例如，在我国南方江河中运行的船舶，其使用环境温度较高，可选用较高的试验温度；在北方江河中运行的船舶，其使用环境温度较低，应选择较低的试验温度。有些结构承受动载荷或疲劳载荷，与同一地区只承受静载荷的结构相比，可采用相同强度的焊材，但在韧性方面应有更大的储备，以保证动载荷或疲劳载荷下仍能安全运行。这时，要选择在更低的试验温度下能满足47J或27J冲击吸收能量要求的焊接材料。

总之，在焊接接头强度匹配方面，对于低强度的钢种，可采用等强或超强匹配；对于高强度的钢种，宜采用等强或低强匹配，超强匹配是不利的。在焊缝韧性指标方面，有如下几种情况，一种是随着焊缝强度的提高对韧性的要求也提高；另一种是对各种强度级别的焊缝都要求相同的冲击吸收能量，但试验温度是变化的，产品的使用条件越苛刻，相对应的试验温度越低；还有一种是对冲击吸收能量和试验温度的要求都相同，但还要对焊接接头进行落锤或爆炸等试验，并以此作为认可试验。

第二节
影响焊缝及热影响区韧性的因素

通常，对于600MPa及以下强度级别的焊缝来说，熔敷金属获得良好冲击韧性的组织是含有大于 65%的针状铁素体，并尽量减少先共析铁素体和侧板条铁素体的含量。现阶段，在输送石油、天然气的长输管线中，广泛应用的微合金管线钢 X70 及 X80，其熔敷金属的主要组织就是针状铁素体，由于针状铁素体的大量存在，导致了焊缝金属韧性的提高。图 2-1 为这类熔敷金属组织的一例，其中针状铁素体占绝大多数，但仍有少量先共析铁素体，即照片中尺寸明显大的白色块状物，侧板条铁素体不明显。针状铁素体是在原始奥氏体晶粒内形成的，在透射电镜下观察时能够看到针状形貌；但是，在光学显微镜下观察时，针状特征并不明显，多为不规则的条状物，表现为具有一定长宽比的铁素体板条，板条间呈大角度相交，相互交错，像个编织物。针状铁素体对材料性能的贡献，首先归结于其多位向的析出形态，加之针状铁素体尺寸大小不一，使材料断裂扩展时受到了大的阻力，即表现为高的冲击吸收能量。另外，针状铁素体板条内具有亚晶结构和较高的密度位错，因而导致熔敷金属的强度有相应提高。可见，无论对韧性还是对强度的提高，针状铁素体组织都是有效果的。

一、针状铁素体对韧性的影响

如前面所介绍，针状铁素体对韧性的提高有着明显的作用。要在焊缝中生成针状铁素体组织，必须有起到形核核心作用的载体。焊缝中存在着多种氧化物，有些氧化物可起到这种载体作用。当晶界附近存在这类氧化物时，它会促进铁素体形核，进而生成侧板条铁素体。当这类氧化物在晶内存在时，它会成为针状铁素体的形核核心，促使生成晶内针状铁素体，细化晶粒，使韧性得到改善。有多个资料介绍，钛的氧化物（TiO、Ti_2O_3、Ti_2MnO_4）与 α-Fe 有着良好的共格关系，往往成为铁素体的形核核心。图 2-2 是沿着形核核心生成的晶内针状铁素体，几个黑点部位（核心）均有针状铁素体以球状夹杂物为中心向四周延伸成长。至于钛的哪种氧化物能起到形核的作用，到目前为止还没有统一的说法。有的学者提出 TiO 具有形核作用，他认为夹杂物表层存在的 TiO 是形核的位置，生成的铁素体与该氧化物具备 B-N 结晶学位向关系，且生成的铁素体与母相奥氏体之间也存在 K-S 关系。也有的学者研究得出，在高强度钢焊缝中能起到晶内形核作用的是 Mn_2TiO_4。焊缝中的钛对形核起着主要作用，其机理是加入 Ti 后可以把非晶质的 Si-Mn 氧化物变成结晶质，这些结晶相与相变组织之间有着良好的共格性，促进晶内相变。晶内相变的出现，既要求结晶相与晶内相变组织之间存在B-N 晶向关系，也要满足所形成的相变组织与原奥氏体之间存在 B-N 晶向关系，结晶相 Mn_2TiO_4 同时满足了这两方面的结晶相位要求。通常，在液态熔池中形成的氧化物与原奥氏体之间很难想象会存在 B-N 晶向关系。只有在焊缝冷却凝固过程中，随着基体的凝固而伴随着氧化物的结晶化，这时的结晶化是从奥氏体界面上生长的，有可能保持一定的结晶相位关系。

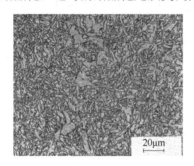

图 2-1　针状铁素体为主的组织

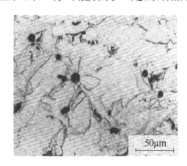

图 2-2　在铁素体类焊缝中形核

为了获得针状铁素体组织，除了晶内要有足够的形核核心外，还必须采取有力措施来抑制晶界铁素体的出现，最有效的措施之一就是在焊缝中加入适量的硼。有人认为：固溶于焊缝中的硼易于向晶界偏析，抑制了先共析铁素体的产生。也有人提出，硼在晶界上形成 $Fe_{23}(CB)_6$，这类碳化物尺寸很小，可以阻碍晶界上的铁素体形核。在电镜下观察时，可以看到硼断续地分布在晶界上，其尺寸为 $0.2\sim0.5\mu m$，这样大尺寸的聚集物不会是偏析，应是析出的化合物。通过电子衍射分析和计算得知，这些聚集物是硼化物 $Fe_{23}(CB)_6$。由于硼分布在晶界处，使晶界能降低，抑制了高温相变，减少了晶界铁素体、侧板条铁素体等高温相变产物，为针状铁素体或其它中、低温相变产物的生成创造了条件。硼的另一个作用是提高钢及焊缝金属的淬透性、淬硬性，起到强化和硬化作用。但是，硼的含量必须严格控制，含硼量过多或过少都不利于改善焊缝韧性。硼的量太少时起不到有效作用，但是，B 的含量超过某一值时，硼化物会在晶界呈连续的网状分布，使韧性急剧降低。影响焊缝中含硼量的因素，主要是含氮量和含钛量。在凝固过程中，钛保护硼不被氧化，使硼与氮相互作用生成 BN，固定了游离的 N；在奥氏体冷却时，Ti 又通过形成 TiN 而保护残余的 B 不被氮化，因而使一定量的游离 B 向奥氏体晶界偏聚，降低了晶界能量，抑制了先共析铁素体形核。

为了得到高的焊缝韧性，通常存在一个钛与硼含量的合理搭配范围。研究表明，没有足够量的钛，硼对焊缝中针状铁素体的形成效果不大；同样，没有硼，钛的效果也不大。当 $B=(40\sim45)\times10^{-6}$ 和 $Ti=(400\sim500)\times10^{-6}$ 时，最为理想，可得到约 95%的针状铁素体。

二、含镍量及组织类型对韧性的影响

1. 含镍量对韧性的影响

镍是非碳化物形成元素，它不与碳发生作用，可与基体形成 α 固溶体，显著提高铁素体的韧性。除了镍，目前还未找到其它合金元素能够固溶于基体且能提高其韧性的。随着含镍量增加，奥氏体的稳定性增大，使相变在更低的温度下进行，有利于中、低温相变组织的形成。镍是降低韧-脆性转变温度的有效元素，从而使钢在更低的温度下具有高的韧性。由图 2-3 可以看出，镍可使脆性转变温度向低温区（向左）移动。但是，增加镍也会引起冲击吸收能量上平台值下降，且温度越高时降低越明显。据日本的资料报道，冲击吸收能量上平台值相当于温度为 0℃时的冲击吸收能量，所以，如果对 0℃的冲击吸收能量要求高的话，应少加或不加镍；如果要求更低温度下的冲击吸收能量或更低的脆性转变温度，则应加入更多量的镍；要求的温度越低，镍的加入量越多。根据国内外低温钢焊接材料产品样本或说明书上的成分统计，对-40～-50℃冲击吸收能量有要求的焊缝，可加入 0.3%～0.7%Ni；对-60～-70℃冲击吸收能量有要求的焊缝，可加入 1.5%～2.5%Ni；对-80～-110℃冲击吸收能量有要求的焊缝，可加入 3.5%～6.5%Ni。

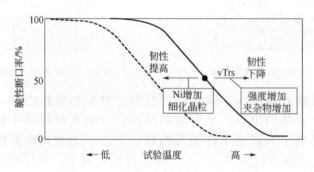

图 2-3　镍对韧-脆性转变温度的影响

2. 组织类型对韧性的影响

组织类型与焊缝韧性的关系见图 2-4。

由图 2-4 可知：

① 在铁素体区（左侧）焊缝韧性高，原因是强度低，并且依靠细化铁素体晶粒来改善韧性，还可以借助于 Ti、B 韧化，以及降低焊缝含氧量来提高韧性。

② 在上贝氏体区（中间）焊缝韧性下降，可加入 Ti 作为形核核心，细化晶粒来提高韧性，但是，M-A 组元很难有效控制；下贝氏体区晶粒细小，焊缝韧性逐渐提高。

③ 在下贝氏体和马氏体混合区（右侧），焊缝韧性提高，随着下贝氏体的减少及马氏体的增加，焊缝韧性逐渐下降。当全部变成马氏体后，焊缝韧性将随着强度的提高呈现连续下降的趋势，这时只可采用加镍及降低含氧量的方式来改善韧性。

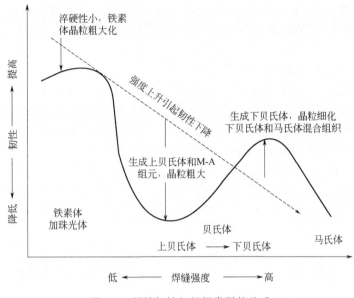

图 2-4　焊缝韧性与组织类型的关系

三、硼对焊缝组织及性能的影响

1．钢中硼化物的析出行为

在钢中加入微量硼对提高钢的淬透性是有明显效果的。为了改善高强度钢及其焊接热影响区的韧性常在钢中加入微量的硼，而要提高钢的耐磨性也往往加入适量的硼。在耐热钢中加入微量硼可以提高钢的晶界强度和抗蠕变性能；在焊缝中加入适量的硼后，抑制了晶界铁素体的析出，有助于提高焊缝的韧性水平。但是，控制硼的加入量是极为重要的，加入量过多的话，将引起热加工性能恶化，对焊缝韧性也会带来负面影响。因此，要有效地发挥硼的作用，正确地理解和掌握钢中硼化物的析出特性是十分重要的。

为了研究硼或硼化物的析出行为，采用真空高频感应炉炼钢，钢的化学成分列于表 2-2。为了使其组织均匀化，进行了 900℃×30min 的正火处理。

表 2-2　试验用钢的化学成分质量分数　　　　　　　　　　　　　　　　%

C	Mn	Si	P	S	Ai	N	O	B
0.10	1.00	0.20	0.002	0.004	0.010	0.0019	0.0011	0.0018

试验前采用如下两种热处理方法：①为了研究快速冷却条件下硼化物的析出行为，进行了淬火处理，即加热至 1350℃，保温 30s，然后在水中或冰盐水中冷至室温；②为了研究恒温过程中硼化物的析出行为，采用 Gleeble 试验机，将试样加热至 1350℃，保温 30s 后以 20℃/s 的速度冷却，并在 750～1150℃ 范围内的各温度下，分别保温 1min、5min 和 20min，最后再以 20℃/s 的速度冷却到室温。

观察硼的分布状态时，采用 α 粒子径迹法，即先对试样进行辐照，而后进行腐蚀。辐照过程中硼和中子发生如下反应：

$$B_5^{10} + n_0^1 \longrightarrow {}_3^7Li + {}_2^4He（\alpha）$$

反应时产生的 α 射线打在硝酸纤维薄膜上，在膜上留下痕迹，通过相应的腐蚀即可观察出来。除了做金相显微镜观察外，还要在透射电子显微镜下观察，并对硼的析出物进行选区衍射。

（1）快速冷却过程中硼化物的析出

淬火条件下钢的金相组织见图 2-5，同样条件下硼的分布位置示于图 2-6，这两张图片是在同一位置拍摄的。由图 2-5 可以看出，淬火钢的组织为马氏体，属于板条马氏体；由于奥氏体化温度高达 1350℃，所以原奥氏体晶粒相当粗大。图 2-6 是采用 α 粒子径迹法观察到的硼的分布状态。比较两张图片可以看出，硼的聚集位置与金相组织中的晶界或亚晶界位置相互对应。可以断定：在快速冷却条件下，硼主要沿着原奥氏体晶界或亚晶界分布，晶内没有硼的聚集。图 2-6 晶内存在的个别黑色块状物，可能是因污染而产生的。

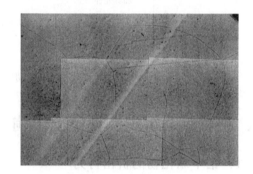

图 2-5　淬火后的金相组织　　　　　　　　图 2-6　淬火后硼的分布状态

为了对硼的析出物进行定性分析，采用萃取复型制备的样品，在透射电子显微镜下进行观察。可以清楚地看到，在晶界上断续地分布着硼的析出物，如图 2-7 所示，标出的几个黑圈内都是。经选区衍射确定，这些析出物是 $Fe_{23}(CB)_6$。图 2-8 给出了某一晶界析出物的外观及其选区衍射斑点。根据图 2-8 的比例尺估计，析出物尺寸为 $0.1\sim0.2\mu m$，其形状呈不规则的多边形。过去有研究认为，水冷条件下硼在奥氏体晶界上至多呈偏析状态存在，其析出物是不存在的。本研究表明，晶界上聚集的硼不仅有偏析状态的，有一部分已经以 $Fe_{23}(CB)_6$ 形式析出，该析出物的析出速度，要比人们以前预想的快得多。本研究还采用冰盐水对试样进行冷却，在这种更快速的冷却条件下，晶界上仍然有 $Fe_{23}(CB)_6$ 析出，只是其尺寸比水冷条件下更小些。

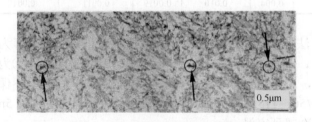
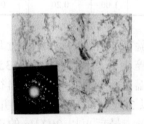

图 2-7　晶界上分布的硼化物　　　　　　图 2-8　硼化物的选区衍射图像

（2）恒温过程中硼化物的析出

试样分别在 750℃、850℃、950℃、1050℃和 1150℃进行恒温处理，而后以相同速度冷却。现以 850℃为例，分别保温 1min 和 20min，以 20℃/s 的速度冷至室温。经过不同时间的保温处理后，硼的分布位置和尺寸有所变化，如图 2-9 和图 2-10 所示。与图 2-7相比较，硼不仅在晶界或亚晶界上析出，晶内也有析出。晶界或亚晶界上的硼，不再仅呈轮廓线形，而呈现为若干黑点排列在晶界轮廓线或亚晶界轮廓线上，晶内的析出物呈现为孤立的黑点。

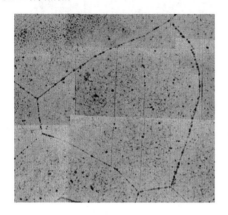 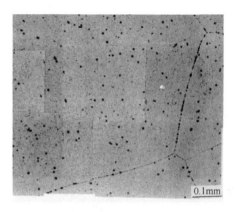

图 2-9　1350℃→850℃×1min　　　　　图 2-10　1350℃→850℃×20min

比较图 2-9 和图 2-10 可以得出，随着保温时间的延长，晶内的黑点尺寸明显变大，数量显著增加，而晶界上则没有增多或增大的现象。电子显微镜观察和选区衍射结果表明，奥氏体晶界和晶内的析出物除了 $Fe_{23}(CB)_6$ 外，还有 BN。在保温时间为 1min 条件下，晶界或晶内析出的硼化物都是 $Fe_{23}(CB)_6$，如图 2-11 和图 2-12 那样，析出物的尺寸较小，0.2～0.3μm。在保温 20min 条件下，晶界特别是晶内的析出物主要是BN，且大多数是以 MnS 为结晶核心而在其周围析出，呈 MnS+BN 复合体形态存在，这从图 2-13 和图 2-14 中的明场像及暗场像得到了证实。虽然也有单独存在的 BN，但数量少，不容易观察到。当以 MnS+BN 复合体形态存在时，它的尺寸在 0.5～0.6μm；BN 在外围，内部是 MnS；这时 BN 的选区衍射斑点呈环状，说明它是多晶 BN 的集合体。

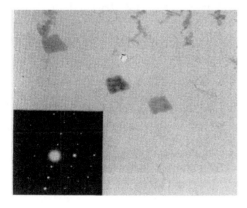 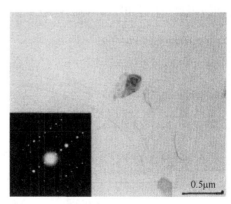

图 2-11　晶界的 $Fe_{23}(CB)_6$　　　　　图 2-12　晶内的 $Fe_{23}(CB)_6$

（1350℃→850℃×1min）　　　　　　（1350℃→850℃×1min）

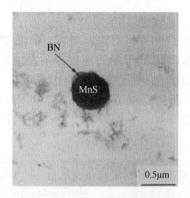

图 2-13　MnS + BN（明场像）
（1350℃→850℃×20min）

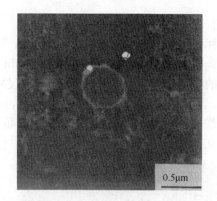

图 2-14　MnS + BN（暗场像）
（1350℃→850℃×20min）

根据 750～1150℃ 范围内恒温处理的试验结果，BN 的析出开始温度约为 1000℃，而在 850℃ 保温时 BN 的析出和成长最容易；$Fe_{23}(CB)_6$ 的析出温度约在 800℃ 以下，明显低于 BN 的析出温度。在 850℃ 下恒温时，随着保温时间的延长，BN 的析出数量增加，而 $Fe_{23}(CB)_6$ 的数量有所减少。这是因为保温过程中硼以 BN 的形式析出之后，固溶硼的浓度降低了，故以 $Fe_{23}(CB)_6$ 形式析出的硼化物将会减少。如前所述，$Fe_{23}(CB)_6$ 不可能在 850℃ 保温时析出，它的析出只能在冷却过程中完成。晶界上的 $Fe_{23}(CB)_6$ 可以在快速冷却时析出，而晶内的 $Fe_{23}(CB)_6$ 只有在 20℃/s 或更慢的速度冷却时才能析出。

（3）硼化物的析出特性模式

在大量试验的基础上，提出了硼化物析出特性的简要模式，如图 2-15 所示。图 2-15（a）是 BN 的析出特性模式，最左边的一条虚线表示硼向 MnS 周围偏析的曲线；中间的一条实线表示 BN 在 MnS 周围析出的曲线；中间的另一条点画线，表示硼向晶界偏析的曲线；右边的一条虚线则是 BN 在晶界的析出曲线。与 BN 在 MnS 周围的析出曲线相比较，在晶界的析出过程大大滞后了，可见 MnS 具有结晶核心的作用，加速了 BN 的析出。

图 2-15（b）是 $Fe_{23}(CB)_6$ 的析出特性模式，有三条表示冷却速度的斜线，20℃/s 是在 Gleeble 试验机上实现的；400℃/s 是实测计算出来的，它相当于冰盐水冷却时，试样中心部位的平均冷却速度为 1000～600℃；2000℃/s 的冷却速度是通过计算假定的，故用虚线表示。图中 $Fe_{23}(CB)_6$ 在晶界上的析出曲线用实线表示，在晶内的析出曲线用虚线表示。由两条曲线之间的距离可以看出，$Fe_{23}(CB)_6$ 在晶界上的析出速度远远大于在晶内的析出速度。

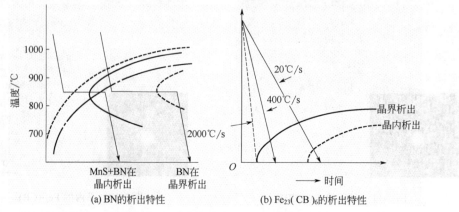

(a) BN的析出特性　　　　　　(b) $Fe_{23}(CB)_6$的析出特性

图 2-15　硼化物析出模式示意图

概括起来：①快速冷却条件下硼化物以 $Fe_{23}(CB)_6$ 的形式沿奥氏体晶界析出，它的析出速度极快，水冷甚至冰盐水冷却时都可以在晶界析出。②当冷却速度不大于 20℃/s 时，晶内也有 $Fe_{23}(CB)_6$ 析出。③在恒温过程中硼化物以 BN 的形式析出，BN 以 MnS 为结晶核心在其周围析出，呈 MnS+BN 复合体形态存在。

2．焊缝中硼的分布及其对韧性的影响

焊缝金属的韧性是由其组织和夹杂物等因素所左右的，而组织和夹杂物的种类、形态及数量等又与焊缝金属的化学成分和焊接过程的冷却速度等密切相关。在焊缝化学成分方面，微量硼或钛单独加入及复合加入对焊缝金属的微观组织有着重要影响，并且带来韧性上的明显变化。这是当前广泛采用的提高焊缝韧性的有效措施之一，特别是在铁素体类型的焊缝中，已为人们所公认，并在相当多的焊材产品中得到应用。而对于贝氏体-马氏体类型的焊缝，有的研究也观察到了含钛的氧化物同样能起到形核的作用，它的晶内形核会使组织细化，提高焊缝韧性。下面就硼和钛及其复合加入对焊缝组织和韧性方面的影响加以概述。

（1）焊缝中硼的分布

为了弄清硼在焊缝金属中的分布，采用 α 粒子径迹法进行研究，可观察到硼的分布，如图 2-16 所示。从图中可以看出，硼主要分布在晶界上，晶内很少。为了进一步确定晶界上这些硼的聚集物的存在形式，将萃取复型样品在电镜下进行观察和选区衍射分析。硼化物的分布状态见图 2-17，可以看出它是断续地分布在晶界上的，与 α 粒子径迹法的观察结果相吻合。经测定，硼化物的尺寸为 0.2～0.5μm，这样大的聚集物不再是偏析，而是析出的化合物。通过电子衍射和计算得出，这种析出物是 $Fe_{23}(CB)_6$。可以确认在焊条电弧焊条件下，$Fe_{23}(CB)_6$ 的析出将是正常的，且随着冷却速度的降低析出物的尺寸逐渐长大。

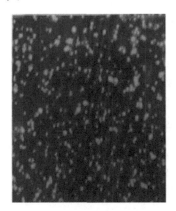

图 2-16　焊缝中硼的分布　　　　　　图 2-17　电镜下观察到的硼化物（×4800）

（2）硼对焊缝组织和韧性的影响

在研制 Ti-B 系碱性铁粉焊条时，就硼含量对焊缝冲击吸收能量的影响进行了试验，其基本成分为 0.08%C、1.25%Mn、0.025%Ti，不同含硼量时的冲击吸收能量列于表 2-3。不加硼和加硼 60ppm**❶**的焊缝金相组织示于图 2-18 和图 2-19。可以看出：不加硼时焊缝韧性较低，晶界上有先共析铁素体和侧板条铁素体析出；含硼量为 60ppm 时焊缝韧性有了明显提高，特别是-30℃下的冲击吸收能量，比不加硼时增加了近 50%；晶界上基本无

---

❶ $1ppm=10^{-6}$。

晶界铁素体析出,呈均匀分布的针状铁素体组织。当硼的量增至 81ppm 时,焊缝韧性又明显下降,比不加硼时冲击吸收能量还低。可见硼的加入量不能太多,以 50~60ppm 为宜。有关硼抑制晶界铁素体析出的机制,有人认为是固溶的硼易向晶界偏析,降低了界面能量,故不利于先共析铁素体形核;也有人解释为硼在晶界上形成硼化物 $Fe_{23}(CB)_6$,它先于晶界铁素体的生成。

表 2-3　含硼量对焊缝冲击吸收能量的影响

含硼量/ppm		0	48	60	81
冲击吸收能量 /J	0℃	133.0	142.7	142.5	104.7
	−30℃	85.0	94.5	120.0	64.8

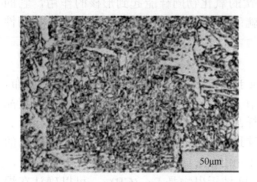

图 2-18　焊缝中不含硼

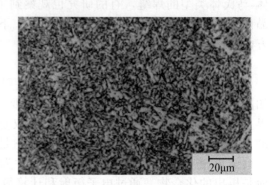

图 2-19　焊缝中含硼 60ppm

3.焊缝中硼的合适加入量

影响焊缝中含硼量的因素主要是含氮量和含钛量,下面分别加以说明。

(1) 含氮量的影响

氮与硼很容易生成 BN,特别是大热输入焊接时,由于冷却速度慢,为这类硼化物的生成创造了有利条件。BN 的生成降低了焊缝中固溶硼的数量,使硼的有效作用降低或丧失。现以电渣焊为例,说明含氮量对低碳钢焊缝韧性及组织的影响。硼和氮的比值(B/N)对焊缝韧性的影响见图 2-20,不同 B/N 值下的焊缝组织见图 2-21。

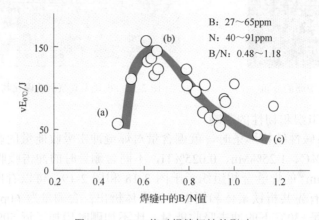

图 2-20　B/N 值对焊缝韧性的影响

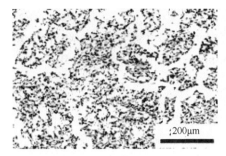

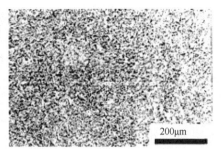

| (a) B/N=0.48, vE$_{0℃}$=56J, HV=180 | (b) B/N=0.67, vE$_{0℃}$=123J, HV=209 |

图 2-21　不同 B/N 值下的焊缝微观组织

　　由图 2-20 可以看出：当 B/N 值在 0.5～0.8 范围内时，焊缝韧性处于最佳状态，0℃的冲击吸收能量均大于 100J（要求值是 70J）。在其它的 B/N 比值条件下，不论是更高还是更低，焊缝冲击吸收能量都是不高的。当 B/N 小于 0.5 时，其焊缝的组织如图 2-21（a）所示，存在粗大的晶界铁素体，使韧性明显降低。这是因为焊缝中的 B 少，B 都被氮化成了 BN，在原奥氏体晶界处缺乏必要的固溶 B，因而不能抑制晶界铁素体的生成。在 B/N 大于 0.5 的情况下，不同的 B/N 比值，其焊缝组织也是不一样的。当该比值为 0.67 时，焊缝组织是均匀细小的铁素体，无晶界铁素体存在，如图 2-21（b）所示。若该比值进一步增加后，虽然焊缝组织仍是均匀细小的铁素体，也无晶界铁素体存在，但焊缝中的 M-A 组元逐渐增多。图 2-22 示出了两个不同 B/N 值下，焊缝的扫描电镜微观形貌，M-A 组元的定量分析结果见表 2-4。

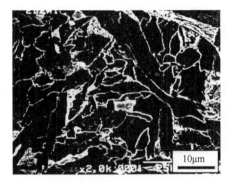
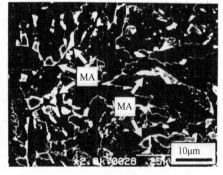

| (a) B/N=0.67, vE$_{0℃}$=123J | (b) B/N=1.10, vE$_{0℃}$=43J |

图 2-22　焊缝中 M-A 组元在扫描电镜下的形貌

表 2-4　不同 B/N 值下焊缝中 M-A 组元的定量结果

测定部位	总 B/%	总 N/%	B/N	固溶 B/%	vE$_{0℃}$/J	M-A/%
图 2-22（a）	0.0036	0.0054	0.67	0.0000	123	2.4
图 2-22（b）	0.0053	0.0048	1.10	0.0016	43	6.2

　　由图 2-22 得知：在 B/N=1.10 时可观察到更多的 M-A 组元，而这种 M-A 组元的增多导致了冲击吸收能量的降低。分析认为，在针状铁素体晶粒之间，若不存在固溶 B，将会形成珠光体组织；若有固溶 B 存在，B 将会在针状铁素体晶粒周围偏析，抑

制珠光体相变，从而导致在更低的温度下生成 M-A 组元。综上结果，对于大热输入电渣焊的焊缝金属而言，为了抑制晶界铁素体析出，又要避免因 M-A 组元的生成而带来的韧性降低，B 的加入量范围是 27～65ppm；另外，还要考虑 B/N 值，最佳比值是 $0.5 \leqslant B/N \leqslant 0.8$。

（2）含钛量的影响

在不含钛时，硼对焊缝冲击吸收能量和脆性转变温度的影响示于图 2-23；当含钛量为 0.025%或 0.06%时，硼对焊缝冲击吸收能量和脆性转变温度的影响示于图 2-24 和图 2-25。

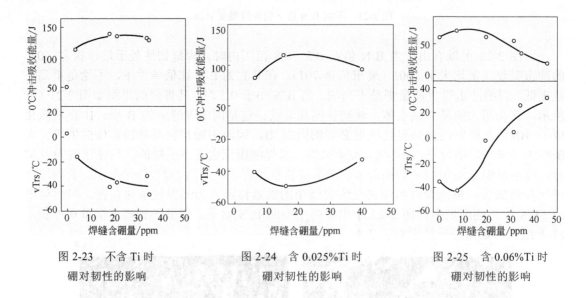

图 2-23　不含 Ti 时　　　　图 2-24　含 0.025%Ti 时　　　图 2-25　含 0.06%Ti 时
硼对韧性的影响　　　　　　硼对韧性的影响　　　　　　硼对韧性的影响

由图 2-23～图 2-25 可知，在不含钛的焊缝中（含 0.11C、0.17Si、1.0Mn），加入适量的硼后，脆性转变温度向低温方向移动，低温韧性有所改善。但是，当焊缝中硼的量超过 20ppm 后，其效果不明显了。在含 0.025%Ti 的焊缝中（含 0.10C、0.33Si、1.24Mn、0.4Cr、0.33Mo），硼的影响不太明显，只有硼含量在 15ppm 时，脆性转变温度有一定下降。当焊缝中钛的含量达到 0.06%（含 0.10C、0.22Si、1.18Mn、0.17Ni、0.19Mo）时，少量的硼（约 7ppm）可使韧性得到改善。若进一步增加硼的量，其韧性会明显下降，脆性转变温度移向高温一侧。

金相组织观察结果表明，在不加钛的焊缝中，当硼的量不大于 35ppm 时，其焊缝组织都是由晶界铁素体、侧板条铁素体和晶内针状铁素体组成。在 0.025%Ti 的焊缝中，当不含硼时，与不加钛的焊缝相比较，魏氏组织状的侧板条铁素体减少，晶内针状铁素体的比例增加，但其组织仍是晶界铁素体与晶内针状铁素体的混合组织。在 0.025%Ti 的焊缝中加入硼之后，粗大的晶界铁素体消失了，生成了细小的铁素体。在 0.06%Ti 的焊缝中再加入硼时，由晶界铁素+针状铁素体组织变成以上贝氏体为主的组织。总之，由于同时加入了钛和硼，晶界铁素体的生成被抑制。与单独加入硼相比较，同时加入钛和硼，会使铁素体的形貌有很大差异。也就是说，在含钛或不含钛的条件下，硼的效果是不相同的。不含钛时硼起到了脱氮的作用，使韧性有所改善；加了钛之后，焊缝中的氮与钛结合生成 TiN，从而保护了硼，使其固溶到焊缝中，抑制了晶界铁素体的析出。这里面需要注意钛、硼与氧之间平衡的问题，焊缝中氧含量高时，必须有足够量的钛去脱氧，以便使硼得到保护而固溶到焊缝之中。还有氮的影响，它对硼的固溶也有重要作用。要使硼固溶到焊缝之中，除了防止硼被氧化之外，还要避免硼被氮化，即防止生成 BN。要对焊缝进行脱氮，常用的元素是钛或铝。因此，对于钛硼韧化的焊缝而言，脱氧、脱氮都必须认真考虑。在脱氧方面主要依靠锰和硅，这两个元素充分发挥作用后，可有效地保护钛和硼不被氧化；得到保护的钛再去脱氮，防止了硼被氮化，以使硼进入焊缝之中。冷却时焊缝中的硼快速地向奥氏体晶界附近聚集，进而有效地抑制晶界铁素体的生成，促进形成细小的晶内铁素体，从而提高焊缝的韧性。

　　概括起来：①焊缝中的硼在冷却过程中向奥氏体晶界聚集，造成偏析及硼化物析出，进而抑制了晶界铁素体的生成，有利于细化组织及提高焊缝韧性。②硼的合适含量与焊缝中氮及钛的含量有密切关系，含氮量高时硼的含量要增加，含钛量高时硼的含量要降低。含硼量过多或过少都不利于改善焊缝韧性。

四、钛对焊缝组织及韧性的影响

1. 钛的形核作用

　　焊缝中存在着不同的氧化物，有些氧化物可起到形核核心的作用。当晶界附近存在这类氧化物时，它会促进铁素体形核，进而生成侧板条铁素体；当这类氧化物在晶内存在时，它会成为针状铁素体的形核核心，促使生成晶内针状铁素体，细化晶粒，使韧性得到改善。其中钛的氧化物（TiO、Ti_2O_3、Ti_2MnO_4）与 α-Fe 有着良好的共格关系，往往成为铁素体的形核核心。图 2-26 是低合金焊缝金属中形核的一个例子，其成分为（质量分数，%）0.11C、0.27Si、1.1Mn、0.036Ti、0.003B，含氧量为 250ppm。可以看出，针状铁素体是以球状夹杂物为中心，向四周延伸成长的。以前人们认为，这种形核作用仅限于能形成铁素体类组织的焊缝，对于像贝氏体或马氏体这类高合金成分的焊缝，则失去了形核的功能，并有可能作为硬质的第二相，给焊缝韧性带来危害。近年来的研究取得了新的进展，有关钛的氧化物的形核作用，除了在铁素体-珠光体类焊缝中发挥作用外，在贝氏体-马氏体类焊缝中钛的氧化物也具有晶内形核的作用，进而起到了细化晶粒和改善韧性的作用。图 2-27 是这类焊缝的一个例子，其成分是（质量分数，%）0.05C、1.35Mn、3.37Ni、0.58Cr、0.46Mo，含氧量为 160ppm。

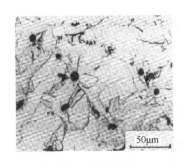

图 2-26　在铁素体类焊缝中形核

图 2-27　在贝氏体-马氏体类焊缝中形核

　　至于是钛的哪种氧化物能起到形核作用，到目前为止还没有统一的说法。有学者认为 TiO 具有形核作用，他认为夹杂物表层存在的 TiO 是形核的位置，与该氧化物具备 B-N

结晶学位向关系的位置上生成铁素体，且生成的铁素体与母相奥氏体之间存在 K-S 关系。

也有的学者研究得出，在高强度钢焊缝中，能起晶内形核作用的是 Mn_2TiO_4。该研究采用焊条的熔敷金属化学成分是（质量分数，%）0.04C、0.55Si、1.75Mn、2.75Ni、0.78Mo，并分别采取不加钛不加硼、加钛不加硼和加钛又加硼三个不同条件。试验结果表明，加钛后形成的夹杂物以 Mn_2TiO_4 为主；加钛又加硼后形成的夹杂物是 TiO；不加钛又不加硼时，其夹杂物以 Si 和 Mn 的氧化物为主。在这些氧化物中，只有 Mn_2TiO_4 型夹杂物具有形核作用，它细化了组织，提高了焊缝韧性。有关在贝氏体-马氏体类焊缝中硼的影响，有人认为：固溶的硼易向晶界偏析，降低界面能量，抑制了先共析铁素体的产生；同样，在钛系氧化物的周围，由于硼的偏析，降低了钛系氧化物与奥氏体相的界面能，因而抑制了钛系氧化物的晶内形核作用。

另有学者对 780MPa 级高强度钢用药芯焊丝的渣系进行了试验，以确定不同夹杂物对焊缝组织和韧性的影响，其渣系有 TiO_2 型、TiO_2-MgO 型和 Al_2O_3 型三种。试验结果表明：在这些渣系中，只有 TiO_2-MgO 型渣系生成的结晶相（$MnTi_2O_4$）起到形核核心的作用，促进生成晶内贝氏体组织。这个结晶相必须与晶内相变产物（如铁素体或贝氏体）和奥氏体组织都存在结晶学位向关系，只有这样，在奥氏体中结晶出来的氧化物才会起到形核核心的作用。

2．钛对焊缝组织的影响

在研究钛对焊缝组织的影响时，将焊缝中硼的含量分为五个档次，并在每一个档次内都改变钛的含量［其他成分（质量分数，%）是 0.09C、0.54Si、1.5Mn］。试验表明，当焊缝中钛的量由 70ppm 增加到 700ppm 时，针状铁素体的数量在增加，见图 2-28，先共析铁素体的数量在减少，组织得到细化。但含硼量很少时（<11ppm），增加钛并未使针状铁素体的数量明显增多；含硼量中等时（21～45ppm），含钛量在 450ppm 左右，可使针状铁素体的数量达到最高值；含硼量更多时（49～91ppm），含钛量在 200ppm 左右可使针状铁素体的数量达到最高值。试验还表明，随着含钛量的增加，侧板条铁素体减少，上贝氏体增多。当焊缝中含有足够数量的钛和硼时，则不再生成侧板条铁素体；而当 B<10ppm 且 Ti<400ppm 时，则无上贝氏体生成。研究结果得出，没有足够数量的钛，硼对促进焊缝中针状铁素体的形成效果不大；没有硼时，钛的效果也不大。当 B=40～45ppm，Ti=400～500ppm 时，可得到约 95%的针状铁素体。

3．含钛量对焊缝韧性的影响

含钛量对焊缝韧性的影响与含氧量有着密切的关系。焊缝中含氧量低时，钛的量少可得到良好的韧性；当焊缝中含氧量高时，必须有足够量的钛，才能得到好的韧性值，如图 2-29 所示。含氧量为 250ppm 时，钛的量宜增加至 0.02%，这时表现出高的韧性；当钛的量超过 0.02%时，韧性会下降，这可能是钛产生析出硬化所致。当焊缝中含氧量达 650ppm 时，钛的量一直增加到 0.06%时，其韧性仍在上升，再进一步增加含钛量的话，焊缝韧性也下降。

总之，钛的韧化作用在于它的氧化物具有晶内形核作用，在焊缝中生成针状铁素体，使晶粒细化。最近的研究发现，在贝氏体-马氏体类焊缝中，钛的复合氧化物也具有晶内形核作用。为了得到高的焊缝韧性，钛的合适含量与氧含量有密切关系，氧的含量高时，必须相应增加钛的含量。

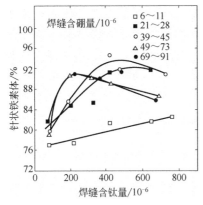

图 2-28 含钛量对针状铁素体数量的影响

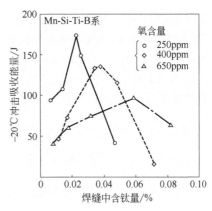

图 2-29 含钛量对焊缝韧性的影响

五、含氧量对焊缝组织和韧性的影响

对于焊接而言，焊缝金属的含氧量是一个大问题。有试验得知，只有采用低含氧量的焊接方法或焊接材料，才可以保证焊缝含氧量低于 400ppm。如果采用氧化钛型焊材，焊缝的含氧量将达到 700ppm；反之，如采用 TIG 焊的方法，焊缝的含氧量可以降到 50ppm 以下。当焊缝中氧含量高时会对韧性造成损害，但是，也有研究表明，氧含量也不是越低越好，当氧含量过低时（如 60～80ppm）会生成上贝氏体组织，反而使焊缝韧性下降。欧洲的学者提出，对于屈服强度超过 700MPa 级的焊缝而言，为了达到所要求的强度，其焊缝应该是贝氏体型或马氏体型组织，而不是针状铁素体组织。针状铁素体组织的生成需要有氧化物作为其形核核心，而马氏体等组织的形成是不需要这类核心的。在这种条件下氧化物将会变成断裂的起始点，使韧性明显下降，故必须尽可能地降低氧的含量。下面就焊缝含氧量对其组织和韧性的影响加以简述。

1. 含氧量对焊缝相变温度和组织的影响

氧在钢中的溶解度是很小的，1350℃时其溶解度只有 0.002%，其绝大部分是以氧化物的形式存在。因此，焊缝中含氧量高时氧化物含量也高。假设这些氧化物可以作为铁素体形核核心的话，核心将变多，相变量也相应增大，相变开始温度向高温一侧移动。在平衡状态下，相变开始温度和终了温度与形核核心的多少没有关系。但是，在实际的焊接条件下，冷却速度要比平衡状态下快得多，这样就需要测定出某一温度下的相变量与含氧量的关系曲线。在冷却速度约 20℃/s 的条件下，不同含氧量的 Mn-Si 系和 Mn-Si-Ti-B 系焊缝，其相变量与温度的关系见图 2-30 和图 2-31。

由图 2-30 可以看出，在 Mn-Si 系焊缝中含氧量由 140ppm 增加到 700ppm 时，相变开始温度上升了约 30℃。在 650℃温度时，低含氧量的焊缝仅有约 18%发生了相变，而高含氧量焊缝已有约 51%的奥氏体完成了相变。在 Mn-Si-Ti-B 系焊缝中，含氧量低时相变开始温度低，随着含氧量的增加，相变开始温度向高温一侧移动。但是，在 Mn-Si-Ti-B 系焊缝中，即使其含氧量达 400ppm，仍比 Mn-Si 系焊缝中含氧量为 140ppm 的相变开始温度低些。这表明，除了含氧量对相变开始温度有影响外，合金元素也影响到相变开始温度。因此，必须同时考虑这两个因素的共同作用。WM-CCT 图表明，含氧量多时，相变曲线向左侧移动，铁素体生成温度向高温一侧移动，而在这样的高温下生成的铁素体将是粗大的铁素体；当焊缝中含氧量低时，WM-CCT 图上的相变曲线将向右侧移动，铁素体生成温度向低温一侧移动。当冷却速度更快时，将不再生成铁素体而出现贝氏体组织。不同含氧量条件下，Mn-Si-Mo-Ti-B 系焊缝金属的组织形貌如图 2-32～图 2-34。焊接方法为 MIG 焊，热输入约 48kJ/cm，焊缝含氧量为 78ppm 时，其组织是粗大的贝氏体；含氧量达 260ppm 时，其组织是均匀的针状铁素体；当含氧量达到 460ppm 时，晶界铁素体明显粗大化，晶内块状铁素体也变得粗大了。

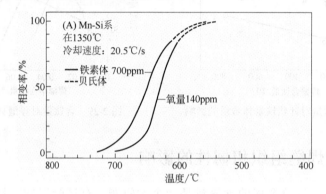

图 2-30　氧对 Mn-Si 系相变量的影响

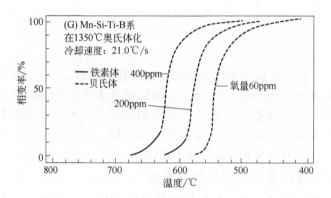

图 2-31　氧对 Mn-Si-Ti-B 系相变量的影响

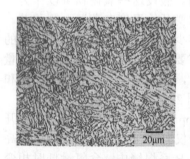
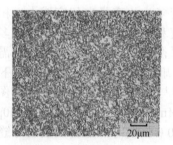
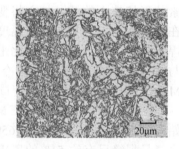

图 2-32　含氧量 78ppm　　　　图 2-33　含氧量 260ppm　　　　图 2-34　含氧量 460ppm

2. 含氧量对低、中强度焊缝韧性的影响

不同成分系的焊缝金属，其含氧量对冲击吸收能量的影响规律是有差别的。图 2-35 给出了 Mn-Si 系、Mn-Si-Ti 系和 Mn-Si-Ti-B 系焊缝中含氧量对冲击吸收能量的影响。在 Mn-Si 系焊缝中，含氧量对冲击吸收能量的影响较小，其含量在 500ppm 以内时，仍可得

到良好的韧性。金相观察结果表明，含氧量在 140～700ppm 变化时，其焊缝组织变化不大。因为其合金量少，主要组织是晶界铁素体和魏氏组织状的侧板条铁素体，此外还含有少量的针状铁素体。因为其组织的变化不明显，故其韧性的变化也不大。在 Mn-Si-Ti-B 系焊缝中，当其含氧量在 300ppm 左右时，韧性达到了最高值，含氧量更低或更高时其韧性都会降低。金相观察结果表明，含氧量在 60ppm 时，其组织中含有大量的粗大贝氏体；含氧量为 270ppm 时，其组织主要是针状铁素体；含氧量达到 440ppm 时，其组织是粗大的晶界铁素体和针状铁素体的混合组织。可以认为，这种组织上的变化导致了韧性的相应变化。

含氧量对脆性转变温度（vTrs，纤维状断口和结晶状断口各占约一半时的温度）的影响见图 2-36，也可以看出：随着氧含量的增加，焊缝的 vTrs 逐渐上升。图中给出了各种焊接方法所产生的含氧量范围。有些焊接方法，尽管其含氧量相差不大，可是其脆性转变温度却有明显的差异。例如焊条电弧焊和 80%Ar+20%CO₂ 混合气体保护焊相比较，它们的焊缝氧含量均在 250～300ppm 时，焊条电弧焊的脆性转变温度为-20℃左右，而混合气体保护焊的脆性转变温度在-40℃左右。也有时含氧量差别较大，但其脆性转变温度几乎没有变化。有关含氧量或氧化性夹杂物对脆性转变温度的影响，尚待做更进一步研究。

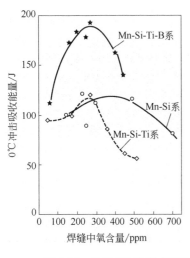

图 2-35　含氧量对韧性的影响

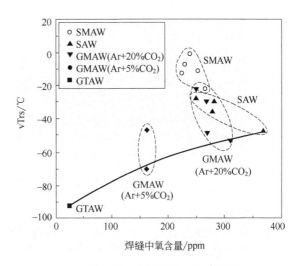

图 2-36　含氧量对 vTrs 的影响

3．含氧量对高强度焊缝韧性的影响

对高强度焊缝而言，提高韧性的主要措施是降低焊缝中的含氧量，使之达到超低氧水平。这时与之相对应的焊缝中夹杂物减少，提高了延性断裂抗力。还可以加入形核核心元素，使组织得到细化。但是，焊条药皮和埋弧焊焊剂，都采用天然矿物作原材料，这些材料中夹杂物含量高，故控制焊缝中的夹杂物是有限度的。在通常情况下，焊条电弧焊和埋弧焊的焊缝含氧量下限值在 300ppm 左右。焊条电弧焊和埋弧焊的焊缝含氧量与冲击吸收能量的关系见图 2-37 和图 2-38。

可以看出：不论是焊条电弧焊还是埋弧焊，随着焊缝金属含氧量的降低，冲击吸收能量都在提高，在含氧量低于 200ppm 时具有更明显的效果。几种焊接方法的降氧措施简介如下。

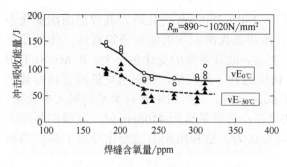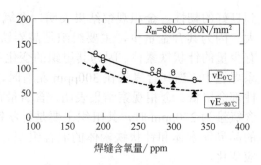

图 2-37 含氧量与焊条电弧焊焊缝韧性 　　　　图 2-38 含氧量与埋弧焊焊缝韧性

（1）焊条电弧焊

降低含氧量的措施之一是减少药皮中的酸性氧化物，使渣系具有高的碱度；之二是增加脱氧剂的量，这样可以把含氧量降低到 200ppm 以下。但是，这又引起焊接工艺性能恶化，须要认真对待。另外，焊条药皮的保护效果不如其它方法有效，它的焊缝中氮的量高达 100～120ppm，而其它方法多在 50ppm 以下。氮也是影响韧性的重要元素，为了降低含氮量，可加入微量钛，它既可以起到脱氧作用，又可以起到脱氮的作用。其脱氧产物还可以起到形核核心的作用，使焊缝组织细化，韧性有显著提高。焊条电弧焊的焊缝组织见图 2-39，属于贝氏体和板条马氏体的混合组织。比较两个不同含氧量的图片可以看出，随着含氧量的降低，焊缝组织细化了。

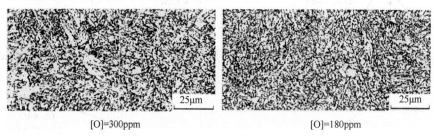

[O]=300ppm　　　　　　　　　[O]=180ppm

图 2-39 焊条电弧焊的焊缝金相组织

（2）埋弧焊

为了达到超低含氧量，首先是采用高碱性焊剂，但效果并不明显。后来发现：当焊剂的主要原料氟化物和氧化物之比在某一特定值时，才表现出明显的降氧效果。另外，焊丝中要有一定量的脱氧元素，以防止焊接电流、电压变化时引起焊剂熔化量改变而带来的脱氧效果不稳定。这两项措施保障了焊缝金属含氧量在 200ppm 以下。埋弧焊焊缝金属的金相组织见图 2-40，它具有贝氏体特征，但有些片状的白色部位是板条马氏体组织。因为焊缝中未加钛，含氧量低的焊缝组织得到细化，这是由超低含氧量带来的效果。

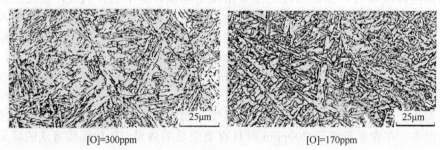

[O]=300ppm　　　　　　　　　[O]=170ppm

图 2-40 埋弧焊的焊缝金相组织

（3）熔化极气体保护焊

以前多采用 80%Ar+20%CO$_2$ 作为保护气体，为了降低焊缝中的含氧量，在保护气体中增加氩气是非常有效的，故采用了 95%Ar+5%CO$_2$ 作为保护气体。同时，焊丝中脱氧元素的加入量也应做出调整，从而使焊缝含氧量达到超低的水平。

4．含氧量对电渣焊焊缝韧性的影响

电渣焊是一种大热输入焊接，由于它的热输入很大，熔池存在的时间长，可以进行充分脱氧，焊缝含氧量会有降低，往往降至 150ppm 以下。这时作为形核核心的钛系氧化物难以均匀分布，不容易得到针状铁素体组织。为了研究含氧量对电渣焊焊缝韧性的影响，采用同一种焊丝，配合碱度不同的两种焊剂，FHB 和 FLB。试验用钢板板厚 60mm，抗拉强度为 520MPa。试验用焊丝为直径 1.2mm 的实心焊丝。焊剂为熔炼型，其化学成分和碱度值列于表 2-5，焊接规范列于表 2-6，焊缝的化学成分列于表 2-7，焊缝的金相组织见图 2-41。

表 2-5　试验用焊剂的化学成分（%）和碱度

牌号	SiO$_2$	MnO	TiO$_2$	Al$_2$O$_3$	CaO	MgO	BL
FHB	30.5	12.2	4.1	7.4	22.4	14.6	0.82
FLB	39.2	22.4	4.2	6.6	8.7	12.6	-0.37

注：1. BL=6.05[CaO]-6.31[SiO$_2$]-4.97[TiO$_2$]-0.2[Al$_2$O$_3$]+4.8[MnO$_2$]+4[MgO]+3.4[FeO]。
2.各焊剂成分均为摩尔浓度（%）。

表 2-6　试验用焊接规范

焊接电流	焊接电压	焊接速度	热输入	焊丝摆动宽度
380A	53V	0.20～0.24mm/s	850～1000kJ/cm	28mm

表 2-7　焊缝金属化学成分（质量分数）　　　　　%

焊剂	C	Si	Mn	P	S	Al	Ni	Mo	Ti	B	O
FHB	0.073	0.23	1.65	0.008	0.004	0.007	0.06	0.26	0.015	0.0040	0.0136
FLB	0.068	0.24	1.61	0.009	0.003	0.009	0.10	0.25	0.019	0.0036	0.0241

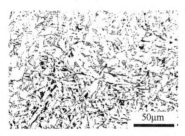 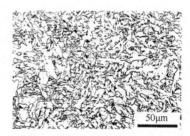

(a) 焊剂：FLB，[O]=136ppm，vE$_{0℃}$=57J　　　(b) 焊剂：FLB，[O]=241ppm，vE$_{0℃}$=123J

图 2-41　不同含氧量条件下的焊缝组织

由于两种焊剂的碱度不同，焊缝中氧的含量差别较大，因而焊缝组织上明显不一样，从而导致焊缝冲击吸收能量差别明显。采用高碱度的焊剂时，焊缝含氧量为 136ppm，其组织以上贝氏体为主，如图 2-41（a）所示，0℃的焊缝冲击吸收能量仅有 57J；而采用低碱度的焊剂时，焊缝含氧量为 241ppm，其组织以针状铁素体为主，如图 2-41（b）所示，

0℃的焊缝冲击吸收能量高达 123J。由此可见，为了促进针状铁素体的生成，必须有适量的含钛氧化物作为形核核心，故焊缝中氧的含量不宜过低。通过本试验得出，对于抗拉强度在 500MPa 级的电渣焊焊缝而言，氧的量以控制在 250ppm 左右为宜，以便得到均匀细小的弥散氧化物作为形核核心。

概括起来：①随着焊缝含氧量的增加，相变开始温度向高温一侧移动。对于 Mn-Si-Ti-B 系的低、中强度焊缝而言，含氧量太低时（60~80ppm），其组织是粗大的贝氏体；含氧量增加到 260~300ppm 时，其组织主要是针状铁素体；进一步增加含氧量后，晶界出现铁素体，且随着含氧量的增加而粗大化，晶内块状铁素体也变得粗大。这种组织上的变化，导致了韧性由低到高而后再降低的曲线变化。②对高强度焊缝而言，不论是焊条电弧焊、气体保护焊还是埋弧焊，随着焊缝金属含氧量的降低，都呈现出韧性在逐渐提高的趋势，含氧量低于 200ppm 时具有更明显的效果。③对于抗拉强度在 500MPa 级的电渣焊焊缝而言，氧的含量以控制在 250ppm 左右为宜，这时可以得到均匀细小的弥散氧化物作为形核核心，生成针状铁素体组织，得到良好的韧性。若焊缝中氧的含量过低（如 136ppm），则焊缝韧性明显下降。故而应采用低碱度的焊剂。

六、铝对自保护焊焊缝组织和韧性的影响

自保护药芯焊丝由于不需要外加气体保护，增加了施工的灵活性，尤其在高层建筑、输油、输气管线和海洋平台等各种户外施工现场，得到更为广泛的应用。自保护药芯焊丝，由于药芯中某些粉剂在焊接时分解或气化，释放出一些气体，形成保护屏障来隔绝空气；同时，含有一定量的脱氧剂（如 Al、Ti、Si、Mg 等）和强氮化物形成元素（如 Al、Ti 等），可防止焊缝中出现气孔，以及因含氮量高而导致焊缝金属韧性下降。高的含铝量是自保护药芯焊丝的一个特征，为了避免焊缝生成 CO 和 N_2 气孔，作为强脱氧剂和强氮化物形成元素的 Al，在药芯中的加入量是相当多的。但是，焊缝中过量的 Al 会引起晶粒粗大，严重影响焊缝金属的塑、韧性，故有必要对铝的作用进行深入探讨。

1. 铝在焊接过程中的脱氧、脱氮作用

铝是很强的脱氧、脱氮元素，它对氧的亲和力很强，其脱氧能力排在钛、碳、镁、锆等元素之前。在熔滴形成及熔滴过渡阶段，铝主要通过先期脱氧来降低电弧气氛的氧化势，Al 可与电弧气氛中的氧相结合，生成铝的氧化物，其脱氧反应式如下：

$$2Al+3CO_2 \Longequal 3CO+Al_2O_3 \tag{2-3}$$
$$4Al+3O_2 \Longequal 2Al_2O_3 \tag{2-4}$$

铝在降低电弧气氛中氧化势的同时，由于电弧气氛中含氧量减少，使 NO 的分压降低，也使溶入熔滴金属中氮的数量减少；铝又与氮有很强的结合能力，可以形成稳定的 AlN 夹杂，该氮化物不溶于液态金属，而进入熔渣之中。

其次，进入熔池中的铝仍保持着强的脱氧能力，它将与进入熔池金属中的氧化物，如 FeO，发生置换反应，生成的 Al_2O_3，有的被冲洗进入熔渣，有的残留在焊缝中，呈现为夹杂物。

$$2〔Al〕+3〔FeO〕 \Longequal 〔Al_2O_3〕+3〔Fe〕 \tag{2-5}$$

熔池中的铝也与熔池中的 N 发生下列反应，使游离态的 N 形成氮化物，达到固氮效果。

$$〔Al〕 + 〔N〕 \Longrightarrow 〔AlN〕 \tag{2-6}$$

公式（2-3）和（2-4）中的〔Al〕、〔FeO〕、〔Al_2O_3〕、〔N〕和〔AlN〕分别表示液态金属中的浓度。

铝含量对熔敷金属化学成分的影响见表 2-8，可以看出，随着熔敷金属中 Al 含量的增加，熔敷金属中 C、Zr 的含量变化不明显，Si、Mn 略有波动，但变化不大；N、O 的含量随着 Al 含量的增加而降低。可见，铝是很有效的脱氧、脱氮元素，它降低了熔敷金属中氧和氮的含量，达到了人们希望的脱氧、脱氮作用。

表 2-8 铝含量对熔敷金属化学成分（质量分数）的影响　　　　　　　　%

Al	C	Si	Mn	Ni	Ce	Zr	N	O	P	S
0.73	0.050	0.23	0.86	0.82	0.0053	0.028	0.038	0.018	0.012	0.0015
0.80	0.045	0.30	0.80	0.82	0.0052	0.034	0.033	0.013	0.011	0.0017
0.98	0.046	0.27	0.74	0.84	0.0050	0.030	0.036	0.013	0.013	0.0016
1.17	0.047	0.33	0.68	0.78	0.0059	0.033	0.020	0.010	0.010	0.0013
1.23	0.048	0.32	0.67	0.80	0.0063	0.040	0.018	0.010	0.010	0.0017

2. 铝对夹杂物的组成及尺寸的影响

有研究结果显示，在自保护药芯焊丝的焊缝中，铝的含量不同时，脱氧、脱氮后生成的夹杂物类型有所不同。当焊缝金属的含铝量为 0.55% 时，夹杂物以球形氧化铝为主，尺寸较小（平均尺寸为 0.77μm），分布均匀。当焊缝金属的含铝量为 1.64% 时，AlN 先于 Al_2O_3 形成，尺寸较粗大（平均尺寸为 1.03μm）。AlN 夹杂物的形状是轮廓分明的六角形，它的熔点为 2450℃，它会对熔敷金属的基体产生割裂作用。在裂纹形成及扩展过程中，这些高硬度夹杂物将成为一次或二次裂纹源，从而使其韧性显著降低。与 AlN 类夹杂物不同，Al_2O_3 等球形夹杂物对基体产生的割裂作用较小，夹杂物周围的应力条件相比于六角形夹杂物 AlN 也好些，不会对焊缝的力学性能产生明显的不利影响。

采用扫描电镜对熔敷金属冲击断口起裂区韧窝中的夹杂物成分进行分析，结果表明，夹杂物中的 Al 含量随着熔敷金属中 Al 含量的增加而增加，如图 2-42 所示。AlN 中 Al 占的比例要高于 Al_2O_3 中 Al 占的比例。由图 2-42 的曲线斜率判断，熔敷金属中 Al 含量小于 1% 时，其夹杂物主要为 Al 的氧化物；而熔敷金属中 Al 含量大于 1% 后，夹杂物成分则以 AlN 为主。

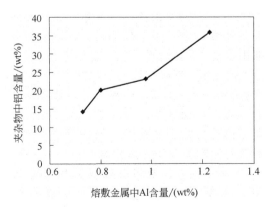

图 2-42　熔敷金属中 Al 含量与夹杂物中 Al 含量的关系

3．铝对焊缝金属组织的影响

对于碳钢和低合金钢焊接而言，当焊缝中 Al 含量较少时，液相中首先析出 δ 铁素体，进一步冷却过程中，奥氏体沿液相和 δ 相界面形核，进行包晶反应，同时向液相和 δ 相两个方向长大。包晶反应结束后，液相耗尽，剩余的 δ 相在随后的冷却过程中，通过同素异晶转变而生成奥氏体。继续冷却时将发生共晶转变，α 铁素体从奥氏体中析出，生成先共析铁素体，并排出多余的碳，继而生成一定量的晶内针状铁素体、珠光体和其他贝氏体类组织。所以，在铝含量较低的焊缝中，以晶界的先共析铁素体、晶内的针状铁素体、珠光体和贝氏体类组织为主，见图 2-43（a）。当焊缝中 Al 含量较高时，由于大量的 Al 固溶在金属中，当液态熔池中析出 δ 铁素体后，由于铝是一种强铁素体形成元素，它扩大铁素体区，缩小奥氏体区，因而阻碍了奥氏体的形成，δ 铁素体不会在随后的冷却过程中完全转变成奥氏体，而以粗大的铁素体保留下来，并保留到室温，见图 2-43（b）中的白色骨架形部分，这些保留下来的铁素体也称为一次铁素体（δ 铁素体），会对韧性产生极其不利的影响。而已经转变成奥氏体的部分，在随后的冷却过程中再转变成铁素体、珠光体或贝氏体类组织，见图 2-43（b）中的黑色骨架部分，这时生成的铁素体被称为二次铁素体（α 铁素体），它不会对韧性产生不利的影响。

 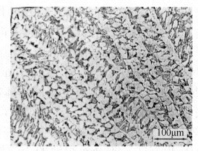

(a) 熔敷金属含铝量0.53%　　　　　　(b) 熔敷金属含铝量1.7%

图 2-43　不同含铝量的熔敷金属微观组织

从冶金学的角度看，铝是一种强铁素体形成元素，它扩大铁素体区，缩小奥氏体区，过量的铝会导致焊缝金属在冷却过程中不发生相变，从而也不产生晶粒细化作用，以大块的铁素体晶粒存在。为了克服这一弊端，必须加入一些强奥氏体形成元素，来抵消过量的铝造成的危害作用。碳是一种强奥氏体形成元素，常常被加入到药芯焊丝的药粉之中，以便促使焊缝金属发生相变，进一步细化晶粒，提高焊缝塑、韧性。一般来说，碳钢焊缝金属中碳的含量都小于 0.12%，而对于药芯焊丝来说，其焊缝金属中碳的含量可以达到 0.3%。碳和铝是两种平衡元素，自保护药芯焊丝的焊缝金属含铝量最多不超过 1.8%，否则会引起焊缝强度大大提高，塑性和韧性明显降低。铝和碳平衡的标准是：加入的强奥氏体形成元素碳含量的上限，以保证焊缝金属不产生脆化；而强铁素体形成元素铝的下限含量，是在严格和科学的焊接规范条件下，保证单道焊焊缝中不出现气孔（由于母材的稀释作用，单道焊所需的铝量要比多道焊高）。

为了获取良好的焊缝塑性和韧性，希望焊缝金属中铝的含量在 1.1% 以下，而为了防止焊缝金属中出现气孔，需要进一步降低焊缝金属中氮的含量，以便尽可能降低 Al 的含量。

4. 铝对焊缝金属力学性能的影响

铝对焊缝金属力学性能的影响汇集于图 2-44。图 2-44（a）是不同 Al 含量下焊缝冲击吸收能量与温度的关系，随着焊缝中 Al 含量的降低，在给定的温度下，焊缝的冲击吸收能量升高。图 2-44（b）是 Al 含量与焊缝抗拉强度之间的关系，可以看出，随着焊缝中铝含量的提高，抗拉强度也增加，这主要是由铝产生的固溶强化作用引起的。

在通常情况下，影响冲击韧性的因素有：①脱氧、脱氮剂与大气作用产生的夹杂物的大小、分布、形状等，呈棱角形状、较大尺寸的氮化铝夹杂物时，对焊缝的危害比近似圆形的小尺寸的氧化铝夹杂物严重；②焊缝中残留的未参与反应的脱氧、脱氮剂产生的固溶强化作用，在 Al 含量高的焊缝中，固溶强化作用大，韧性下降；③脱氧、脱氮剂引起的微观组织变化，Al 含量较高的焊缝中产生的粗大、脆硬的 δ 铁素体，严重危害焊缝的冲击韧性。

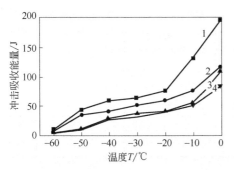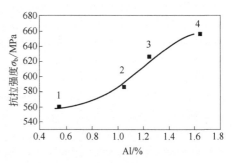

(a) 不同含铝量时焊缝冲击吸收能量与温度的关系 　　 (b) 含铝量与焊缝金属抗拉强度的关系

图 2-44　含铝量对焊缝金属力学性能的影响
1—Al 0.55%；2—Al 1.05%；3—Al 1.25%；4—Al 1.64%

七、奥氏体晶粒尺寸对焊缝韧性的影响

近数十年来，为了寻找石油、天然气等能源，首先在北海、墨西哥湾等地开发了海底资源，继而向渤海、萨哈林沿岸等地进行开发，开发海洋资源的重要性已为更多的人所认识。海洋资源的勘探范围也在向着深海和低温海域扩展。当在这些海域进行资源开发时，所采用的设备或结构用材料，无论是钢材还是焊接材料，都要求能够经受住极其残酷的环境条件。所以，研究更高强度和更好韧性的焊接材料，是开发海洋资源必须事先进行的工作。

为了提高焊缝金属韧性，通常采用如下三种方法，即强化基体、细化组织和形成针状铁素体。这三种方法都是利用奥氏体（γ）向低温铁素体（α）相变过程实现的。本书介绍一种新的韧化途径，即着眼于高温阶段，是在高温铁素体（δ）向奥氏体（γ）相变过程中实现的，通过控制 γ 晶粒尺寸的大小来改善焊缝金属的韧性。

1. 试验方法

（1）焊接方法和规范

为了控制焊缝金属的 γ 晶粒尺寸，分别改变如下三个方面的因素：一是焊缝含氧量，随着焊缝中含氧量的增加，其氧化性夹杂物相应增加，这些夹杂物具有"钉扎"作用，对晶界的移动起到阻碍作用,限制了 γ 晶粒成长;二是焊缝含铝量,随着焊缝中含铝量的增加,在 Fe-C-Al 准二元平衡图中的 γ 单项区域减小,同时焊缝中的含氧量也减少,导致 γ 晶粒尺寸变化;三是改变焊接方法,分别采用埋弧焊、熔化极气体保护焊和钨极气体保护焊。不同的焊接方法,其焊缝中的含氧量是不一样的,这也会导致 γ 晶粒尺寸的变化。先是采用抗拉强度 780MPa 级的埋弧焊材为基准,通过改变焊剂成分来调整焊缝中的含氧量和含铝量;选择气体保护焊用实心焊丝的化学成分时,也要使之接近于埋弧焊的焊缝成分;再通过改变保护气体中 Ar 与 CO_2 的比例,来获得不同含氧量的焊缝金属。各种焊接方法的焊接规范见表 2-9,母材为屈服强度 685MPa 级的高强度钢,板厚 20~25mm,坡口角度 20°~30°,根部间隙 13~16mm。拉伸试样和冲击试样均在板厚的中心部位制取;测定 γ 晶粒尺寸用的试样取在最后一道焊缝中,加工成直径 5mm、厚度 1mm 的样品,并对其表面进行镜面研磨。

表 2-9   焊接规范一览表

焊接方法	焊丝直径 /mm	焊接电流 /A	电弧电压 /V	焊接速度 /(mm/min)	预热及道间温度 /℃	电源及极性
埋弧焊	4.0	550	30	400	140~160	交流
熔化极气体保护焊	1.2	290	30	300	140~160	直流反极性
钨极气体保护焊	1.2	280	11	100	90~110	直流正极性

(2) γ 晶粒尺寸的测定

采用高温激光显微镜完成此项测定,按照图 2-45 给出的热循环进行加热,最高温度是 1400℃,相当于焊缝金属中再加热至粗晶区的部分。在测定 γ 晶粒尺寸时,先用高温激光显微镜拍摄一张能观察 γ 晶粒生成后的照片,其视野大小为 0.4mm×0.3mm。在这一视野内横向画出 20 条等间隔的直线,纵向也画出 20 条等间隔的直线,再在倾斜方向上画出 2 条等间隔的直线,总计 42 条直线。在每一条直线上测出 γ 晶粒的数量,并根据直线的长度计算出 γ 的晶粒大小。将这 42 个数据取平均值,即为 γ 晶粒尺寸。

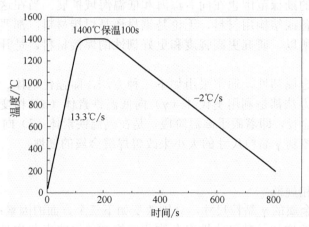

图 2-45   测定 γ 晶粒尺寸时的热循环

2．试验结果及分析

（1）含氧量的影响

采用不同的埋弧焊接材料焊接后，得到了不同含氧量的焊缝金属，其相应的焊缝成分和拉伸性能列于表 2-10，焊缝含氧量与 γ 晶粒尺寸的关系见图 2-46，γ 晶粒尺寸与冲击吸收能量的关系见图 2-47。

表 2-10　焊缝金属化学成分（质量分数，%）和拉伸性能

编号	C	Si	Mn	P	S	Ni	Mo	Al	O	$R_{p0.2}$/MPa	R_m/MPa	A/%
A	0.09	0.18	1.72	0.007	0.001	2.46	0.71	0.008	0.019	847	887	22
B	0.08	0.29	1.68	0.007	0.002	2.48	0.72	0.008	0.023	813	864	23
C	0.07	0.24	1.57	0.008	0.002	2.38	0.71	0.008	0.030	760	842	22
D	0.10	0.17	1.26	0.007	0.005	2.49	0.73	0.008	0.046	778	833	21

由图 2-46 可以看出，随着含氧量的减少，γ 晶粒有增大的倾向；而随着 γ 晶粒的增大，焊缝金属韧性有了明显的增加，见图 2-47。为了解释含氧量的影响，还测定了不同含氧量情况下的夹杂物密度和尺寸，结果表明，随着焊缝中含氧量的增加，夹杂物的密度相应增加，含氧量为 190ppm 的 A 焊缝中，夹杂物的密度为 $320\times10^3/mm^2$；含氧量为 300ppm 的 C 焊缝中，夹杂物的密度为 $382\times10^3/mm^2$；含氧量为 460ppm 的 D 焊缝中，夹杂物的密度为 $488\times10^3/mm^2$。就夹杂物的尺寸而言，含氧量的影响不明显，大部分夹杂物尺寸为 0.3～0.5μm，更大的或更小的夹杂物占的比例都不大。由于氧化性夹杂物具有钉扎作用，所以，随着夹杂物的减少，γ 晶粒尺寸得以长大。

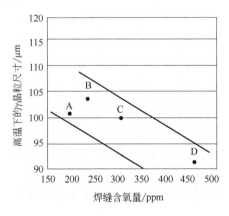

图 2-46　焊缝含氧量与 γ 晶粒尺寸的关系

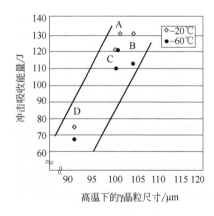

图 2-47　γ 晶粒尺寸与冲击吸收能量的关系

图 2-48 示出了 γ 晶粒尺寸对相变过程的影响，γ 晶粒尺寸越大（A 焊缝），越容易促进晶内相变，生成晶内贝氏体（针状铁素体）；相反，γ 晶粒尺寸越小（B 焊缝），则抑制了晶内相变，在晶界上生成粗大的晶界贝氏体（上贝氏体）。

（2）含铝量的影响

将埋弧焊焊缝金属中铝的含量分成两档，再分别改变每一档焊缝中铝的含量，

按照表 2-9 中给出的规范进行焊接，得到的焊缝金属化学成分和拉伸试验结果列于表 2-11，含铝量与 γ 晶粒尺寸的关系见图 2-49，γ 晶粒尺寸与冲击吸收能量的关系见图 2-50。

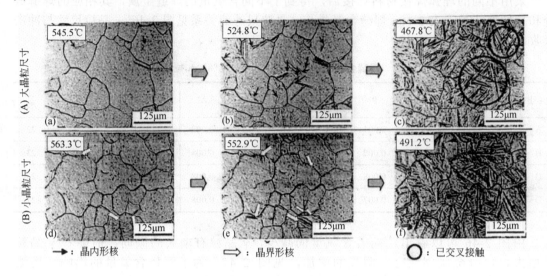

→：晶内形核　　　⇒：晶界形核　　　◯：已交叉接触

图 2-48　γ 晶粒尺寸与相变过程的关系

表 2-11　焊缝金属化学成分（质量分数，%）和拉伸性能

编号	C	Si	Mn	P	S	Ni	Mo	Al	O	Al/O	$R_{p0.2}$/MPa	R_m/MPa	A/%
E	0.08	0.12	1.52	0.008	0.002	2.61	0.73	0.010	0.028	0.36	773	820	21
F	0.08	0.18	1.60	0.008	0.001	2.53	0.72	0.011	0.024	0.46	809	845	22
G	0.08	0.25	1.60	0.008	0.001	2.52	0.72	0.012	0.022	0.55	823	861	22
H	0.08	0.16	1.57	0.008	0.002	2.55	0.74	0.018	0.025	0.72	802	853	22
I	0.08	0.38	1.69	0.008	0.002	2.50	0.71	0.031	0.016	1.94	851	902	22
J	0.09	0.45	1.69	0.008	0.001	2.48	0.70	0.033	0.016	2.06	850	902	22

由图 2-49 可知，随着含铝量的增加，焊缝中氧的含量减少，γ 晶粒尺寸增加。可以认为，这是由铝脱氧引起了焊缝中含氧量减少，相应的氧化性夹杂物的数量也减少，因而使抑制 γ 晶粒长大的钉扎效果减弱。由图 2-50 可以看出，当铝的加入量不大，γ 晶粒尺寸在 110μm 以下时，随着 γ 晶粒尺寸的增大，焊缝韧性呈上升倾向；当铝的加入量增大，γ 晶粒尺寸在 114μm 以上时，γ 晶粒尺寸虽然增大，焊缝韧性却明显下降，这时焊缝强度有明显升高。其原因是：含铝量低时其组织以上贝氏体为主，含铝量高时其组织以马氏体为主，它们的相变特性彼此不同。

为了进一步探求韧性变化的规律，采用了含铝量与含氧量之比（Al/O）这一参数加以分析，焊缝中 Al/O 与冲击吸收能量及 γ 晶粒尺寸的关系见图 2-51。由图 2-51 可以看得出，当焊缝中 Al/O 接近 0.46 时，韧性最高，低于或高于该值时，其韧性都会降低。因此，可以确定，Al/O 存在一个最佳的范围。在这个最佳范围内，焊缝的微观组织最细小，是微小的针状铁素体组织。进一步探究其根源，韧性最高是因为这个最佳比例条件下所生成的夹杂物以 Al-Mn 系的尖晶石型氧化物为主，它能促进针状铁素体的形核。在 Al/O 低的条件下，Al 的量不足，所生成的夹杂物是以 Si-Mn 系为主的氧化物；在 Al/O 高的条件下，Al 的量过剩，所生成的夹杂物是以 Al_2O_3 为主的氧化物，这两种类型的夹杂物，都不能促进针状铁素体形核，其组织中针状铁素体很少，因而韧性不高。由图 2-51 还可以看出，随着焊缝中 Al/O 的增加，γ 晶粒尺寸呈现稍有长大的趋势，但不明显。

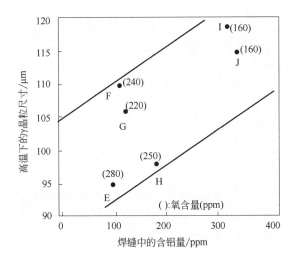

图 2-49　含铝量与 γ 晶粒尺寸的关系　　　　图 2-50　γ 晶粒尺寸与冲击吸收能量的关系

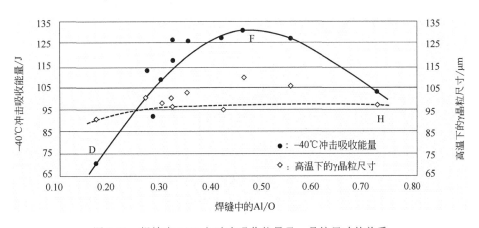

图 2-51　焊缝中 Al/O 与冲击吸收能量及 γ 晶粒尺寸的关系

（3）焊接方法的影响

　　分别采用埋弧焊、熔化极气体保护焊和钨极气体保护焊三种焊接方法进行测试，不同的方法其焊缝中的含氧量是不一样的，这也会导致 γ 晶粒尺寸的变化，测试结果见图 2-52。

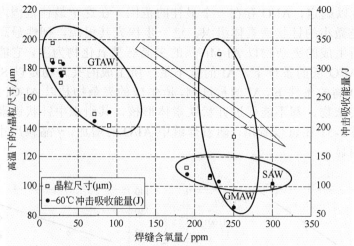

GTAW：钨极气体保护焊
SAW：埋弧焊
GMAW：熔化极气体保护焊

图 2-52　焊接方法与 γ 晶粒尺寸及低温韧性之间的关系

图 2-52 表明，焊接方法与 γ 晶粒尺寸存在如下关系，γ 晶粒尺寸增大后，焊缝韧性提高。

① 埋弧焊接时，随着焊缝中含氧量的增加，氧化性夹杂物增多，它所产生的钉扎作用增强，致使 γ 晶粒尺寸减小。随着含铝量的增加，焊缝中的含氧量减少，γ 晶粒尺寸增大。

② 钨极气体保护焊条件下，当焊缝中含氧量小于 100ppm 时，由于含氧量极低，γ 晶粒尺寸明显长大，焊缝韧性也显著提高。

③ 随着 γ 晶粒尺寸的增加，焊缝金属的韧性也增加，这是由于 γ 晶粒增大后，能促使晶内形核，生成晶内贝氏体或针状铁素体。

第三章
低合金钢焊接接头的裂纹与气孔

在低合金钢焊接结构中，出现最多的裂纹是冷裂纹，它经常出现在焊缝中，也出现在热影响区之内。日本的钢结构协会曾对桥梁和建筑行业中的裂纹事故做过统计，在 65 起裂纹事故中，焊接热裂纹占 10%左右，冷裂纹则占到 90%，且主要发生在刚性或拘束度比较大的丁字接头或十字接头中，特别是应力集中大的部位。冷裂纹有的出现在焊缝表面，有的埋藏在焊缝内部，有纵向扩展的，也有横向扩展的。裂纹的产生时间也各不相同，有的焊后很快出现，也有的要等上几小时或几天后才会出现，称其为"延迟裂纹"。

第一节
低合金钢焊接接头的冷裂纹

一、焊接接头的冷裂纹与断口形貌

1．纵向裂纹

它是沿着焊接方向扩展的裂纹，有的在焊缝表面上看得见，为表面裂纹；有的产生在焊缝根部，也有的出现在热影响区根部，在表面上不容易看到，又称内部裂纹。从裂纹存在的区域分类，可分为热影响区裂纹和焊缝裂纹，简介如下。

（1）热影响区裂纹

热影响区裂纹包括根部裂纹和焊趾裂纹，根部裂纹的形貌见图 3-1 下部，从图的右下端看，热影响区的根部裂纹起于根部的应力集中处，先在母材的近缝区中扩展，而后又拐入焊缝之中，最后再次进入母材的近缝区中。该类裂纹是在斜 Y 形坡口对接裂纹试验中最经常出现的。由于坡口的设计形式制造出了尖角，故使之产生大的应力集中，增大了裂纹敏感性。另外，母材的成分和冷却条件，如果导致了过热区产生淬硬组织，必将增大裂纹的敏感性，还有扩散氢的影响等。这几个条件的综合作用决定了裂纹的产生与否。

在图 3-1 的右上端看到的是焊趾裂纹，它产生在母材和焊缝交界处的应力集中部位，在热区内向板厚方向扩展，止于热影响区的外部边缘。焊趾裂纹的产生与根部裂纹的产生具有相似的因素，特别是出现咬边时，会使应力集中程度骤增，产生焊趾裂纹的敏感性更大。热影响区的根部裂纹和焊趾裂纹，都是沿着纵向扩展的裂纹，都属于冷裂纹。

图 3-1　热影响区裂纹

(2) 焊缝根部裂纹

见图 3-2，焊缝根部裂纹是从焊缝的根部向焊缝中扩展的，没有进入热影响区。这类裂纹的产生，主要与焊缝金属的成分及冷却速度导致的淬硬程度、扩散氢的含量等有关。为了观察焊缝的组织和裂纹走向，特将焊缝中裂纹的局部区域放大，如图 3-3 所示。由图可以看出，共存在三条裂纹，上面的一条又长又宽，端部有所变细变尖，裂纹沿晶界分布。下面的两条裂纹中，左端的粗大裂纹也是沿晶界分布，从变细的部位开始，裂纹在晶内扩展，横向穿过呈束状排列的马氏体板条，并终止于晶内；右端的细小裂纹倾斜地穿过呈束状排列的马氏体板条，终止于晶内的马氏体板条之间。它们都属于穿晶扩展的冷裂纹。

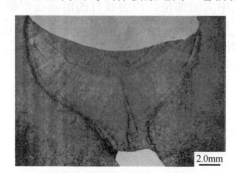 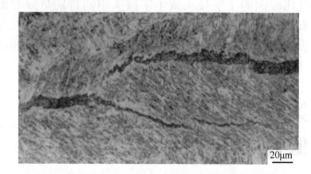

图 3-2　焊缝根部裂纹　　　　　　　　　　图 3-3　焊缝根部裂纹的局部放大

2. 横向裂纹

它是垂直于焊接方向扩展的裂纹，有的在焊缝表面上看得见，有的产生在焊缝内部。无论是焊缝表面还是内部存在的横向裂纹，在尺寸上都存在着很大差异。采用焊条电弧焊焊接高强度钢时，在多层焊的焊缝金属中经常碰到横向裂纹。如在板厚 20～25mm 的对接试板中（400mm×150mm 的两板对接），尽管是自由状态，仍然会出现横向裂纹。最严重的情况是出现数条平行排列的表面横向裂纹，两条裂纹之间的间隔大小不一，小的为几毫米（密集型），大的达几十毫米或更长（稀疏型），通常在焊满坡口后第二天就会出现。由于采用直流焊机，试板被磁化，在钢板表面撒上铁粉就会看到在裂纹处有大量铁粉聚集。有的表面无裂纹，裂纹存在于焊缝内部，在加工焊缝金属拉伸试样时，会从中间断开。有的焊缝金属拉伸试样因为有内部裂纹，将试样平行地掉落到水泥地板上时，听不到金属的脆亮响声，而是嘶哑声。这时稍加用力，可将试样横向折断，其断口上多半面积早已断裂，呈平坦断口。也有的焊缝金属拉伸试样因为有内部裂纹，被拉断后伸长率极低，不足 5%，在这些被拉断的断口上，能观察到平坦的脆断部分，它是一处极小的横向裂纹。

在埋弧焊接高强度钢时，也出现了焊缝金属横向裂纹，由于在焊缝内部，只可通过超声波探伤加以确认。产生裂纹的原因，一是焊缝强度高，碳当量会增大，在冷却速度较快的条件下产生淬硬组织；二是当采用碱度较高的焊剂时，焊缝中的扩散氢量增高，而允许的临界扩散氢量随着强度的提高而降低。还与接头型式有关系，T 形角接的焊缝三向散热，加大了冷却速度，与对接焊缝相比更易于产生裂纹。如果这几个条件组合在一起，就有出现横向裂纹的危险。为了再现大型结构上的裂纹，在试验室内进行了模拟试验。下面介绍试验中出现的横向裂纹位置、特征和断口形貌等。

（1）稀疏型横向裂纹

焊接试验采用双面开坡口的 T 形接头，正面焊满后从反面清根，再焊满反面的坡口，焊满后两侧基本对称。解剖内部裂纹时，沿图 3-4 示出的 A—A 剖面切开，它离开底板的距离是 5mm，已远离母材的热影响区，为正常的焊缝内部金属。解剖出的裂纹有两条，它们都垂直于焊接方向，处在靠近外边缘的焊道之中，是明显的横向裂纹，见图 3-5。其中的 1 号裂纹有一处近于垂直的折转，再折转后仍垂直于焊接方向。2 号裂纹无折转，宏观看呈直线扩展，且未进入其它焊道之内，它的微观形貌如图 3-6 所示。从放大后的裂纹形貌可以看出，裂纹的走向不呈直线，中间有多处折弯，裂纹也不是连续的，有几个部位是断开的，它是由几个裂纹源形成的微小裂纹串集而成的。这表明，焊缝中的横向裂纹具有不连续扩展的特点，为短程串接型裂纹。每一条微小裂纹独自扩展，曲折前行，各条裂纹的两个端部又细又尖，借此便于判断裂纹的始末。

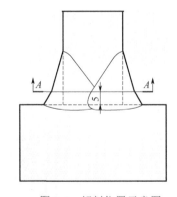

图 3-4 解剖位置示意图

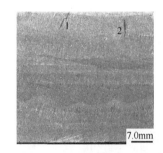

图 3-5 解剖截面上的裂纹位置

图 3-6 图 3-5 中的 2 号裂纹放大后的形貌

（2）密集型横向裂纹

与稀疏型横向裂纹的试验条件相同，在另外的位置上观察到了密集又平行排列的横向裂纹，如图3-7所示，在不足200mm长的焊缝内有10条裂纹。图上的颜色深浅不一，可以看出，颜色最深的焊道应是最靠近坡口根部的焊道，由于母材的稀释程度大些，焊缝中碳的含量增加，因而易于腐蚀，颜色变深了。可见随着含碳量的增高，焊道中的横向裂纹在增多，共有7条，其中该道焊内的5条裂纹扩展到边缘处就不再扩展了，可见，降低含碳量有助于阻止裂纹的扩展。跨越了两条焊道的裂纹扩展路径见图3-8，在下部的焊道内，横向裂纹基本上沿着焊缝的柱状晶方向扩展；在上部的焊道内，裂纹的扩展曲曲折折，好像是沿着粗大的过热区晶界转向，因为放大倍数低，看不清楚。跨越焊道的裂纹在交界部位并未连接起来，这从各自具有的尖细顶端就可以判断出来。很可能是焊缝中的重结晶区晶粒细化，有效地阻止了裂纹的连续扩展。

图3-9是裂纹两侧的组织形貌，它们都是先共析铁素体，是在原奥氏体晶界上首先生成的棒状或多边形的铁素体。由此可以确认，照片中的裂纹是沿原奥氏体晶界扩展的。

图3-10也是裂纹两侧的组织形貌，远离裂纹的左右两侧，是在原奥氏体晶界上生成的棒状或多边形的铁素体，也有侧板条铁素体，晶内为针状铁素体等条状组织。裂纹是在原奥氏体晶内扩展的，有的穿过了奥氏体相变后生成的板条组织，属于穿晶扩展。

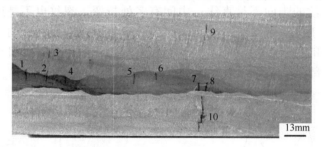

图 3-7　密集又平行排列的横向裂纹

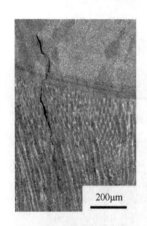

图 3-8　跨越焊道的裂纹

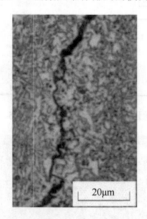

图 3-9　沿晶界的裂纹

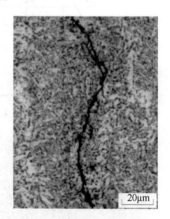

图 3-10　晶内扩展的裂纹

（3）横向裂纹的断口形貌

把上面解剖的裂纹断口放在扫描电子显微镜下观察时，裂纹的总体断口形貌如图3-11所示（上面的大图）。为了进行更微观的观察，选取不同的位置，分成（a）、（b）、（c）三个位置。从（a）的形貌上可以判断出，裂纹的起源位于右上角部位，起裂之后向左、左下及下方迅速扩展，断开性质属于氢致准解理断口。其特征主要表现在有撕裂脊和次生裂纹。撕裂脊是图中那些白色的线条状部分，经放大之后，如（b）那样，曲曲弯弯地围绕着每一个脆性断裂区，形成无数个大小不一的平面，有的大平面里边还有小平面。撕裂脊象征着发生了一定的塑性变形，氢脆导致的微裂纹与微裂纹之间是孤立的，在它们连接或串接起来时，将会产生一定的变形，这些变形部分连接起来形成撕裂脊。但是，较大面积的白色部分则为剪切断裂区，不同于撕裂脊，如（c）所示。它的中部有一片倾斜的白色地带，具有很明显的塑性变形，它是在剪切断裂条件下生成的属于延性断裂。二次裂纹即图中的黑色条状物，它位于较大脆性断裂面的外围某个局部。在放大后的（b）和（c）中更具有裂纹形貌特征，它与主裂纹面垂直，沿着脆性断裂区的周边向垂直方向扩展，次生裂纹较为短小。

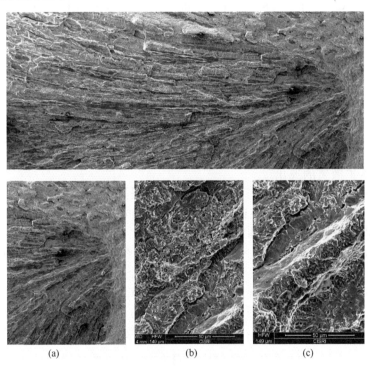

图 3-11　横向裂纹断口的扫描电子显微镜形貌

二、氢的扩散行为及对冷裂纹的影响

1. 氢的扩散行为

　　焊接过程中氢从电弧气氛进入熔池，在冷却过程中有一部分扩散氢从凝固的焊缝中逸出，尚未逸出的扩散氢会在焊缝中引起氢脆、延迟裂纹等，导致结构产生低应力断裂，给安全带来极大隐患；还有一部分不扩散的氢留在焊缝中，称为残余氢。为了降低焊缝中的扩散氢量，各国都在研究开发低氢和超低氢型焊接材料。在研发低氢、超低氢型焊接材料的同时，深入研究了焊缝中氢的扩散行为，包括氢在冷却过程、后热保温过程及室温下的逸出行为，掌握其扩散规律，并通过采用相应的施工措施来加速扩散氢的逸出，会有效地降低焊接结构中的扩散氢数量，预防或避免焊接裂纹等缺陷的产生。

　　在研究氢的扩散行为时，需要选用精确的测氢方法。据相关文献介绍，水银法测氢具有高的准确度，可以显现出扩散氢的逸出行为；气相色谱法的准确度与水银法相近，并可采用较大尺寸的底板；甘油法的准确度很低，不能显现出扩散氢的逸出行为。基于此，本试验在室温下测氢时，采用了水银法和气相色谱法；在较高温度下（100～250℃）测氢时，为避免水银蒸气对人身带来的危害，只采用气相色谱法；在高温下（450～950℃）测定残余氢量时，采用的是真空热抽取法。

试验用焊条的熔敷金属化学成分列于表 3-1。测氢用的底板为低碳钢板，板厚 10mm 或 12mm，焊条直径 4mm。试验规程按照《熔敷金属中扩散氢测定方法》（GB/T 3965）的相关规定进行。

表 3-1　试验用焊条的熔敷金属化学成分（质量分数）　　　　　　　%

焊条牌号	C	Si	Mn	Ni	Cr	Mo
J507	0.10	0.50	0.90	—	—	—
J607	0.07	0.30	0.95	0.50	—	0.25
J707	0.07	0.24	0.81	1.33	0.37	0.40
J807	0.05	0.30	1.35	2.00	—	0.40
J907	0.05	0.27	1.50	2.30	0.55	0.50
A307	0.10	0.80	2.10	24.0	13.0	—

（1）常温下扩散氢的逸出

常温下的试验分为两组。第一组是单道焊接，采用水银法测氢，焊后将试样水冷，按照测氢方法的规定进行操作。该试验采用了三种不同成分的焊条（J507、J907 和 A307）进行比较，常温下扩散氢的逸出曲线见图 3-12。第二组是多道焊接，采用气相色谱法测氢，底板尺寸较大（12mm×25mm×40mm），开有 U 形坡口，在坡口内分别焊接 1～4 道，采用 J907 焊条。冷却条件分两种：一是焊后立即水冷，把试样表面的水分用吹风机吹干后再焊接下一焊道；二是焊后在铜夹具中空冷到 150℃，然后淬水，吹干后再焊接下一焊道。随着焊道数量的增多，焊缝厚度增大，扩散氢的逸出路径增长。两种冷却条件和不同焊道数下的扩散氢量列于表 3-2，多道焊条件下扩散氢的逸出曲线见图 3-13。

表 3-2　多道焊时不同冷却速度条件下的扩散氢含量

冷却条件	焊道数	焊缝厚度	焊接总时间/s	冷却总时间/s	扩散氢量/（mL/100g）
水冷	1	2.67	12.7	0	4.63
	2	4.64	25.3	0	4.14
	3	6.60	41.3	0	3.91
	4	9.17	60.7	0	3.87
空冷	1	3.54	13.3	273	3.95
	2	5.83	25.3	483	3.81
	3	7.45	36.7	687	3.61
	4	9.30	53.3	886	3.34

由图 3-12 可以看出，在铁素体型焊缝（J507、J907）中，氢的逸出速度在前 10h 内最快，以后逐渐变慢，24h 后氢的逸出量明显减少。多次的统计结果表明，室温下前 24h 内逸出的氢量约占扩散氢总量（指 96h 内收集的氢量）的 70%左右，48h 达到 85%左右，72h 可达到 95%左右。另外，焊缝中合金含量不同，逸出速度也不同，合金含量越高，氢的逸出速度越低。通过计算氢的逸出速率得知，焊后 3h J507 焊缝中氢的逸出量达氢总量的 38%，而 J907 的逸出量只有 29%。氢在室温下的逸出速度对延迟裂纹的产生有着重要

影响。合金含量低的焊缝，氢的逸出速度较快，允许的临界氢量较高，故氢致裂纹的延迟时间较短。超过某一时间之后，未逸出的氢量低于临界氢量，这时将不再产生延迟裂纹。对于合金含量高的焊缝，氢的逸出速度较慢，允许的临界氢量较低，在较长时间内焊缝中的氢量仍高于临界氢量，故氢致裂纹的延迟时间增长，产生氢致裂纹的危险性增大。

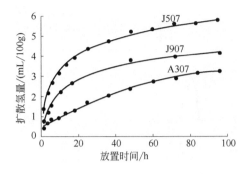

图 3-12　室温下扩散氢的逸出曲线

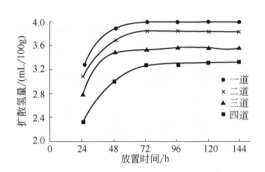

图 3-13　多道焊时扩散氢的逸出曲线

在奥氏体型焊缝（A307）中，前 10h 内扩散氢的逸出速度要比铁素体型焊缝偏低，而 24h 后甚至 48h 后才有较高的逸出速度，这可能与氢的扩散进入热影响区有关系。液态时氢的溶解度最大，凝固过程中氢除了进入焊缝之外，还有部分进入热影响区。当固态焊缝变成奥氏体后，它具有很大的氢溶解度，焊缝中不会有氢扩散来。而热影响区（低碳钢）属于铁素体，氢的溶解度很小，过饱和的氢会逐渐扩散出来。实践中有这样的事例，当进行不锈钢衬里堆焊时，在低合金钢基体（铁素体、贝氏体或回火马氏体）的热影响区中有时产生"剥离"裂纹，这可以从本试验测出的奥氏体焊条中逸出的扩散氢来加以解释。

由表 3-2 可知，随着焊道数的增加，焊缝厚度增大，总的焊接时间增加，采用空冷时总的冷却时间增长，但比较而言，焊缝中的扩散氢量变化不明显。尽管空冷时较水冷时扩散氢量稍有降低，却仍处在相近的水平上。这说明多道焊时，焊缝中的氢不仅有向外逸出的过程，也有一个向内溶解的过程，即后续焊道中过饱和的氢向先焊焊道中扩散，形成所谓的累积现象。从图 3-13 也可以看出，随着焊道数增多，氢的逸出时间延长。以曲线变成水平线表示氢充分逸出，那么，焊一道时氢在 72h 充分逸出，焊三道时需 96h，焊四道时需 120h 才能充分逸出。扩散氢的逸出时间增长，会增加延迟裂纹的危险性，再考虑到焊接残余应力的增加等，多道焊时应采用更为严格的措施，如预热、后热处理等，方可预防氢致延迟裂纹的产生。

（2）高温下扩散氢的逸出

高温下扩散氢的逸出试验也分为两组，一组是冷却过程中氢的逸出，另一组是水冷后再在 100~200℃保温过程中氢的逸出。冷却过程中的试验包括三种冷却条件：一是焊后立即将试样放入水中；二是在铜夹具中强制冷却，冷至 150℃ 时放入水中；三是在空气中自然冷却，冷至 150℃ 再放入水中。经测定，采用铜夹具强制冷却时，从熄弧到 150℃ 的冷却时间为 48~72s；空冷时，从熄弧到 150℃ 的冷却时间为 360~600s。试验用焊条为 J907 和两种含氢量相差较大的 J507A 和 J507B 焊条，不同冷却条件下的扩散氢逸出曲线如图 3-14 所示。

为了测定在 100~200℃保温过程中氢的逸出曲线，利用特制的加热保温炉，氮气载流，借助气相色谱仪在各温度下（100℃、150℃和200℃）每隔10min测定一次扩散氢的逸出量，至读数接近零为止。试验采用J907焊条，不同温度下扩散氢量及其相关数据列于表3-3，高温下扩散氢的逸出曲线见图3-15。

表3-3　扩散氢量及其相关数据

加热温度/℃	逸出氢总量/mL	逸出总时间/min	焊缝质量/g	扩散氢量/（mL/100g）
100	15.48	230	4.081	3.79
150	20.54	130	4.319	4.76
200	14.12	90	4.450	3.17

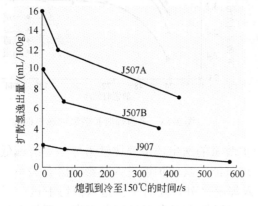

图3-14　不同冷却速度对扩散氢逸出量的影响　　　图3-15　高温下扩散氢的逸出曲线

由图3-14可以看出，随着冷却速度的减小，测得的扩散氢逸出量逐渐减少，空冷条件下扩散氢的逸出量约为水冷条件下的30%～50%。如果进一步降低冷却速度，测得的扩散氢逸出量会更低。因此，为了避免出现氢致冷裂纹，采取工艺措施来降低焊后的冷却速度是十分有效的。常用的措施有提高热输入量、采取预热并保持相应道间温度等，这些措施已在实践中得到了验证。

表3-3的数据表明，加热温度在100～200℃范围内变化时，测出的扩散氢量有一定程度的波动，这可能与试验操作上的不熟练有关，但本试验的波动还是可以接受的。由此可知，测氢试验既可在常温下进行，也可在200℃以下的任一温度进行。需要注意的是，随着温度的降低，氢的逸出时间需要增长，否则不足以使扩散氢充分逸出。按图3-15的曲线，加热100℃时，10 min的最大氢逸出量为0.045L/100g，总共用了4h才没有扩散氢再逸出；加热到150℃时，扩散氢的逸出速度成倍增长，10min的最大氢逸出量达0.22L/100g，只需2h即不再有氢逸出；加热到200℃时，扩散氢的逸出速度还在增大，但已经趋缓。目前，在国际上已有采用150℃左右测氢的先例，苏联开发的气相色谱法测氢试验，其加热温度是140～150℃，逸出时间为1～2.5h。在国际标准ISO 3690-2000（E）中有如下表述：为了缩短氢的逸出时间，必须加热焊缝试样。例如，加热到45℃时，三天可以结束试验；如果在150℃则需6h。该试验结果，加深了人们对后热处理工艺措施的认识，为了让焊缝中的扩散氢尽快逸出，采用150～200℃以上的后热处理是很有效果的。随着加热温度的提高，保温时间可以缩短；随着板厚的增加或焊道数的增多，扩散氢逸出的时间逐渐增长，后热处理的保温时间必须相应增加。

（3）残余氢的释放及影响因素

焊缝中的氢通常分为扩散氢和残余氢两种，扩散氢以原子状态存在，室温下具有很强的扩散能力；在扩散氢逸出结束后，焊缝中将会残留一部分氢，这就是残余氢。在室温下残余氢以分子或化合物状态存在，不能扩散，故释放不出来。要测定残余氢量就要把试样加热到高温，不同加热温度下（均保温 30min）测出的残余氢量见图 3-16。可以看出，加热温度低于 450℃时，释放出来的氢很少，不超过 0.06mL/100g；当加热温度达到 850~950℃时，释放出的氢量在 0.5mL/100g 以上，在此范围内加热温度的变化对氢量已影响不大。故采用 850~950℃加热来测定残余氢量是可行的。有关参考文献中则提出，大约 400℃以上，残余氢会显著分解和释放，在 650℃下，保温 30min 可以得到总氢量的分析结果，包括扩散氢和残余氢。为了弄清影响残余氢变化的因素，进行了如下三方面的试验。

① 组织和硬度对残余氢的影响。先采用同一成分的焊条（J707）焊接，焊后分别进行水冷和空冷；而后采用不同成分的焊条（J507、J607 和 J907）在同样的条件下焊接，焊后水冷；分别测出这几种焊缝的硬度和残余氢量，并在金相显微镜下观察焊缝组织，结果列于表 3-4。可以看出，组织和硬度值对残余氢量有一定影响。组织是马氏体时残余氢量明显增加；组织为铁素体加贝氏体时残余氢量减少。另外，随着硬度的增加残余氢量也在增加，这种硬度的变化与组织上的变化有关系。

表 3-4 焊缝组织和硬度对残余氢量的影响

试验项目	J707		J507	J607	J907
冷却方式	空冷	水冷	水冷	水冷	水冷
焊缝组织	F+B	M	F+B	F+B	M
硬度值（HV5）	240	383	267	339	380
残余氢量/（mL/100g）	0.76	1.20	0.56	0.85	1.17

注：F—铁素体；B—贝氏体；M—马氏体。

② 焊缝含氧量对残余氢量的影响。碱性焊条含氧量低，酸性焊条含氧量高，分别采用碱性焊条和酸性焊条进行试验，同时测定焊缝中氧的量和残余氢的量，结果示于图 3-17。

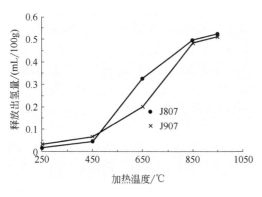

图 3-16 残余氢的释放曲线

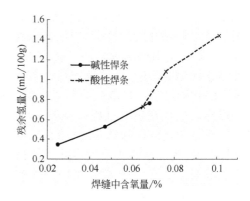

图 3-17 含氧量与残余氢量的关系

由图 3-17 可知，随着焊缝中含氧量的增加，残余氢的量也增加。焊缝中的氧通常以 SiO_2、FeO、TiO_2 等氧化物夹杂形式存在，故残余氢与氧量之间的关系可归结为残余氢与夹杂物数量及形态之间的关系。夹杂物和铁素体基体的线胀系数不一样，再加上其周围的应力应变场作用，会在两者的交界处生成孔洞和位错，成为有效的氢陷阱区域。有研究指出，随着钢中 S 和 O 含量的增加，即夹杂物数量的增加，残余氢量相应增加；在同样的夹杂物含量下，氧化物夹杂的陷阱作用明显强于硫化物夹杂。尽管残余氢不是人们重点研究的对象，但是文献中的一句话 "残余氢不会影响焊件裂纹，除非在随后的焊道中它重新进入电弧被转换成扩散氢"，应给人们留下深入的思考。当采用熔化焊方法焊接残余氢量高的材料时，如焊接修复已运行过的加氢反应器，其内壁等的残余氢量可能很高，但这些残余氢会不会带来危险，这类问题值得今后去观察和认识。

③ 扩散氢量对残余氢量的影响。采用同一种焊条，分别在不同温度下烘干，先用水银法测定扩散氢含量；再将试样在室温下放置一个月左右，让剩余的扩散氢充分逸出；最后采用真空热抽取法测定残余氢量（加热至 900℃）。测试结果表明，焊缝中的扩散氢量随着烘干温度的提高而逐渐减少，如 J507B 焊条，在烘干 300℃、350℃ 和 400℃ 条件下，扩散氢量分别是 9.1mL/100g、7.7mL/100g 和 7.2mL/100g。但是，残余氢量基本没有变化，在这三个烘干温度下均为 0.5～0.7mL/100g，可见扩散氢量的高低对残余氢量没有影响。

2．扩散氢在焊缝厚度方向的分布及临界氢含量

（1）扩散氢在厚板焊缝中的分布

单层焊接时，焊缝中的扩散氢有一部分从表层逸出，一部分扩散迁移进入母材的近缝区，最后留在焊缝中的扩散氢是较低的，只有处在应力水平高的情况下才可能诱发出裂纹。但是，在厚板多层多道焊接时，在焊缝金属中却容易产生横向裂纹。其原因在于，随着焊层的增加，尽管每一单层中的含氢量并不高，然而它可以逐层累积进入下一层焊道中，使后焊的焊道内扩散氢量逐渐增高，甚至成倍地增加。这方面的理论计算和实测得到的结果是一致的，见图 3-18。该图是神户制钢所在技术交流的文献中提供的，其原始试验条件如下：试验中用的母材是 280mm 的 2.25Cr-1Mo 钢板，在 280mm 厚的母材上机加工 150mm 深的 U 形坡口，剩余的厚度是用来限制由焊接造成的角变形和纵向变形。焊丝与母材同一成分系，焊剂为 PF200。焊剂要在烘箱内 200～250℃ 下烘干 1h，然后放置在 30℃、相对湿度 80% 的环境中 20h 以上，最后 10 层用的焊剂要放置 24h。采用直流反极性多层埋弧焊接，每层焊两道，焊接热输入为 39kJ/cm，层间温度和预热温度一样，都为 150℃，前后两道焊之间的时间固定为 10min。最后一道焊完并冷却到 150℃ 以后，按升温速率 100℃/h，将试板加热至 300～315℃，放置 30min，进行所谓的 "低温焊后热处理（LTPWHT）"。扩散氢的测量按如下进行：选取 300mm 长的试板，焊后经水冷、切割、取样，试样在锯断过程中需要采用干冰保护，以保持在冷的环境下进行。扩散氢测量采用气相色谱法，保持 72h 读数。

图 3-18 为焊接接头厚度方向上，扩散氢分布的计算值和实际测量值。图中的圆圈代表实测数据，共 5 个位置，用虚线连接；其余三条曲线是计算值，用实线连接。其中曲线上标出的 $t=1.0Hr$ 和 $t=0.5Hr$ 表示在 300℃ 的保温时间分别为 1h 和 0.5h；LTPWHT 前则表示焊后未进行低温焊后热处理。实测数据的低温焊后热处理条件是在 300℃ 保温 0.5h。

由图 3-18 可以得知，计算值和实测值基本吻合，同在 300℃ 保温 0.5h 的条件下，计算出的扩散氢量稍高，这与实测过程中扩散氢的逸出不无关系。这样的计算方法又简便又可信，值得推广。低温焊后热处理对降低焊缝中的扩散氢量效果明显，在 300℃ 保温

1h,可降低扩散氢约 30%,值得在施工时采用。从图中的几条曲线峰值可以确认,在 150mm 厚的焊缝中,扩散氢最高的部分,位于焊道表面下 15~25mm 的区域,这里最容易产生冷裂纹,且是内部裂纹。它在垂直于焊缝的方向上分布,视应力状态而定。横向裂纹可以只存在于表层下焊缝金属中,也可以扩展到焊缝表面;它可以只限于在焊缝金属内,也可以扩展到近缝区中。

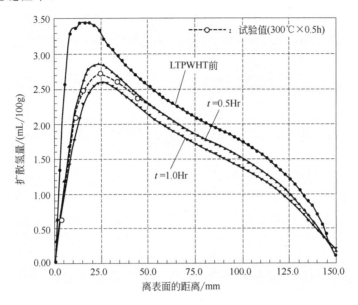

图 3-18　理论计算和实测的扩散氢在厚板焊缝中的分布

(2) 临界氢含量与最大硬度的关系

在焊缝氢致裂纹的学说中,有一种叫空穴氢压脆化说,认为是扩散氢进入金属的点阵缺陷后,充塞于空穴之中的原子氢结合成分子氢。当压力增加到使空穴周围的金属承受超负荷时,金属即发生脆化。为使空穴成长,必须有氢原子持续地向空穴中扩散。在应变的作用下,空穴相连而形成微裂纹,使脆化了的金属发生开裂,即所谓"氢致裂纹"。裂纹的产生与否,取决于是否达到临界氢含量。当氢含量低于临界含量时,只要拉应力低于强度极限,孕育期将无限延长,实际上不会产生裂纹。

图 3-19 所示的是不同材料的临界扩散氢浓度及最大硬度与焊接裂纹的关系,数据来自日本神户制钢所的内部资料《大厚板埋弧焊接头裂纹试验》一文。文章介绍,对于 2.25Cr-1Mo 钢和 3Cr-Mo 钢,横向裂纹出现在焊缝中;对于 Mn-Ni-Mo 钢,裂纹出现在热影响区,因为热影响区的硬化比焊缝金属高;如果母材金属偏析严重的话,热影响区硬度会增加,因而临界扩散氢将进一步降低。试验还得知,在靠近熔合线的热影响区,可以认为扩散氢浓度与焊缝处一样,只要在硬度方面没有太大的不同,焊缝和热影响区的冷裂倾向是一样的。在多道焊的条件下,焊缝硬度在厚度方向上可能有急剧波动,这是因为后一道焊缝对前一道焊缝有重新加热的作用。对于热影响区,最大的硬度出现在最后一焊道的熔合线附近;远离最后一焊道的区域,硬度比较低,也是因为后一焊道促使前一焊道回火或晶粒细化。但是,有的较高硬度值在厚度方向上或周期性或偶然性地出现,这是因为焊缝的熔深大,以致不能全部受到后一焊道的加热作用。

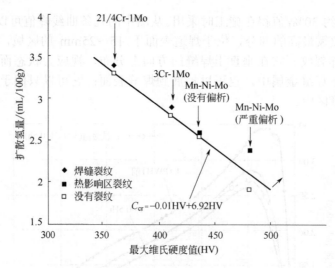

图 3-19　扩散氢浓度和硬度值对横向裂纹的影响

由图 3-19 可以看出，临界扩散氢含量与最大硬度呈反比。不论是焊缝还是热影响区，随着硬度的提高，临界扩散氢浓度降低。它们之间的关系式是：$C_{cr}=6.92HV-0.01HV$。

通常，Ni-Cr-Mo 钢的热影响区硬度比焊缝高，当扩散氢量超过临界含量时，会在热影响区中产生冷裂纹。而对于 2.25Cr-1Mo 钢及 3Cr-1Mo 钢等，由于它的焊缝硬度高于热影响区，所以当扩散氢量超过临界值时，裂纹则出现在焊缝之中。扩散氢量的临界值是应予关注的。

概括起来：①不论是单道焊还是多道焊，扩散氢的逸出量相差不多；但氢逸出所需的时间，随焊道数的增多而增长；随着合金含量的增加，扩散氢的逸出速度降低。采用奥氏体焊材焊接铁素体钢时，也有氢扩散出来。②焊接后冷却速度越慢，冷却过程中逸出的氢越多，测出的氢量越少；在 100～200℃ 范围内保温时，保温温度越高扩散氢逸出越快，全部氢量逸出所需要的时间越短。这对实际施工中预防氢致裂纹有指导意义。③残余氢是在加热到 650℃ 以上释放出来的氢，它随焊缝中含氧量的增加而增加，也与焊缝的组织和硬度有关，但与扩散氢量的多少无关。④临界扩散氢量与焊接区的最大硬度或强度值呈反比。

3．预防焊接冷裂纹的措施

焊接低合金钢时，冷裂纹是经常出现的，是广大焊接技术人员最为关心和重视的问题之一。冷裂纹的出现是因为接头局部位置的塑性不足以承受当时发生的应变，否则不会产生裂纹。影响应变的根本因素是拘束度（它与板厚等有关）；塑性降低的根本原因是致脆因素的作用，包括氢致脆化和相变组织产生的脆化。这些方面的因素构成了冷裂纹的三要素。有学者把它们的影响综合在一起，称其为冷裂纹敏感指数，用 P_w 或 P_c 表示，其表达式如下：

$$P_w=Pcm + H_D + R_F/400000（\%）\quad 或\quad P_c = Pcm + H_D + h/600（\%）\qquad (3-1)$$

式中，Pcm 相当于钢的碳当量水平，%，也称为冷裂纹敏感因子；H_D 表示用甘油法测出的扩散氢含量，mL/100g，如果是气相色谱法测定，$H_D=0.79H$（色谱）-1.73；R_F 代表拘束度，N/（mm・mm），$R_F≈700h$；h 代表板厚，mm。

$$Pcm = C+ Si/30 + Mn/20 + Cr/20 +Cu/20 + Ni/60 + Mo/15 +V/10 +5B \qquad (3-2)$$

有研究得出，为了防止产生冷裂纹，对于低合金高强度结构钢而言，希望 $P_w<0.3\%$。

须要指出的是，有时候三要素中可能是其中一个或两个因素起主要作用，其余的起辅助作用。但是，三个因素的作用不能孤立地看待，而是互相影响的。例如，钢的成分决定奥氏体相变的产物，影响到了 Pcm；马氏体的存在增强了氢脆敏感性，也会降低临界扩散氢的含量；马氏体相变的比容变化会产生相变应力，从而增大了拘束应力。应力的集中则促使氢扩散聚集，在位错集结处易达到临界浓度而形成裂纹。因此，为了防止冷裂纹，从根本上讲，必须减少淬硬组织和降低扩散氢的浓度，同时尽可能降低拘束应力。对于这几个方面而言，预热是最有效的工艺措施，这也正是焊接施工参数中必须规定预热温度的原因。如果钢的成分或强度太高，拘束条件又苛刻，而太高的预热温度则不利于焊工操作，这时可辅以焊后脱氢处理，也称后热处理，即在焊接结束后立即加热到 200～300℃，并保温 1～3h，让焊缝中的扩散氢尽可能逸出。焊接材料的烘干与保管，则着眼于控制扩散氢的来源，是降低扩散氢浓度最有效、最可行的措施。已经烘干的焊条应放入手提式保温筒中存放，保温筒的温度可控制在 120～150℃，把它放在身边，随用随取，可有效地防止吸潮。另外，注意清理焊接坡口中的油污、脏污、锈迹和水分等。施工现场的大气温度和湿度也应给予充分重视，对于重要产品是有必要加以限制的，以防焊材吸潮和空气中的水分进入电弧氛围。日本有报道，限定施工工地的大气绝对湿度＜3.74kPa，相当于温度为 30℃时，相对湿度＜80%。在焊接规范方面，也应尽可能降低焊接过程中的冷却速度，特别是厚板焊接或拘束度大的部位，更要有可靠的施工措施。

概括起来：

① 低合金钢的焊接结构中，出现最多的是焊接冷裂纹，有时也出现热裂纹。

② 热影响区的根部裂纹往往起于根部的应力集中处，焊趾裂纹多产生在母材和焊缝交界处的应力集中部位。焊缝根部裂纹的产生主要与淬硬程度、扩散氢的含量等有关。

③ 在多层焊的焊缝金属中经常碰到横向裂纹，焊缝表面和内部都可能产生横向裂纹，这又有稀疏型和密集型裂纹之分。有的裂纹是沿原奥氏体晶界扩展的，有的是通过原奥氏体晶内扩展的，穿过了奥氏体相变后生成的板条马氏体等组织，属于穿晶扩展。

④ 焊缝中的横向裂纹多为氢致准解理断口，其特征主要表现在有撕裂脊和二次裂纹。

三、原材料及存放条件对扩散氢的影响

1. 药皮用原材料的影响

（1）萤石含量的影响

由图 3-20 可以得知，随着萤石含量的增加，熔敷金属扩散氢含量先是减少，超过 10% 以后又逐渐增加，而后再呈下降趋势。值得注意的是：随着萤石含量的增加，氧的含量逐渐减少，锰及硅的含量逐渐增加。

（2）氧化硅含量的影响

由图 3-21 可以看出，随着氧化硅含量的增加，熔敷金属扩散氢含量明显减少，同时锰的含量逐渐减少，氧及硅的含量逐渐增加。

（3）云母含量的影响

由图 3-22 可以看出，随着云母含量的增加，熔敷金属扩散氢的量明显增加。这是因为云母中含有大量的结晶水。

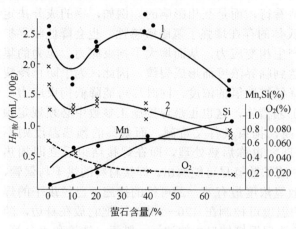

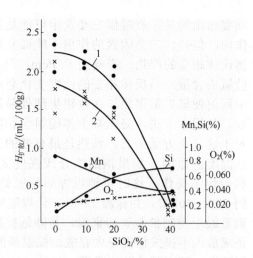

图 3-20　药皮中萤石数量对熔敷金属
扩散氢含量的影响

1—在 400℃烘干；2—在 500℃烘干

图 3-21　药皮中氧化硅含量对熔敷金属
扩散氢含量的影响

1—在 400℃烘干；2—在 500℃烘干

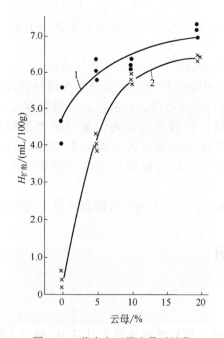

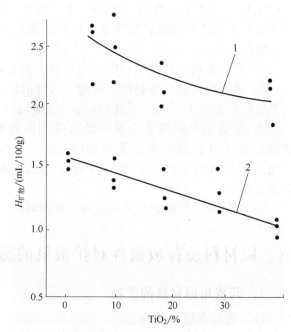

图 3-22　药皮中云母含量对熔敷
金属扩散氢含量的影响

1—在 300℃烘干；2—在 500℃烘干

图 3-23　药皮中二氧化钛含量
对熔敷金属扩散氢含量的影响

1—空气的绝对湿度为 9.2g/m³；2—空气的
绝对湿度为 5.7g/m³

（4）二氧化钛含量的影响

由图 3-23 可以看出，随着二氧化钛含量的增加，熔敷金属扩散氢的量稍有下降的趋势。

（5）碳酸镁含量的影响

图 3-24 下面的横坐标是碳酸镁的数量，上面是二氧化钛的数量，这表明，增加碳酸

镁的量，可相应减少二氧化钛的含量，其他组分的量保持不变。试验结果表明，随着碳酸镁含量的增加，熔敷金属中扩散氢的量减少，CO、CO_2 的含量增加，气体总体积明显上升，这可能导致熔池沸腾强烈。为此，可以相应增加钛、铁等强脱氧剂的数量。

（6）硅氟酸钠含量的影响

从图 3-25 中可以看出，随着硅氟酸钠含量的增加，熔敷金属扩散氢的量逐渐下降。

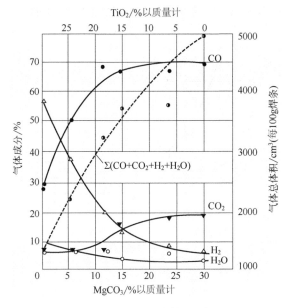

图 3-24　碳酸镁含量对熔敷金属析出气体
成分及总体积的影响

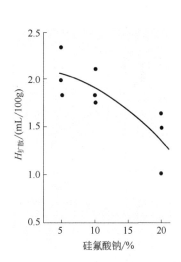

图 3-25　药皮中硅氟酸钠含量对熔敷
金属扩散氢含量的影响

（7）氟化钠含量的影响

由图 3-26 可知，随着氟化钠含量的增加，熔敷金属扩散氢的量基本不变，稍有增加之势。

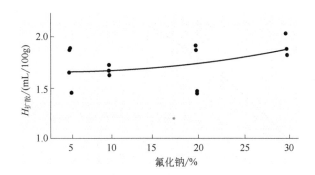

图 3-26　药皮中氟化钠含量对熔敷金属扩散氢含量的影响

综上结果，焊条药皮组成对熔敷金属扩散氢含量有着举足轻重的作用，萤石及二氧化硅的作用很明显，氟化钠及二氧化钛的作用则不大。可见，同是氟化物或氧化物，其效果差别明显，应慎重对待。碳酸镁有降氢作用，碳酸钙也应具有降氢作用。当然，白云石是这两种碳酸盐的复合物，也会有降氢作用。另外，硅氟酸钠有降氢效果，应予采用。云母等硅铝酸盐，因为含有较高的结晶水，使用前应该采用高温焙烧等措施，进行脱水处理。

2. 保存条件等对扩散氢含量的影响

（1）焊条烘干温度的影响

分别测定了低碳钢焊条和高强度焊条的熔敷金属扩散氢含量，随着焙烘温度的上升，它们的扩散氢含量都逐渐下降。焙烘温度越高，扩散氢含量越低，如图 3-27 所示。

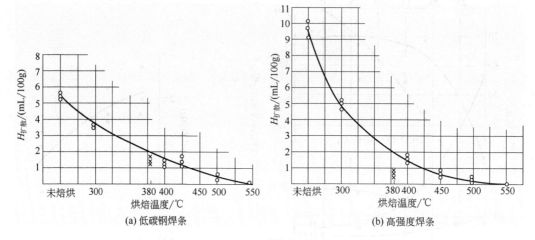

(a) 低碳钢焊条　　　　　　　(b) 高强度焊条

图 3-27　焊条焙烘温度对熔敷金属扩散氢含量的影响

（2）焊条存放时间的影响

随着焊条存放时间的增加，焊条药皮会吸收大气中的水分，空气相对湿度越大，吸收水分越多，导致熔敷金属的扩散氢含量增加，如图 3-28 所示。

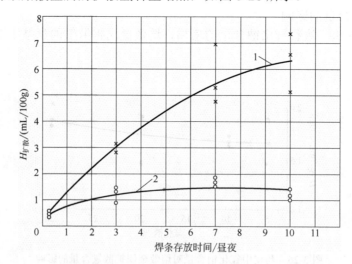

图 3-28　焊条存放时间对熔敷金属扩散氢含量的影响（高强度焊条）

1—空气相对湿度 85%～95%，温度 10℃；2—空气相对湿度 45%～55%，温度 18～20℃

（3）季节变化或湿度变化的影响

季节变化对熔敷金属扩散氢含量的影响是很明显的，如图 3-29 所示，特别是夏季，即三伏天，吸潮最为严重，导致熔敷金属扩散氢含量急剧增加，冬天就不怎么增加了。

同样，空气湿度越大吸潮越严重，如图 3-30 所示，在 7～8 月份时，绝对湿度超过 1.8g/m^3，这时扩散氢含量超过了允许氢含量，它会导致焊缝中出现冷裂纹，或叫氢致裂纹。

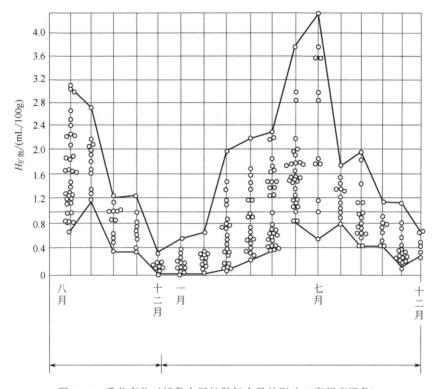

图 3-29　季节变化对熔敷金属扩散氢含量的影响（高强度焊条）

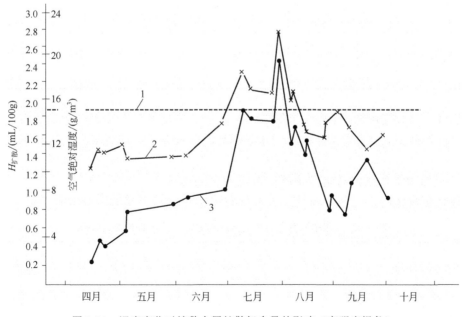

图 3-30　湿度变化对熔敷金属扩散氢含量的影响（高强度焊条）
1—允许含氢量；2—空气的绝对湿度；3—氢的含量

3. 气体保护焊焊丝及保护气体的影响

（1）气保焊焊丝表面处理及保护气体露点的影响

表面处理及气体露点对熔敷金属氢含量的影响见图3-31。

试验采用了三种表面处理方法，带润滑油的焊丝是未进行表面处理的焊丝，它的扩散氢含量最高；镀铜焊丝是最经常用的表面处理方法，具有明显的降氢效果；真空处理的焊丝效果最好，扩散氢含量最低，在特殊情况下可以采用该方法。不管哪一种表面处理方法，扩散氢含量都与保护气体露点有直接关系，气体的露点越低，扩散氢含量也越低。

（2）保护气体成分对熔敷金属扩散氢含量的影响

气体保护焊接时，保护气体成分对熔敷金属扩散氢含量的影响见表3-5。

表3-5 保护气体成分对熔敷金属扩散氢含量的影响

焊丝牌号	混合气体成分	焊接规范		含氢量 $H_{扩散}$/（mL/100g）
		$I_{焊}$/A	$U_{弧}$/V	
06Cr2Mo ϕ1.0mm	100%Ar 短弧	190	25	1.1
	100%Ar 长弧	140	27	0.46
08CrMn2SiMo ϕ1.0mm	100%Ar 短弧	160	25	0.61
	100%Ar 长弧	110	27	0.14
08CrMn2SiMo ϕ1.0mm	90%Ar+10%O2	180	25	5.7
		280	35	7.7
08CrMn2SiMo ϕ1.0mm	100%Ar 95%Ar+4%O2 90%Ar+10%O2	220 220 220	30 30 30	0.61 2.4 5.1
08CrMn2SiMo	100%Ar 97%Ar+3%O2 95%Ar+5%O2 90%Ar+10%O2	190~200	28~29	2.8 5.5 7.4 7.2
08CrMn2SiMo	100%CO2 90%CO2+10%O2 80% CO2+20%O2 70% CO2+30%O2	—	—	1.0 0.32 1.1 1.4

由表3-5的数据可知，100%Ar保护时扩散氢含量最低，在纯氩中加入氧后，扩散氢含量增加，氧越多，扩散氢越多。在100%CO2保护条件下，加入氧后，扩散氢含量变化不大。

（3）气瓶中氩气压力对熔敷金属扩散氢含量的影响

气体保护焊接时，气瓶中氩气压力对熔敷金属扩散氢含量的影响见表3-6。

表3-6 气瓶中氩气压力对气保焊熔敷金属扩散氢含量的影响

焊接方法	焊接规范		瓶内氩气压力（大气压）	含氢量/（mL/100g）
	$I_{焊}$/A	$U_{弧}$/V		
熔化极氩弧焊	190~200	28~29	150	0.35
焊丝 C$_B$.08CrMn2SiMo ϕ1.0mm			10	2.2

续表

焊接方法	焊接规范		瓶内氩气压力（大气压）	含氢量/（mL/100g）
	$I_焊$/A	$U_弧$/V		
非熔化极氩弧焊	300	20	150	0.4
由 Cr_2Mo 钢制成条状作填充丝			5	1.1

注：1大气压≈0.1MPa。

可以看出，不论哪种焊接方法，气瓶中氩气的压力越高时，熔敷金属中扩散氢的量越低。

4. 焊缝中氧含量对扩散氢的影响

焊缝中氧含量与熔池中氢平衡浓度的关系见图3-32。

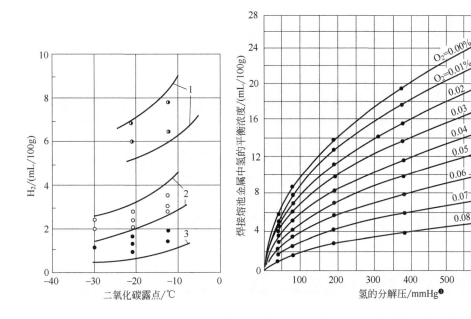

图 3-31　表面处理及气体露点对熔敷金属氢含量的影响

1—带润滑油的焊丝；2—镀铜焊丝；3—真空处理的焊丝

图 3-32　焊缝中氧含量与熔池中氢平衡浓度的关系

从图3-32可以看出，为了减少熔池金属中氢的平衡浓度，必须降低气氛中氢的分压，或增加焊缝中氧的浓度。可见，焊缝中氧的含量制约了焊缝中氢的含量。为了提高焊缝韧性，经常采用的手段是降低焊缝中的含氧量，故导致了焊缝中扩散氢含量的增加。这时韧性提高了，抗裂性却降低了，一得一失。为此，需要统筹兼顾，综合平衡，特别是高强钢焊材。

注意：此处提供的扩散氢数据都是用甘油法测定的。

---

❶ 1mmHg=133Pa。

5. 焊缝强度级别的影响

焊缝强度级别对熔敷金属扩散氢量的影响见图 3-33。

图 3-33 表明，焊缝强度级别的变化，即焊缝化学成分的变化，导致扩散氢的逸出速度变化，前期的几个小时变化最明显，强度级别越高或化学成分越高，扩散氢的逸出速度越慢。这是因为强度越高，即焊缝中合金元素越多，阻止了氢的扩散逸出过程，但不影响氢的总量。

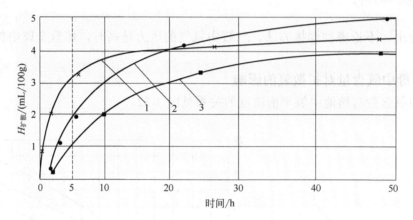

图 3-33　焊缝强度级别对熔敷金属扩散氢量的影响

1—低强度焊条；2—高强度焊条（成分为 CrNi2Mo）；3—更高强度焊条（成分为 CrNi2MnMo）

第二节
焊缝金属的热裂纹及再热裂纹

1. 热裂纹及再热裂纹概述

（1）热裂纹

热裂纹是在固相线附近的温度，液相最后凝固的阶段形成的。一般把它分成结晶裂纹、液化裂纹和多边形裂纹。结晶裂纹又称凝固裂纹，是在焊缝凝固过程的后期所形成的裂纹。它产生在焊缝中，纵向分布。对于低合金钢，先共析铁素体优先在晶界析出，微细的结晶裂纹首先在先共析铁素体产生，并沿一次结晶晶界扩展。液化裂纹产生在母材的近缝区或者多层焊的前一焊道因受热作用而液化的晶界上。它的尺寸很小，多在0.5mm 以下。主要出现在合金元素较多的高合金钢中。多边形裂纹是在多边形晶界上形成的裂纹，是高温时塑性低造成的，又称高温低塑裂纹。

图 3-34 示出的热裂纹是在焊缝表面观察到的，又长又深，在长的方向上曲曲折折。也有几个部位的裂纹近于直角相交，还有的像是两条独立扩展的裂纹被垂直地衔接起来，图的左端也有两条垂直相交的小裂纹。在深度方向上（右侧图所示），裂纹穿过了两道焊缝，从表面焊道向下扩展，穿过焊缝热影响区进入下面的焊道之中，在深度方向的扩展途径也是曲曲弯弯，可以看出，在焊道表面处裂纹是沿着树枝状晶扩展的。

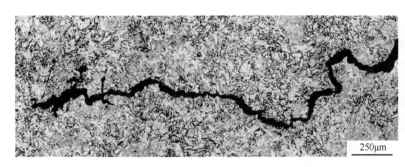

图 3-34　焊缝表面的纵向裂纹

裂纹的产生条件是：母材 15MnVR 钢，板厚 48mm，产品是直径约 10m 的球形罐。采用埋弧焊接，焊丝为 H08MnA，431 焊剂；盖面焊道的最大热输入达 180kJ/cm，焊后经 625℃×3h 消除应力热处理。在焊后试水过程中发现有穿透性焊缝裂纹。经取样化验，裂纹附近的焊缝金属中含磷量高达 0.096%，这是由焊剂中含磷过高（0.17%～0.19%）引起的。焊缝组织呈粗大的柱状晶，晶界上有网状铁素体，晶内是细小的铁素体。硬度值为 190～250 HV5。

对于裂纹性质，初步分析属于热裂纹。形成的原因主要是磷含量高，导致了低熔点物质的产生，它会使残留液相覆盖在晶界周围，在很小的热应力作用下出现开裂现象。另外，盖面焊道的热输入太大，这时焊剂熔化率高，导致焊缝中含磷量增加，也易于产生偏析；又因为热输入太大，奥氏体晶粒进一步粗大，降低了晶界强度。这些都是引起热裂纹的重要因素。再从冷裂纹的形成条件分析，采用的是酸性焊剂，焊缝中扩散氢量不会太高，又因为冷却很慢，扩散氢有充分的逸出条件，焊缝硬度不高，不存在淬硬组织，这些都是不利于产生冷裂纹的。

（2）再热裂纹

再热裂纹是指焊后对焊接接头再次加热过程中产生的开裂现象，焊后回火处理是再次加热常用的方法，因此，它所引起的裂纹即属于再热裂纹，也称消除应力裂纹，即"SR 裂纹"。

再热裂纹一般发生在焊接接头近缝区的粗晶区金属中。最常见的是发生在焊趾与焊根处具有缺口效应的应力集中较高的部位。如果原始金属中存在缺陷，或者有其他类型的焊接裂缝，这些部位当然都是应力集中的地区，具有明显的缺口效应，在焊后进行消除应力热处理或在高温下服役工作时，它们也都是再热裂纹优先萌生的部位。焊接板材愈厚，拘束度愈大，焊接残余应力愈高，裂缝的倾向也愈大。

试验表明，焊接接头金属中产生再热裂纹，与材料在一定温度下的沉淀硬化有关，也与焊接接头金属在一定温度下的蠕变塑性低，不足以顺从适应由应力松弛而引起的附加形变有关。在文献中提出，由强化效应与其他在晶界区进行的物理与化学扩散过程引起的晶界区金属形变能力降低，是产生再热裂缝的前提。对于焊接接头金属产生再热裂纹的倾向，可以根据在一定高温下对材料的形变量与形变能力的对比来进行分析研究。对应于不同温度，任何材料都有它相应的形变能力，当外加形变量小于形变能力时，材料是安全的；当大于形变能力时，由于不能顺从适应变形的要求，材料就会发生破坏。

影响再热裂纹的因素有两个，即残余应力和敏感组织。在拘束度大的焊接区，如焊接厚板，刚性大的接头，其残余应力很大，最容易出现再热裂纹，它的裂纹源常常在焊趾等应力集中区。敏感组织首先是粗大晶粒组织，其次是敏感成分导致的晶界弱化，促使沿晶界开裂。如 V、Mo、Nb、Ti 等元素容易生成各种碳化物，引起晶界弱化。

通常，低合金钢中碳的含量较低，Mn 含量较高，对 S、P 含量的控制较为严格，因此，产生热裂纹的倾向较小。但是，高 Ni 低 Mn 类型的钢种，则有一定的热裂纹敏感性，主要表现为在热影响区出现"液化裂纹"。Ni 对液化裂纹的产生起着明显的有害作用，碳含量高也使产生这类裂纹的敏感性增大；液化裂纹的产生又与 Mn/S 比有关，该比值超过 50 后，液化裂纹的敏感性很低。因此，避免产生热裂纹或液化裂纹的关键是控制 S、P 含量，降低 Ni 的含量，保证高的 Mn/S 比例。另外，为了防止液化裂纹的产生，在焊接工艺方面应该采用小的焊接热输入量，选择热输入量较小的焊接方法。

2. 施工现场的裂纹解剖分析

某施工单位提供了一个储罐的封头与罐体环缝上出现的裂纹示例，施工产品的外貌如图 3-35，坡口形状及裂纹产生的位置示于图 3-36。

储罐焊接完成并经过退火热处理之后，对所有焊缝进行无损检测时，发现筒体与封头的环缝上存在断续缺陷。又经过碳弧气刨清理，发现缺陷在融合线附近的母材上，肉眼可见缺陷为裂纹，长度为 4～8mm，缺陷深度均在距内表面深 15～18mm 处，有的在距内表面深 9～12mm 处，裂纹走向与焊缝方向一致，所有裂纹自身高度很小，均在 1～3mm 范围内。裂纹的位置及其走向如图 3-37 所示，左侧图片的裂纹在两条焊缝的边缘处，右侧图片的裂纹在焊缝外的热影响区，裂纹又长又宽，深度也大。

图 3-35　产品外貌

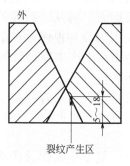

图 3-36　坡口形状

图 3-37　实际裂纹形貌

（1）母材、焊材成分及焊接施工参数

母材成分列于表 3-7，属于低合金高强度结构钢，钢板厚度为 72mm。

焊缝化学成分列于表 3-8，含有较高的 Ni、Mn 等成分。焊接施工参数见表 3-9，焊接时层间温度控制在 150～180℃，焊后在 580℃×3h 条件下进行消除应力热处理。

表 3-7 母材成分（质量分数）   %

C	Si	Mn	P	S	Cr	Ni	Mo	V	Ti	Al	O	N	B
0.11	0.21	0.98	0.005	0.0016	0.44	1.15	0.52	0.036	0.014	0.044	0.0009	0.0032	0.0011

表 3-8 焊缝化学成分（质量分数）   %

C	Si	Mn	P	S	Cr	Ni	Mo	V	Nb	Cu
0.04	0.17	1.54	0.014	0.008	0.25	3.27	0.50	0.01	0.01	0.07

表 3-9 焊接规范参数一览表

焊接方法	电源种类及极性	焊接电流/A	焊接电压/V	焊接速度/（mm/min）	最大线能量/（kJ/cm）
手工焊	直流，反极性	90～120	22～24	≥110	15.7

焊缝表面及母材硬度大多在 220～260HB，在靠近焊缝两侧位置的个别点，硬度超过 300HB（320HB、330HB），因不能精确确定所测位置，硬度高的点大概为热影响区。

（2）裂纹性质及其成因分析

在碳弧气刨去除缺陷过程中，发现裂纹断口处呈现氧化色，裂纹走向平行于焊缝方向。施工方初步判断，该裂纹为焊接过程产生的热裂纹或退火过程中产生的再热裂纹。

① 焊接过程中产生热裂纹的可能性。储罐在焊接完成之后进行了超声、射线、磁粉探伤，未发现裂纹存在，合格之后进行整体焊后热处理。分析认为，在焊接过程中可能产生了热裂纹，但因裂纹太小，未超出标准范围，超声、射线未能有效检出。在整体焊后热处理时，由于应力释放等原因致使裂纹扩展。

② 再热裂纹的可能性。钢中 Cr 含量实测为 0.80%，Mo 含量实测为 0.52%，V 含量为 0.05%。钢中这些 Cr、Mo、V 等都是强碳化物形成元素。结合前期焊材和母材试验，发现在焊缝热影响区硬度较高，在金相组织内发现了少量的马氏体和碳、氮化合物，印证了在焊接过程中碳化物存在的可能。由于在焊接高温区碳化物呈固溶态，焊后冷却时析出很少，但在消除应力热处理过程中，热影响区碳化物弥散析出，从而强化了晶内，使应力松弛时变形集中于晶界，在硬化的晶内和弱化的晶界之间产生强度梯度，当韧性不足时便发生开裂。

（3）对裂纹的处理方案

① 对封头环缝进行超声、射线、磁粉探伤检测，其他所有焊缝都进行超声、射线、磁粉探伤检测，确认焊缝质量。

② 再次对封头环缝进行超声检测，确定缺陷深度和长度，并标记在焊缝两侧，按标记的缺陷深度、长度，采用碳弧气刨清除焊缝缺陷，打磨坡口呈金属光泽，并进行磁粉探伤检测。

③ 按焊接工艺要求焊接坡口焊缝。

④ 封头与筒体环缝补焊 24h 后，进行超声、射线、磁粉探伤检测，合格后采用电加热的方式对环缝进行消除应力热处理，按照设备的最终热处理制度执行。

⑤ 热处理后间隔 24h，对所有焊缝再次进行检超声、射线、磁粉探伤检测，母材的内外表面进行超声、磁粉探伤检测。

⑥ 以上无损检测合格后进行水压试验。

对于上述裂纹，笔者认为，生成再热裂纹的可能性最大。第一，从钢的成分看，该钢具有敏感成分，如 V、Mo、Cr 等元素，容易生成各种碳化物，引起晶界弱化，促使沿晶界开裂，产生再热裂纹。第二，从产生的残余应力分析，焊接外面的焊道时，里面无拘束，可以自由变形，所以，产生的残余应力很小。焊接里面的焊道时，外面已经焊死，拘束力很大，所产生的残余应力也相应很大，导致产生再热裂纹。通常，残余应力最大的部位不在表面，而在表面下的一定距离之处，也许是距内表面深 9～12mm 或距内表面深 15～18mm 处，与本产品正好相吻合。第三，消除应力热处理的温度与保温时间，已有资料介绍，碳钢或低合金钢焊件的温度为 600～650℃。保温时间按钢板的厚度计算，每毫米厚度要保温 2.5min，假如钢板的厚度是 70mm，需要保温 175mm，这次的保温时间满足上面的规定。但是，580℃的加热温度是否低了些？通常，加热温度按钢板交货时的回火温度降低 30℃左右选用，此储罐用钢出厂时的回火温度约 650℃，它的回火温度选定在 600～620℃较为合适。建议先做些摸索试验，待取得可靠的数据后再确定回火温度。

第三节
焊缝气孔的形貌及成因分析

焊缝中的气孔是常见的焊接缺陷之一，特别是采用铁粉焊条焊接时产生气孔的倾向更大些。因为焊条药皮中含有铁粉，如果药皮受潮或长时间存放，往往导致铁粉氧化或生锈，因而焊接时特别容易生成气孔。在实际生产过程中，如果焊接工艺选择不当，再加上焊工操作技能所限，也导致在焊缝中出现气孔。有的作者对 CO_2 气体保护焊时，产生气孔的原因进行了分析，也有作者对自保护药芯焊丝焊接过程中产生的气孔做了研究。但是，有关铁粉焊条中产生气孔的报道鲜见。铁粉焊条的熔敷效率高，工艺性能优良，焊接烟尘量相对较低。目前铁粉焊条已在国内外得到了广泛应用，为了保证铁粉焊条的焊缝质量，寻求减少或消除焊接气孔的有效途径，有必要对焊接过程中气孔的性质及其产生原因，做一些深入的试验研究，试验用焊条的特性如下。

试验采用三种类型的铁粉焊条，其药皮分别是含铁粉的氧化钛型（T4324）、钛钙型（T4323）和低氢型（T4328），各类型焊条的特征列于表 3-10。焊条直径 4mm，药皮外径 8mm，熔敷效率在 150% 以上。烘干温度分别为 220℃、280℃、350℃和 420℃。采用交流弧焊机施焊，焊接电流 210～220A。

表 3-10　三种类型铁粉焊条的特征一览表

项目	T4323（酸性）	T4324（酸性）	T4328（碱性）
药皮类型	铁粉钛钙型	铁粉氧化钛型	铁粉低氢型
适用电源	交直流两用	交直流两用	交直流两用
再引弧性	良	优	差
焊缝韧性	差	良	优

项目	T4323（酸性）	T4324（酸性）	T4328（碱性）
抗裂性能	良	中	优
扩散氢含量/（mL/100g）	参考值约 30	参考值约 40	参考值约 5
含氧量/%	约 0.06	约 0.07	约 0.03
熔敷效率/%	约 150	约 150	约 150
烘干温度/℃	150～200	150～200	350～420

1. 气孔的分布与形貌

为了观察焊道表面气孔，只在低碳钢板上堆焊一道长约 70mm 的焊缝，并用肉眼或放大镜检查表面气孔，表面气孔的分布情况如图 3-38 所示。而要观察焊缝内部的气孔，通常采用角焊缝试验方法，在低碳钢板的角接接头上，焊一道长约 70mm 的角焊缝，冷却后将角焊缝打断，采用肉眼或放大镜检查断口上的气孔情况，内部气孔的分布情况见图 3-39。

由图 3-38 可以观察到，当酸性焊条（T4324 及 T4323）的烘干温度达到 350℃时，焊缝表面出现了气孔，且在引弧一端；当烘干温度达 420℃时，整条焊缝表面都有气孔。碱性焊条（T4328）的情况则相反，当烘干温度达到 350℃时，焊缝中没有出现表面气孔，而烘干温度为 220℃时，焊缝中则出现了表面气孔，多在引弧一端，焊道中段也有。

由图 3-39 可以看出，内部气孔的产生规律与表面气孔相吻合，即随着烘干温度的提高，酸性焊条的内部气孔增多，而碱性焊条的内部气孔减少。对于酸性焊条，即图中的 T4324，经过 220℃烘干后没有产生内部气孔，经 280℃烘干后出现了少量的根部气孔，经 350℃烘干后则产生了大量的内部气孔，有的从焊缝根部一直延伸到表面。经过 420℃烘干后气孔的数量减少了，但尺小变大，多贯穿于整个焊缝厚度。对于碱性焊条，即图中的 T4328，经过 220℃和 280℃烘干后都产生了不少内部气孔，有的贯穿了整个焊缝厚度。但经 350℃以上烘干后则不再产生内部气孔。

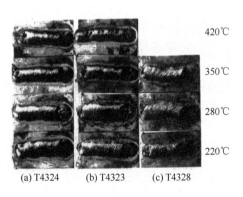

图 3-38 焊缝表面气孔

(a) T4324 (b) T4323 (c) T4328

图 3-39 焊缝内部气孔

采用扫描电镜观察焊缝内部气孔的形貌，见图 3-40。从气孔的形状看，不论是酸性焊条还是碱性焊条，主要有两种气孔。一种呈长虫状，长度较大，像几个柱节串联在一起，中间近似于柱体，两头变尖变小，如图 3-40（a）。另一种呈海螺状，长度较小，像几个锥节连在一起，一头粗大，顶端凸出，另一头细小，尾部带尖，如图 3-40（b）。从气孔在焊缝厚度方向上的分布看，靠近根部的气孔多呈海螺状，偏于中上部的多为长虫状。通常，根部的气孔尺寸较小，中上部位的气孔尺寸较大，贯穿性的气孔尺寸最大。但是，气孔的长大过程受到多种因素左右，有些气孔即使在相同的部位上其形状和尺寸也会不一样，如图 3-40（c），呈现为密集排列的内部气孔，形状各异。从放大的气孔内表面还可以看出，柱节或锥节的内壁上有纵向条纹，相互连接处有环形条纹，如图 3-40（d），这可能是气泡长大或扩展的迹象。

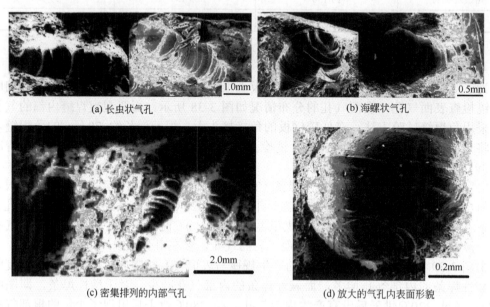

(a) 长虫状气孔   (b) 海螺状气孔

(c) 密集排列的内部气孔   (d) 放大的气孔内表面形貌

图 3-40 焊缝内部气孔的形貌

2. 扩散氢对气孔的影响

通常认为，焊缝中的气孔是由焊条吸潮或烘干温度低及烘干时间不够造成的。而在本试验中却出现了另外的情况，即随着烘干温度的提高，酸性焊条中的气孔反而增多了。针对这一疑问又做了如下补充试验。先将酸性焊条 T4324 在 320℃烘干 2h，并立即焊接，结果在焊缝表面上出现了大量气孔。再将另一根经过 320℃烘干的焊条放入水中，立即拿出来，使其药皮表层吸收一部分水分。再用吸了水的焊条焊接时，前半段焊缝中没有表面气孔，而后半段焊缝表面又出现了不少的表面气孔。焊接前半段时，焊条药皮中吸收了一些水分，焊接后半段时，药皮中吸收的水分在焊接过程中因受热蒸发了。这也表明，采用酸性焊条焊接时，药皮中的水分少了反而容易出现气孔。即酸性焊条产生气孔的原因不是水分多了。

为了研究扩散氢与气孔之间的关系，采用甘油法测定了熔敷金属中的扩散氢量。分别在不同烘干温度下测定出酸性焊条和碱性焊条的扩散氢含量，其结果示于图 3-41 和图 3-42。图中同时给出了不同烘干温度下测出的内部气孔数量。由图可以看出，随着烘干温度的提高，碱性焊条的扩散氢量减少，其内部气孔的数量也减少。酸性焊条则有所不同，随着烘干温度的提高，熔敷金属中的扩散氢量减少，内部气孔的数量先是增加，而后减少。350℃烘干后，焊条的气孔数量最多，烘干温度更高或更低时气孔数量都在减少。这表明气孔的多少与扩散氢量没有相互依存的关系。另有文献报道，碱性焊条吸潮量达到 1.3%时开始出现气孔，此时测定的扩散氢量是 7mL/100g，而酸性焊条的扩散氢高达 32.7～45mL/100g 时也不产生气孔。这一数据与本试验的结果相一致。当压力为一个大气压时，氢在 1530℃（铁的熔点）的溶解度为 23mL/100g，故采用酸性焊条焊接时，在液态金属阶段氢的过饱和程度是很大的，如此程度的过饱和氢尚不致形成气孔，可见在形成气孔方面氢的因素不是主要的。同样的道理，采用吸了潮的碱性焊条焊接时，尽管扩散氢量远远没有达到饱和，焊缝中却产生了气孔，因此，也不能用扩散氢的多少来判断气孔的产生与否。

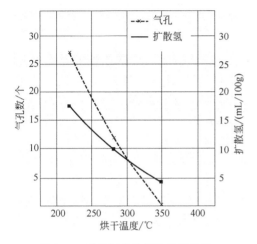

图 3-41　碱性焊条的气孔及扩散氢

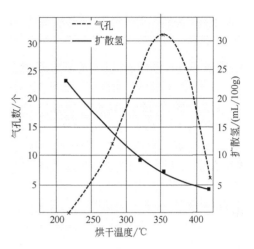

图 3-42　酸性焊条的气孔及扩散氢

3. 气孔的成因分析

为了弄清楚形成气孔的原因，对气孔中的气体成分及其含量进行了测定。焊接试验分为两种情况：一是在平板上堆焊，焊后自然冷却；二是在水冷铜模具中堆焊，强制冷却。之后进行 X 光拍片，以便确定内部气孔的确切位置，最后把带有气孔的金属小样品精心地制取出来，且不得有漏气，以便进行气体成分分析。

气体的分析设备是专用的悬浮熔融气相色谱仪，它可以同时测定 H_2、N_2 和 CO 三种气体的含量。由于气孔的大小不一样，金属样品的重量也各不相同，所以，不能用测出的气体体积或单位质量金属中气体的体积来进行计量，只可采用气孔中各种气体所占的比例进行比较，以便确定生成的气孔性质，再进一步做成因分析。测定结果列于表 3-11～表 3-13。

表 3-11　酸性焊条的焊缝气孔中气体成分的比例　　　　　　　　　　　　%

取样部位	H_2	N_2	CO
单层焊熄弧处	16.81	15.64	67.55
多层焊熄弧处	48.74	0.75	50.51
多层焊焊缝中段	76.66	3.31	20.04

表 3-12　碱性焊条的焊缝气孔中气体成分的比例　　　　　　　　　　　　%

取样部位	H_2	CO
单层焊熄弧处	24.29	75.71
单层焊熄弧处	19.83	80.17
单层焊熄弧处	20.93	79.07

表 3-13　强制冷却时焊缝气孔中气体成分的比例　　　　　　　　%

焊条类型	取样部位	H_2	CO
铁粉钛型	单层焊焊缝中段（第 1 次）	39.78	60.22
铁粉钛型	单层焊焊缝中段（第 2 次）	29.73	70.27
铁粉低氢型	单层焊焊缝中段（第 1 次）	33.67	66.33
铁粉低氢型	单层焊焊缝中段（第 2 次）	23.08	76.92

　　由表 3-11 可以看出，除了引弧处的气孔中含 N_2 量高外，焊缝中段和熄弧处的气孔中 N_2 的量都很低，所以后面的试验中只测定了焊缝中 H_2 和 CO 的含量比例，且按两种气体之和为 100%计算。将表 3-11 和表 3-12 进行比较可以判定，单层焊时气孔中 H_2 的比例较低，CO 的比例较高；多层焊时气孔中 H_2 的比例明显提高。这可能是冷却和随后的放置以及制样过程中，下层焊缝中的扩散氢向已生成的气孔中扩散造成的。CO 的总量虽然在单层焊或多层焊时变化不明显，但是随着多层焊时焊缝中 H_2 的比例增加，CO 所占的比例会相应减少。由表 3-13 可以看出，不论是酸性焊条还是碱性焊条，强制冷却条件下单层焊时，气孔中 CO 的比例都在 60%以上，而 H_2 的比例均在40%以下，可见在气孔的形成过程中 CO 起着更大的作用。就气孔的性质而论，应属于 CO 和 H_2 的混合气孔。

　　钛型或钛钙型铁粉焊条属于酸性渣系，熔渣的氧化性强，焊缝中氧的含量高达600ppm。当焊条在 220℃烘干后，药皮中水分很多，焊接过程中由于水蒸气和液态铁的相互作用，使熔池中氢和 FeO 的浓度都很高。但是，氢在铁中的溶解度不仅与温度有关系，也与液态铁中氧的含量有关系，随着氧含量的增加，氢的溶解度下降。另有资料提出，在电弧气氛中具有一定的氢、氧分压情况下，氢及氧的吸收量会明显高于该气体在金属中的溶解度。另外，随着熔池的冷却，气体的溶解度下降，致使溶池中的气体处于过饱和状态。同时，焊芯、母材、造气剂及中碳锰铁等会把一定数量的碳带进熔池，碳与熔池中的氧或 FeO 发生反应，生成 CO。CO 是不溶于液态金属的，随着 CO 数量的增多，会在液态金属中生成很小的气泡。在均质的液态金属中，气泡自发生成的可能性很小，然而液态金属不是均质的，悬浮的微小杂质以及液-固态金属的界面，都可作为气泡的形核核心。随着 CO 气泡的生成，熔池中未形成气泡的 CO 和过饱和的 H_2 会向气泡中扩散、聚集，使气泡尺寸逐渐长大并开始上浮。当熔池中有大量的 CO 气泡上浮时，呈现出沸腾现象。这样一来，CO、H_2、N_2 等气体会被上浮的气泡带出熔池，焊缝中无气孔出现。当酸性焊条的烘干温度提高到 350℃时，药皮中的水分大大减少，FeO 的生成量降低，进而使 CO 的生成量减少。另外，氢的过饱和程度也下降，即使有 CO 气泡生成，因缺少 H_2 的扩散进入，使气泡的长大和上浮速度迟缓，当上浮速度小于熔池的凝固速度时，会在焊缝中生成气孔。关于熔池沸腾现象，日本学者曾经用高速摄影机（2160 幅/s）拍摄了焊接过程中熔池的表面状态，如图 3-43和图 3-44 所示，它们分别给出了低氢型焊条和铁粉氧化铁型焊条焊接时的熔池状态。从图 3-43 看出，采用低氢型焊条时，不论焊条是否吸潮，焊接熔池都没有出现沸腾现象；而采用铁粉氧化铁型焊条时，吸潮后的焊条其焊接熔池出现了沸腾现象，也产生了大颗粒飞溅，如图 3-44 所示。

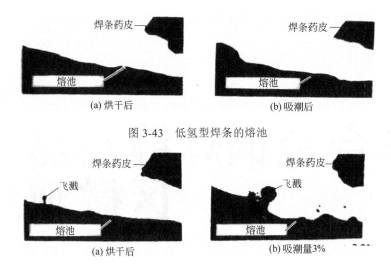

(a) 烘干后　　(b) 吸潮后

图 3-43　低氢型焊条的熔池

(a) 烘干后　　(b) 吸潮量3%

图 3-44　铁粉氧化铁型焊条的熔池

低氢型焊条属于碱性渣系，熔渣的氧化性弱，焊缝中氧的含量少，约 300ppm。该类型焊条经过高温烘干后（如≥350℃）药皮中水分很少，碱性渣系的熔池中 FeO 也很低，所以生成的 CO 量很低，不容易生成气孔。当焊条烘干温度降低后（如≤280℃）药皮中水分增多，焊接时水蒸气分解使熔池的氧化性提高，也能生成一定数量的 CO。但是，与酸性焊条不同，碱性渣系的氧化性小，生成的 CO 量没有酸性焊条那么多，又加上焊接气氛中氢的分压相对较低，熔池中氢的过饱和程度也不高。因此，熔池的沸腾不够强烈，气泡的上浮速度较慢，最终导致了气孔的产生。

概括起来：①气孔中的气体成分分析表明，不论是酸性焊条还是碱性焊条，焊缝气孔中都是 CO 和 H_2 混合气体，不是某种单一气体的气孔。②在气孔的形成过程中 CO 起着更主要的作用，气孔中的 H_2 可能是在 CO 气泡或气孔形成之后扩散进入的。③扫描电镜观察结果表明，焊缝内部气孔的形状主要有两种，一种呈长虫状，多分布在焊缝厚度方向的中上部位；另一种呈海螺状，常分布在焊缝根部附近。④提高焊条烘干温度时，碱性焊条的扩散氢量减少，气孔的数量也减少。酸性焊条则不同，虽然焊缝中的扩散氢减少了，但气孔的数量反而增多了，故不能用扩散氢的多少来判断气孔的产生与否。

第四章
低合金钢焊缝及热影响区微观组织

低合金钢焊缝中除了含有碳、锰、硅外，还采用其它合金元素，它们通过固溶强化、细晶强化、沉淀强化等，提高焊缝强度并获得良好的韧性。所以，低合金钢焊缝金属的固态相变类型和相变后的组织，要比低碳钢焊缝金属复杂得多。焊缝可能出现以下固态相变，即铁素体相变、珠光体相变、贝氏体相变和马氏体相变。由于焊接过程是连续冷却的，属于非平衡的状态，所以，它所进行相变的过程也是连续相变，不同温度下会形成不同的组织，且往往是几种组织的混合。另外，焊缝中也会出现不同形态的铁素体，不同形态的贝氏体和马氏体，还可能出现少量的珠光体，其中的某些相变也有可能被抑制。这样，多种组织及其不同的组成比例，将会对焊缝金属的性能产生多式多样的影响。

第一节
焊缝金属的结晶与相变

1. 低合金钢焊缝金属的液态结晶

低合金高强度结构钢焊缝在结晶过程中，根据冷却速度、焊接材料中碳及其它合金元素的含量，凝固初生相可以是 δ 铁素体、γ 奥氏体或两相的混合物。从铁-渗碳体相图可以知道，成分位于该图左上角的合金，属于包晶成分范围内的合金结晶，从液态金属中首先结晶出的初生相为 δ 铁素体。当包晶反应出现偏差时，可同时析出 δ 铁素体和 γ 奥氏体。

（1）δ 铁素体结晶

对于包晶成分范围内的合金，在结晶温度之下缓慢冷却时，将从液相中形成初生相 δ 铁素体。δ 铁素体的结晶也遵循联生生长规律，即 δ 铁素体晶粒以熔池底部未熔化的母材金属晶粒表面为非均匀形核的现成表面，其主轴沿焊接熔池温度梯度最陡的方向排列。

当冷却到包晶温度时，发生包晶反应。γ奥氏体在初生相δ铁素体的晶粒边界处联生形核，因为这些边界处为非均匀形核提供了最低的能量状态。包晶反应是通过碳扩散完成的，由于包晶反应温度很高，相变和反应能充分进行。又因为奥氏体与铁素体之间具有一定的位向关系，奥氏体不能穿过初生相δ铁素体的结晶边界。因此，包晶反应之后，γ奥氏体晶粒的生长方向将与δ铁素体晶粒的生长方向相关联。

（2）初生相δ铁素体与γ奥氏体两相的结晶

在高强度钢焊缝中，由于包晶反应受冷却速度等的影响出现偏离时，可以促进奥氏体在液态金属中已形成的高熔点夹杂物上非均匀形核。从能量上讲，这种形核更优于在δ/γ界面之间的形核。在这种条件下，奥氏体不必与δ铁素体保持固定的位向关系，它可以自由地形成新的晶粒并进一步长大，形成新的边界。因此，这些奥氏体晶粒将具有不同于柱状晶的形貌。在结晶期间，随着温度的逐渐下降，γ奥氏体也可能在剩余的液相中析出，并优先在液态金属中出现固态粒子的地方（即γ相的晶胚）生成。尤其是在高速冷却条件下，当初生相δ铁素体的形成被完全抑制后，就会以γ相晶胚形核并直接从过冷的液体中生成。当钢在液态相变后全部为奥氏体时，根据结晶时冷却条件的不同，所形成的奥氏体可以具有不同的形貌，如柱状晶、等轴晶等。奥氏体在随后的冷却中，可进入下一步的固态相变。奥氏体的结晶形貌将会直接影响到固态相变的过程及其相变后的产物。

2．低合金钢焊缝金属的固态相变

固态相变在温度、压力、电场、磁场改变时，从一种组织结构会转成另一种组织结构的过程。固态相变包括以下三种基本变化：①晶体结构的变化；②化学成分的变化；③有序程度的变化。一种相变可同时包括一种、两种或三种变化。

1）固态相变分类

通常分为扩散型相变和无扩散型相变。扩散相变的特点是通过热激发原子运动而产生的，要求温度足够高，原子活动能力足够强。无扩散型相变的特点是相变中原子不发生扩散，只做有规则的近程迁移，以使点阵改组。相变中参加转变的原子运动是协调一致的，相邻原子的相互位置不变，因此也被称为"协同性"转变。铁素体、珠光体、贝氏体属于扩散型相变，马氏体属于无扩散型相变。

2）固态相变的要点

① 相变的驱动力：两相（新相和母相）的自由能差。

② 相变阶段：形核和核长大两个基本阶段。

③ 相界面类别：共格界面、半共格界面、非共格界面。共格界面的特点有：两相点阵结构相同、点阵常数相同。晶体结构和点阵常数虽有差异，但两相存在一组特定的结晶学平面，可使原子间产生匹配。在完全共格界面条件下，应变能和表面能都接近于零。在实际的共格界面状态下，界面上的原子存在错配，但是可以借助界面上原子的横向应变调整以维持共格。

④ 相界面形成的条件：需要界面能（由于界面上原子排列不规则而导致界面能量升高，升高的这一部分能量为界面能），界面能的组成包括应变能（畸变能）和化学能（表面能）。

⑤ 相变的应变能：新相与母相建立界面时，由于界面原子排列的差异引起弹性应变能。这种弹性应变能共格界面最大，半共格界面次之，非共格界面为零，但非共格界面的表面能量最大。共格界面和半共格界面的新相晶核形成时，相变阻力主要是应变能，

非共格界面新相形核时的相变阻力是表面能。

影响应变能的因素有：a．界面原子排列的差异；b．新相和母相体积差。

3）固态相变的形核和生长

（1）形核机制

无扩散型相变的形核是非热形核（变温形核），即通过快冷使过冷度突然增大，使那些已存在于母相中的晶胚成为晶核。

扩散型相变的形核是热激活形核，固态相变的形核包括均匀形核和非均匀形核两种。

① 均匀形核。形核时的应变能由新、旧相的比体积差引起，也是相变阻力。

晶核形态分为 a．共格晶核：倾向于呈盘状或片状；b．非共格晶核：呈球状或等轴状，若形核时因体积胀大而引起应变能显著增加，其晶核呈片状或针状。

② 非均匀形核。固态相变中多为非均匀形核（依靠晶体缺陷形核）。

③ 晶界形核。晶界形核要考虑是由几个晶粒形成的晶界，晶界处所能提供形核的原子数、晶界能、表面能和应变能等。晶界形核的特点是易扩散、偏析，利于扩散相变，新相/母相形成共格、半共格界面，降低界面能。大角度晶界是优先形核的位置，新相可能位于两个晶粒构成的界面处。晶界的成分偏析有利于新相产生，形核有如下几种情况：

a．位错形核，新相在位错上形核，新相形成处位错消失，释放的弹性应变能量使形核功降低而促进形核。

b．位错不消失形核是依附在新相界面上，成为半共格界面上的位错部分，补偿了失配，因此降低了能量，使生成晶核时位错消耗能量减少而促进形核。

c．由于溶质原子在位错上偏聚（形成气团），有利于新相沉淀析出，也对形核起促进作用。固体中存在较高位错密度时，固态相变难以以均匀形核方式进行。

d．空位对形核的作用：新相生成处空位消失，提供能量，空位群可凝结成位错（在过饱和固溶体的脱溶析出过程中，空位作用更明显）。

（2）长大机制

① 非共格界面的迁移方式有两种。a．直接迁移模式：母相原子通过热激活越过界面不断地短程迁入新相，界面随之向母相中迁移，新相长大。b．台阶式长大：原子迁移至新相台阶端部（共格界面呈台阶状结构，台阶的高度为一个原子的尺度），新相台阶不断侧向移动，而界面则向法线方向迁移。这种迁移实际上是靠原子的短程扩散完成。

② 半共格界面的长大。a．切变长大，界面长大通过半共格界面上母相一侧原子的均匀切变完成，大量原子沿着某个方向做小间距的迁移并保持原有的相邻关系不变，即协同型长大。b．台阶式长大。

③ 新相的长大速度。a．界面控制新相的生长速度：新相生成时无成分变化，有结构和有序度的变化。b．扩散控制新相的生长速度，新相生成时有成分变化。

④ 相变速率（相变动力学及整个相变过程中的速率）。固态相变的形核率和晶核长大速率都是转变温度的函数，因此，固态相变的速率必然是温度的函数。

（3）固态相变的脱溶转变

脱溶是指从过饱和固溶体中析出一个成分不同的新相、形成溶质原子富集的亚稳区过渡相的过程，通称为脱溶或沉淀。其形成条件有：凡是有固溶度变化的相图，从单相区进入两相区时都会发生脱溶，脱溶过程中由于析出了弥散分布的强化相，导致强度、硬度显著升高的现象，称沉淀强化（沉淀硬化）。溶质原子的沉淀需要时间，随着时间的延长强化效果明显，故又称为时效强化。脱溶过程分为连续脱溶和不连续脱溶两类，而连续脱溶又可细分为均匀脱溶和局部脱溶。

① 连续脱溶。脱溶是在母相中各处同时发生的，且随着新相的形成母相成分发生连续变化，但其晶粒外形及位向均不改变。特点是脱溶物周围基体的浓度连续变化，即母相成分连续变化。均匀脱溶时析出物较为均匀地分布于基体当中。非均匀脱溶时析出物优先分布在晶界、亚晶界、滑移面。

② 不连续脱熔。不连续脱溶也称为胞状脱溶。脱溶物 α 相和母相之间的浓度不连续，也称为非连续脱溶。相界面不但发生成分突变，且取向也发生改变。实际合金的脱溶基本上都是不连续脱溶。

不连续脱溶与共析转变（以钢为例）的区别在于，共析转变形成的（珠光体）两相与母相在结构和成分上完全不同。不连续脱溶得到的胞状组织中的两相，其中必有一相的结构与母相相同，只是溶质原子的浓度不同于母相。不连续脱溶与连续脱溶的主要区别在于，连续脱溶属于长程扩散，不连续脱溶属于短程扩散。不连续脱溶的产物主要集中于晶界上，并形成胞状物；连续脱溶的产物主要集中于晶粒内部，较为均匀。

第二节
低合金钢焊缝金属的微观组织

一、焊缝金属的组织分类

低合金钢焊缝金属的组织比较复杂，因为焊缝金属中除了碳之外，还含有许多合金元素，焊缝金属的化学成分对组织转变有重要的影响，有的合金元素有益于改善组织，提高焊缝金属的力学性能，也有的合金元素具有相反的作用。此外，熔池的温度、奥氏体化条件对奥氏体晶粒度起决定作用。较小的冷却速度对扩散相变有促进作用，使晶界铁素体尺寸加大；合金元素的含量低，焊缝金属中的铁素体组织所占的比例较大。

对于抗拉强度 500～1000MPa 级低合金钢焊缝金属组织，所做的大量电子衍射分析表明，低合金钢焊缝金属中存在 M-A 组元，当合金元素含量低时，M-A 组元呈颗粒状；当合金元素含量高时则呈板条状。焊缝金属中 M-A 组元不论是颗粒状分布还是板条状分布，当它们不连续存在时，对焊缝金属韧性影响不大，若连续存在时，则明显降低焊缝金属的冲击韧性。

对低合金钢焊缝韧性研究的突破性成果，是发现了针状铁素体，它可以改善焊缝的低温冲击韧性。当焊缝中存在高比例的针状铁素体时，低温韧性显著提高。为了控制组织，提高韧性，对焊缝中针状铁素体形核机制的研究具有重要意义。研究表明，焊缝中大量细小且相互交叉存在的针状铁素体，是以晶内非金属夹杂物为形核核心而长大的，但对于它的形核机理目前看法尚不统一。有人提出促进针状铁素体形核的是 TiO，还有的提出针状铁素体形核与复合氧化物有关。Ricks 等人认为，夹杂物降低了形核的能量而促使针状铁素体形核。针状铁素体与块状铁素体具有不同的断裂特征，当裂纹穿过针状铁素体时，形变将减弱裂纹前端的应力集中，裂纹呈波浪状扩展，形成撕裂状的韧窝断口，冲击韧性较高。铁素体为块状时，与邻近的组织形变不协调，易在相界处萌生裂纹，并以解理断裂方式穿过铁素体，对应的断口上形成解理台阶，断口单元与相应显微组织中的块状铁素体尺寸相当，其冲击韧性比针状铁素体明显降低。

　　焊缝组织是众多科技工作者十分关心的，特别是组织的分类及其特征、形貌等更是热门话题。1985年，道尔贝（Dolby）等人在国际焊接年会上提出了焊缝金属显微组织的分类准则，他根据铁素体的形貌和析出物位置的不同，确定了各种组织的名称，并得到了国际焊接学会的推荐，见表4-1。本书笔者根据多年的观察和学习，结合收集的资料和自己的理解，按照相变温度的高低对焊缝组织进行了区分，汇成一个简明的组织类别及其特征表（见表4-2），配有相应的照片，并加以粗浅的说明，仅供参考。

表 4-1　低碳、低合金钢焊缝金属显微组织的分类（IIW 推荐）

主分类	副分类	代号	英文名称
先共析铁素体	晶界铁素体	PF PF（G）	Primary Ferrite Grain Boundary Ferrite
	晶内块状铁素体	PF（I）	Intragranular Polygonal Ferrite
带第二相的铁素体	第二相非线状分布的铁素体	FS（NA）	Ferrite with Nonaligned Second Phase
	第二相呈线状分布的铁素体	FS（A）	Ferrite with Aligned Second Phase
	侧板条铁素体	FS（SP）	Ferrite Side Plates
	贝氏体	FS（B）	Bainite
	上贝氏体	FS（UB）	Upper Bainite
	下贝氏体	FS（LB）	Lower Bainite
针状铁素体		AF	Acicular Ferrite
铁素体-碳化物集合体	铁素体-碳化物集合体	FC	Ferrite-Carbide aggregate
	珠光体	FC（P）	Pearlite
马氏体	马氏体	M	Martensite
	板条马氏体		Lath Martensite
	孪晶马氏体		Twin Martensite

表 4-2　低碳低合金钢焊缝组织类别及其特征

主分类	副分类	特征简介
铁素体（高温转变）	晶界铁素体	沿原奥氏体晶界析出，有岛状、块状、多边形等形状，也有呈长条状的，又称先共析铁素体。位错密度约 $5 \times 10^9 \, cm^{-2}$
	晶内块状铁素体	在原奥氏体晶内生成，有块状或多边形等形状，也属于先共析铁素体。位错密度约 $5 \times 10^9 \, cm^{-2}$
	侧板条铁素体	由晶界向晶内扩展而成，呈板条状或锯齿状，板条长宽比≥20：1；板条间是珠光体或马氏体，也属于先共析铁素体
	针状铁素体	位于晶内，尺寸细小，宽度约2μm，长宽比在（3：1）～（10：1），呈大倾角（≥20°）相交；两针状铁素体之间为渗碳体、马氏体或 M-A 组元；以氧化物或氮化物（TiO、TiN）作为形核核心，呈放射状生长；位错密度约为 $1.2 \times 10^{10} \, cm^{-2}$。研究认为：针状铁素体相变温度较低，可属于中温转变组织
贝氏体（中温转变）	上贝氏体	碳化物在铁素体板条之间析出，形貌与侧板条铁素体相近，呈较细长的板条状；析出物为渗碳体，位错密度更高
	下贝氏体	碳化物在铁素体板条之内析出，析出的碳化物与铁素体板条间呈一定倾角平行排列，尺寸短小；析出物为渗碳体

主分类	副分类	特征简介
马氏体 （低温转变）	板条马氏体	也称低碳马氏体或位错马氏体，板条细长且平行排列，宽度为 0.1～0.2μm；多个板条构成板条束，板条束之间呈大倾角；板条内位错密度很高，为（0.3～0.9）×10^{12}cm^{-2}
	孪晶马氏体	也称高碳马氏体或片状马氏体，在低碳低合金钢焊缝中它主要存在于 M-A 组元中，在高强钢的热影响区中也产生
	岛状马氏体	又称 M-A 组元，它是在块状、条状或针状铁素体间隙中的富碳区生成的，往往同时生成高碳马氏体和残余奥氏体
珠光体 （高温转变）	层状珠光体 细团珠光体	又称铁素体-碳化物集合体，它包括呈层状存在的碳化物与铁素体及不呈层状而混杂存在的细团珠光体

表中的高温转变是指在奥氏体共析转变（生成珠光体）或更高温度下的转变（生成先共析铁素体）。珠光体是在先共析铁素体生成后，在局部富碳区内生成的。先共析铁素体有各种形貌，多在晶界；在合金含量低或冷却速度慢的条件下，也在晶内生成，呈多边形或块状，现将它们统称为铁素体组织。针状铁素体仅存在于晶内，它是借助于晶内的氧化物或氮化物作为形核核心，在较低的温度下生成的，呈放射状，也有的学者把它列入中温转变组织。低温转变产物指的是奥氏体通过无扩散相变所形成的亚稳定组织，主要是马氏体。在低合金钢焊缝中大部分是板条马氏体，孪晶马氏体很少见到，它主要存在于 M-A 组元中。M-A 组元是在中温转变后的富碳区，于更低温度下形成的，又叫岛状马氏体。介于高温转变和低温转变之间的统称为中温转变，其组织为贝氏体，又有上、下贝氏体之分，也有的统称为中温相变产物。

二、焊缝金属相变及组织形貌

1．铁素体相变

高强度钢焊缝金属中的奥氏体，在较高温度和较慢冷却速度下，首先转变为铁素体，并且随着温度和冷却速度的改变，会析出不同形态的铁素体。铁素体形态对焊缝金属的强度和韧性有着重要影响。目前，对铁素体形态的划分还存在一些争议。按形貌的不同，通常可分如下几种。

（1）先共析铁素体（PF）

焊缝冷却到较高温度时，沿奥氏体晶界析出的铁素体，称为先共析铁素体。因这些铁素体沿晶界析出，又称为晶界铁素体。先共析铁素体的形貌与焊缝金属成分和冷却条件有关，一般呈不规则形状分布于原奥氏体晶界上，有的近于棒状或块状。先共析铁素体析出的多少，与焊缝金属的高温停留时间和冷却速度有关：高温停留时间长，冷却速度慢，析出的先共析铁素体就多，尺寸也更大。先共析铁素体的形貌如图 4-1、图 4-2所示。

（2）侧板条铁素体（FSP）

其形成温度略低于先共析铁素体，它是从先共析铁素体的侧面以板条状向晶内长大而形成的。由于侧板条铁素体的形成温度较低，且跨越的温度范围宽，抑制了珠光体转变，扩大了贝氏体转变区间。因此，也有人把侧板条铁素体称为无碳贝氏体。侧板条铁素体的形貌如图 4-3、图 4-4 所示。

图 4-1　晶界铁素体（箭头指向处）×400

图 4-2　多个晶粒边界处有晶界铁素体

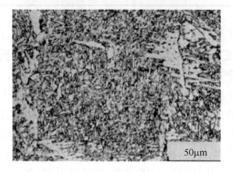

图 4-3　沿晶界铁素体上生出侧板条铁素体

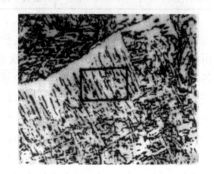

图 4-4　侧板条向母材方向生长（×120）

（3）针状铁素体（AF）

其形成温度更低，为 600～500℃，它在奥氏体晶内以针状形态存在。针状铁素体多以晶内的某些质点（主要为弥散的氧化物夹杂）为核心，呈放射状长大。针状铁素体的形貌如图 4-5、图 4-6 所示。当冷却速度慢时，形成粗大的针状铁素体；当冷却速度较快时，形成细小的针状铁素体。针状铁素体的位错密度见图 4-7、图 4-8，它远高于晶界铁素体和侧板条铁素体的位错密度。

2. 珠光体相变

珠光体相变属于扩散型相变，在较高温度和较慢的冷却速度下才能进行。低强度焊缝中的珠光体，多位于铁素体晶粒交界处，如图 4-9 中右上角处的三角形黑块所示。将其放大五万倍后在透射电镜下观察时，珠光体的形貌如图 4-10 所示。对于高强度钢焊缝金属，因为其碳含量较低，在焊接条件下，珠光体相变有可能被抑制，特别是当焊缝金属中含有 Nb、V 等细化晶粒的元素时，珠光体相变可以被全部抑制。

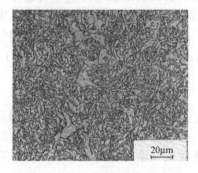

图 4-5　晶内主要是针状铁素体

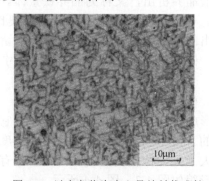

图 4-6　以夹杂物为中心呈放射状成长

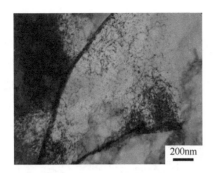

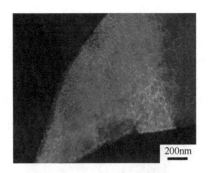

图 4-7　位错密度的明场像，晶界处最高　　　图 4-8　　位错密度的暗场像

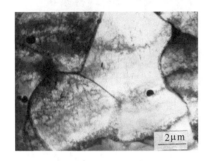

图 4-9　粒状铁素体交界处的黑三角珠光体　　图 4-10　白色铁素体和黑色渗碳体平行生长

3．贝氏体相变

当温度降到 550℃～Ms 之间时，合金元素已不能扩散，只有碳元素还能扩散，此时将发生中温贝氏体转变。在平衡条件下，根据析出相碳化物的形态，可分成上贝氏体、下贝氏体和粒状贝氏体组织。在焊接条件下，贝氏体转变更为复杂，可形成非平衡条件下的过渡组织。

（1）上贝氏体（Bu）

形成温度较高（550～450℃），其特征是铁素体沿奥氏体晶界析出后平行地向奥氏体中生长；随着条状铁素体的生成，在其铁素体板条之间析出碳化物。因此，在光学显微镜下可以看到羽毛状特征；在透射电镜下可以看到在平行的条状铁素体之间分布着渗碳体。焊缝中上贝氏体的形貌如图 4-11 所示，因为焊缝含合金元素较多，氧含量又太低（约 80ppm），形核核心太少，无针状铁素体生成；铁素体在晶界处形核后向奥氏体中生长，得以充分长大，碳也可以扩散到铁素体板条边界上形成渗碳体。图 4-12 的方框内是热影响区内的上贝氏体，黑色的析出物尺寸很小，在铁素体边界上断续分布着。因为母材的含碳量较高，从铁素体中析出的应是渗碳体。

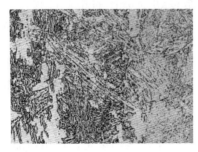

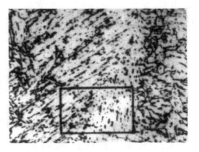

图 4-11　焊缝中的上贝氏体（×500）　　　图 4-12　热影响区内的上贝氏体（×500）

（2）下贝氏体（BL）

形成温度约为 450～350℃。下贝氏体在透射电镜下的特征为针状铁素体和针状碳化物的混合物，针与针之间呈一定的角度。由于下贝氏体的形成温度低，碳的扩散变得很困难，它已经不能扩散到铁素体板条边界处形成碳化物，只能在铁素体晶内形成平行排列的针状碳化物。热影响区的下贝氏体形貌如图 4-13，也有的贝氏体是以夹杂物为核心，呈辐射状生长的，焊缝中晶内贝氏体见图 4-14。

图 4-13　热影响区中的下贝氏体　　　　　图 4-14　晶内贝氏体

（3）粒状贝氏体（Bg）

在贝氏体转变温度区间，当铁素体形成之后，未转变的富碳奥氏体呈岛状分布在铁素体交界处或其边缘，在随后的冷却过程中，这些富碳的奥氏体转变为富碳马氏体及残余奥氏体，即 M-A 组元，也称岛状马氏体。当铁素体交界处的 M-A 组元呈粒状分布时，称粒状贝氏体。粒状贝氏体及 M-A 组元，在扫描电镜下的形貌见图 4-15，采用透射电镜观察萃取复型样品的粒状贝氏体形貌见图 4-16。

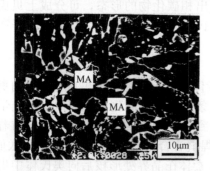

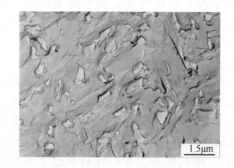

图 4-15　粒状贝氏体中的 M-A 组元　　　　图 4-16　电镜观察的萃取复型粒状贝氏体

4．马氏体相变

马氏体相变属于协同型相变，协同型相变是以切变进行的相变过程，参与转变的所有原子运动是协同一致的，相邻原子的相对位置不变。协同型相变的特征是：①存在着均匀应变而产生的形状改变；②母相与新相之间有一定的晶体学位向关系；③母相与新相的成分相同；④界面移动极快，可接近声速。马氏体相变发生在很大的过冷情况下，相变速率极高，原子间的相邻关系保持不变，故称为切变型无扩散相变。

（1）晶体学特点

① 马氏体相变的特征：表面会产生浮凸，直线标记观察结果是，在相界面处划痕改变方向，但仍然保持连续，而不发生弯曲；直线在母相中仍然保持直线。马氏体转变是

均匀切变过程，为不变平面应变。

② 马氏体相变时，在新、旧相之间有一定的位向关系，室温以上相变时，马氏体与奥氏体之间呈 K-S 取向关系，即 {111}A∥{110}M、<110>A∥<111>M。

（2）马氏体相变的形核

库尔久莫夫认为，马氏体相变仍是一个形核和核长大过程，但在相变中是原子协同切变完成的，所以相变速率极高。形核可以是热涨落形成的均匀形核或非均匀形核、变温形核、缺陷重排或相互作用形核，但尚不能形成完整的形核理论。

（3）马氏体相变的特殊性

①一定成分的合金冷到一定温度 Ms 才开始马氏体相变。冷却速度对 Ms 点影响甚微。②马氏体转变具有不完全性。③当材料能在高温条件下进行马氏体相变时，这类材料的 TTT 曲线具有 C 型曲线特点。

（4）马氏体相变后的组织

根据含碳量及冷却条件的不同，可形成板条马氏体、孪晶马氏体和岛状马氏体。

① 板条马氏体。它属于低碳马氏体，因其内部含有大量的位错，所以又叫位错马氏体。它的形成温度较高，常常伴有自回火现象，故其内应力较小。在连续快速冷却条件下，低合金高强度结构钢焊缝金属，主要形成板条马氏体。在光学显微镜下观察时，它的特征是在原奥氏体晶粒内部，形成细条状的马氏体条束群，束与束之间呈一定的角度，见图 4-17。在透射电镜下观察时，它的特征是在马氏体板条束内，各板条近于平行排列，板条内存在许多位错，见图 4-18。研究结果表明，低碳马氏体不仅具有较高的强度，同时也具有良好的韧性。

图 4-17　光学显微镜下的板条马氏体

图 4-18　透射电镜下的板条马氏体

② 孪晶马氏体。它属于高碳马氏体，在光学显微镜下呈针状，见图 4-19，故称针状马氏体。针体内部有大量孪晶，孪晶在晶粒内以一定的角度相交，所以又叫孪晶马氏体。它的形成温度较低，形成速度很快，有高的硬度，且马氏体相撞易产生裂纹。孪晶的数量随 Ms 温度的降低而增加，孪晶的形态随 Ms 温度的变化而改变。在 Ms 温度高于 300℃的低碳马氏体钢中，也存在少量孪晶，一般是局部孪晶，孪晶往往沿板条界分布，孪晶短而厚。在 Ms 温度低于 300℃的钢中，孪晶细长平直，形成全部孪晶结构的马氏体。孪晶出现在不容易进行滑移变形的情况下，这时以孪生方式进行变形。孪生变形部分称为孪晶。孪生晶格与母体晶格呈现镜面对称关系。孪晶是平行于孪晶面的诸原子面都沿一定方向切变的结果。

有时板条马氏体和孪晶马氏体同时出现，相依存在，见图 4-20，右上角处是板条马氏体，板条内部出现的大黑片是孪晶马氏体。

图 4-19　光学显微镜下的针状马氏体

图 4-20　板条马氏体和孪晶马氏体混合

③ 岛状马氏体。在奥氏体冷却相变过程中，随着铁素体的生成，在它们的交界处将有富碳区出现，当温度进一步降低时，富碳区可能同时生成马氏体和残余奥氏体，也可能生成单一的马氏体或残余奥氏体，因为它孤立存在，通常把这些产物统称为岛状马氏体，它们都是由马氏体、奥氏体单一或混合组成，也称为 M-A 组元。其中的马氏体有低碳马氏体，也有高碳马氏体。图 4-21 是低碳马氏体焊缝中的 M-A 组元，左侧图是透射电镜下观察到的 M-A 组元及周边的组织，中心的黑色部分是残余奥氏体，其下面是相变了的低碳马氏体，颜色稍浅，奥氏体的左、右上角的颜色更浅，是两个不同方向的针状体铁素体。处于中间的图是 M-A 组元的明场像，黑色三角处是打衍射的位置。右侧图是其衍射斑点，且进行了指数化。由这两套斑点可以确认：打衍射的部位由 α 和 γ 两相组成，且两者之间符合 K-S 关系，即 $(111)_\gamma // (110)_{\alpha'}[\bar{1}01]_\gamma // [\bar{1}\bar{1}1]_{\alpha'}$。

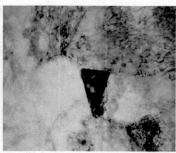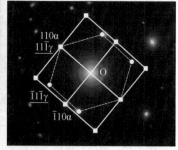

图 4-21　由低碳马氏体组成的 M-A 组元

图 4-22 是由低碳马氏体和高碳马氏体组成的岛状马氏体，其中（a）的 M-A 组元呈块状或粒状，（c）的 M-A 组元呈条状或膜状，它们都是位错马氏体；（b）和（d）的 M-A 组元呈大的黑块或黑片，经电子衍射分析，确认是孪晶马氏体。这几个观测部位取自同一个贝氏体钢，但经受了不同的模拟焊接热循环，其区别仅在于：（a）和（c）的 $t_{8/5}$ 为 30s，（b）和（d）的 $t_{8/5}$ 为 100s。

④ 马氏体中的亚结构。亚结构也叫亚晶组织，是指晶体内部由于某些原因，如多边形化等，产生一系列位向差极小的细小晶体组织。通常，也把位向差很小的亚晶间的界面称为亚晶界，它是由一系列位错所构成，属于普遍存在于晶体中的重要缺陷。马氏体的亚结构中有极高密度的位错、精细孪晶和层错。一般认为，低碳马氏体的亚结构以高密度位错为主，见图 4-23。中碳钢马氏体的亚结构也以高密度位错为主，但有少量孪晶。高碳钢马氏体的亚结构，则是孪晶加高密度的位错，见图 4-24。

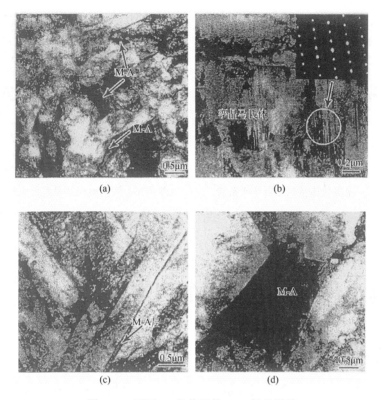

图 4-22　不同 $t_{8/5}$ 条件下的 M-A 组元形貌

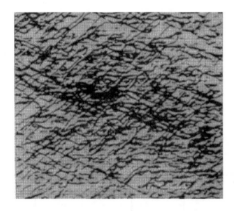

图 4-23　低碳马氏体中的位错亚结构

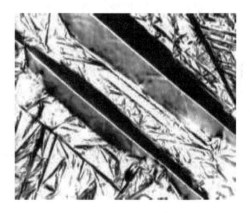

图 4-24　高碳马氏体中的孪晶亚结构

位错是晶体中某一几何面与两侧面间发生相对位移区域与未发生相对位移区域的边界，是一种线缺陷，又称位错线。它在晶体中以封闭曲线的形式出现，也有的形成位错环。位错可形成复杂的网络结构，位错附近有不均匀的变形。

5．残余奥氏体

由于马氏体转变的连续性，当马氏体转变终了温度低于室温时，再加上马氏体转变引起的体积膨胀，产生应力，限制了后面的转变，使没有转变的奥氏体保留下来，成为残余奥氏体。在低合金高强度焊缝中，透射电镜观察到的不同形貌的残余奥氏体，参见图 4-25 和图 4-26。

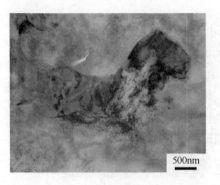

图 4-25　残余奥氏体呈黑色点状或条状

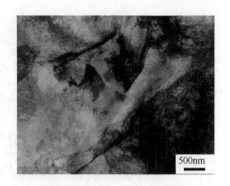

图 4-26　残余奥氏体呈黑色块状或膜状

第三节
影响焊缝及热影响区组织的因素

一、强度等级对焊缝组织的影响

为了研究强度等级对低合金钢焊缝组织的影响，采用金相显微镜和透射电子显微镜对其高温、中温和低温的相变产物进行观察，并通过电子衍射分析对某些相变产物加以定性，主要针对中温相变产物作了较深入的探讨。

1. 试验方法及材料

试验共选择了五个强度等级的焊条，焊接热输入量为 16～18kJ/cm，道间温度 100～150℃。在焊缝中心部位切取化学分析、金相、复型及薄膜样品，分别在光学显微镜及 200kV 的透射电子显微镜下进行观察和衍射分析。试验用焊条的焊缝化学成分和焊缝金属力学性能列于表 4-3。

表 4-3　试验用焊条的焊缝化学成分和力学性能

焊条牌号	焊缝化学成分（质量分数）/%						焊缝金属力学性能			
	C	Si	Mn	Mo	Ni	Cr	R_{m}/MPa	A/%	A_{kV}/J	
									0℃	-50℃
J507	0.053	0.29	0.91				548	22.6	202	47
J707	0.068	0.13	1.30	0.12			712	20.7	124	74
J807	0.07	0.37	1.88	1.12			880	20.4	90	26
J907	0.05	0.27	1.33	0.40	2.25	0.54	913	18.0	100	59
J107	0.06	0.32	1.66	0.76	3.37	0.81	1080	14.4	49	35

2. 试验结果和讨论

1）不同强度等级焊条的焊缝金属组织形貌

（1）J507 焊条

由于多层施焊，先焊焊道受到后焊焊道的热处理作用，其组织有着明显差别。后焊焊道的组织具有柱状晶形貌，晶粒粗大，晶界上有先共析铁素体，也有从晶界向晶内平行生成的侧板条铁素体，板条之间有珠光体存在；晶内是针状铁素体，在铁素体的交界处也存在珠光体。先焊焊道呈等轴晶粒，因为不同部位受到的加热温度不同，所以晶粒大小也不一样，但其组织均为铁素体和珠光体，未观察到岛状马氏体（M-A 组元）。焊道的整体组织见图 4-27（a），细晶区的电镜形貌见图 4-27（b），多个呈粒状的铁素体相连成一体，在右上角的铁素体交会处有一个很小的黑色三角形区，如图中箭头所指，这是珠光体组织。

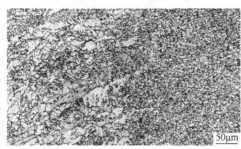

(a) 焊缝金相组织　　　　　　　　　　　　(b) 细晶区的粒状铁素体

图 4-27　J507 焊条的焊缝微观组织

（2）J707 焊条

金相显微镜观察表明，焊缝组织为贝氏体和少量先共析铁素体，如图 4-28（a）所示。在贝氏体中分布着少量岛状物。薄膜样品的透射电镜观察得知，上述岛状物即存在于晶粒交界处的黑色小块，近于三角形，如图 4-28（b）所示。经过电子衍射分析，这些黑色的岛状物是 M-A 组元。

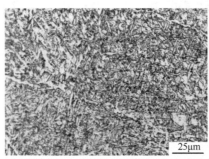

(a) 焊缝的金相组织　　　　　　　　　　　　(b) 焊缝的透射电镜组织

图 4-28　J707 焊条的焊缝微观组织

（3）J807 焊条

焊缝的电镜组织如图 4-29 所示。由于焊缝中 Mn 和 Mo 含量高，先共析铁素体已不存在，焊缝组织是贝氏体，且贝氏体中的岛状物明显增多，尺寸也增大，呈不规则的颗粒状或块状，多为孤立存在，也有的近于连续。采用复型样品在电镜下观察时，块状物呈白色；采用薄膜样品观察时，块状物则呈黑色，多数位于几个晶粒的交界处或两个晶粒的边界上，晶内也有少量存在。经过电子衍射确认，薄膜样品中的黑块是 M-A 组元。

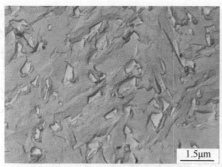
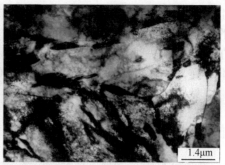

(a) 焊缝的萃取复型电镜组织　　　　　　(b) 焊缝的薄膜样品电镜组织

图 4-29　J807 焊条的焊缝电镜组织

（4）J907 焊条

与 J807 焊条相比较，焊缝中减少了 Mn 和 Mo 的含量，相应增加了 Ni、Cr 元素，提高了奥氏体的稳定性，降低了相变温度。因此，除了中温相变外，还发生了低温相变，生成板条马氏体组织，如图 4-30（a）所示，板条间角度很小，近于平行，板条内的位错密度高，所以也叫位错马氏体。在中温相变区，生成贝氏体，随着温度的降低，在局部区域生成了下贝氏体组织，如图 4-30（b）所示，在其左上角处有一大的白块，白块内有多条呈倾斜且平行排列的黑色析出物，这是下贝氏体的特征，即其碳化物在铁素体板条内倾斜排列。另外，随着温度的下降，块状或岛状物的形貌也发生了变化，由颗粒状变成了条状，断续或连续地分布在贝氏体铁素体的两侧。薄膜样品的透射电镜观察得知，在板条的边界上呈条状或膜状存在的那些黑色析出物是 M-A 组元。

(a) 板条马氏体组织　　　　　　　　(b) 局部有下贝氏体组织

图 4-30　J907 焊条的焊缝电镜组织

（5）J107 焊条

该焊条中合金元素的含量更多，进一步提高了奥氏体的稳定性，降低了相变温度，生成的板条马氏体更多。随着中温相变过程向较低温度移动，M-A 组元变成条状，分布在贝氏体铁素体板条的两侧，呈断续或连续排列，如图 4-31 所示。

在焊条电弧焊条件下，由于冷却速度较快，在上述各种焊条中均未观察到碳化物。为了观察碳化物，又将焊缝进行了正火加高温回火处理。经热处理后，在板条马氏体的边缘析出了 Fe_3C 碳化物，形状呈条状，断续分布，在板条内部也有细小的碳化物，见图 4-32。

图 4-31 J107 焊条的焊缝电镜组织

图 4-32 经过热处理的 J107 焊缝电镜组织

2）焊缝中 M-A 组元的组成、形貌及分布

在 500～1000MPa 级焊条中，除 J507 焊条外，其他强度等级的焊缝中均有 M-A 组元存在。本研究对强度等级不同的焊缝组织中的 M-A 组元，做了大量电子衍射分析，结果表明，低合金高强度焊缝中 M-A 组元的晶体结构，是单一的面心立方点阵（γ）及单一的体心立方点阵（α）或两种点阵的混合。图 4-33 是在 J807 焊缝的薄膜样品中观察到的，它由 α 和 γ 组成，α 是位错马氏体或孪晶马氏体，γ 是残余奥氏体，它们构成了 M-A 组元。M-A 组元的形状主要有两类：当焊缝强度级别较低时，多呈颗粒状；当焊缝强度级别较高时，则多呈条状或薄膜状。M-A 组元多分布在晶粒的交界处或贝氏体铁素体的边界上。位于晶粒交界处的 M-A 组元多呈颗粒状，位于贝氏体铁素体板条边界上的多呈条状或薄膜状。有的学者提出了按照 M-A 组元的形状来划分，当 M-A 组元呈颗粒状时，称为粒状贝氏体。在本研究中观察到的 M-A 组元，除了呈颗粒状的外，还有呈条状或薄膜状的。笔者建议，把呈条状或薄膜状的 M-A 组元，称为条状贝氏体。在日本，也有人针对高强度焊条的焊缝做了微观组织研究，对其薄膜样品进行透射电镜观察时，也在贝氏体板条之间观察到膜状或块状的 M-A 组元，但是，他们仍称其为上贝氏体。

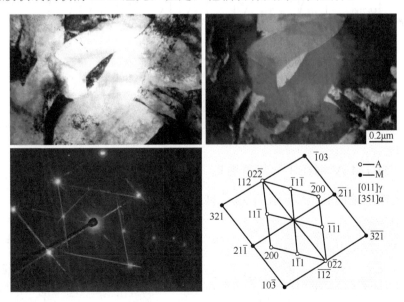

图 4-33 焊缝中 M-A 组元的电镜组织和电子衍射图像

总之，通过对 500～1000MPa 级焊条的焊缝组织进行的对比研究，可以看出：随着焊条强度级别的增加，焊缝组织由先共析铁素体、针状铁素体加珠光体变成粒状贝氏体，

最后变成贝氏体加马氏体组织。在贝氏体中分布着岛状、条状或薄膜状的 M-A 组元。

二、焊接热循环对晶粒度及组织的影响

峰值温度和冷却速度是模拟焊接热循环的两个主要参数，随着这两个参数的变化，热影响区的晶粒度及组织将发生相应变化。借助于母材的连续冷却转变图，即 SH-CCT 图，可以方便地确定热影响区的组织，10Ni5CrMoV 钢的连续冷却转变图如图 4-34。

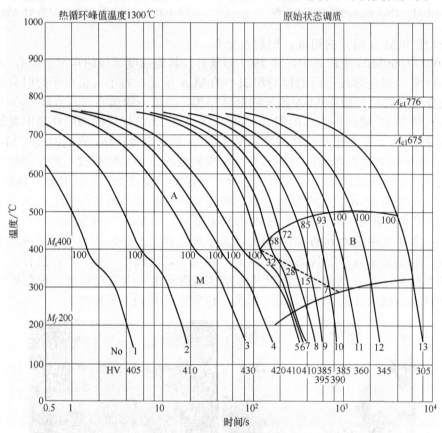

图 4-34　10Ni5CrMoV 钢的连续冷却转变图（SH-CCT 图）

1．10Ni5CrMoV 钢在不同峰值温度（T_p）下的晶粒度

不同峰值温度下的晶粒度如图 4-35～图 4-40 所示。

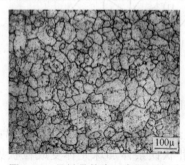

图 4-35　母材晶粒度（高温回火后）

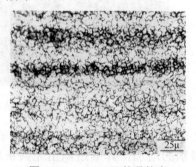

图 4-36　T_p=950℃ 的晶粒度

图 4-37　T_p=1150℃的晶粒度

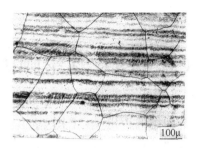

图 4-38　T_p=1350℃的晶粒度

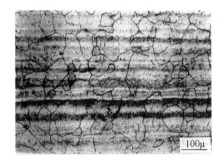

图 4-39　T_p=1350℃+1150℃的晶粒形貌

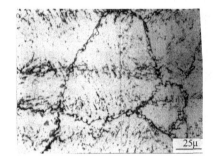

图 4-40　T_p=1350℃+950℃的晶粒形貌

2．10Ni5CrMoV 钢在不同冷却速度（$t_{8/5}$）时的组织形貌

不同冷却速度（$t_{8/5}$）时的组织形貌见图 4-41～图 4-44。

图 4-41　电镜组织 $t_{8/5}$=5s

（孪晶马氏体+板条马氏体）

图 4-42　电镜组织 $t_{8/5}$=10s

（自回火马氏体，有大量碳化物析出）

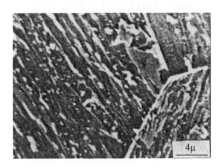

图 4-43　电镜组织 $t_{8/5}$=40s

（下贝氏体，碳化物在板条内析出）

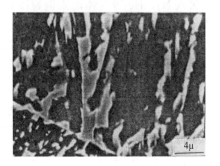

图 4-44　电镜组织 $t_{8/5}$=90s

（上贝氏体，碳化物沿板条边界析出）

第四节
焊缝 CCT 图及其影响因素

1．新创意的焊缝 CCT 图

日本学者小沟裕一创制的焊缝 CCT 图（WM-CCT 图），见图 4-45，它与母材的 CCT 图（SH-CCT 图）有所不同，在焊缝 CCT 图中增加了两条虚线。其一在高温相变区内，他认为晶界铁素体有两种形状，一是多边形铁素体，二是侧板条铁素体，因两者形貌上有明显差别，应将其分开。由于位置难以确定，所以用虚线来表示。其二在中温相变区内，即贝氏体区，他认为在贝氏体区的高温侧，存在细小的铁素体区（AF 区），而在钢板中是观察不到的，是焊缝金属特有的。这种针状铁素体（AF），是在晶内的形核核心上生成的，呈放射状的贝氏体铁素体。

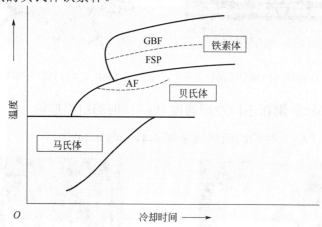

图 4-45　小沟裕一创制的焊缝 CCT 图

（1）焊缝 CCT 图的制作方法

WM-CCT 图的制作方法与 SH-CCT 图的制作方法相近，试样尺寸直径 ϕ3mm、长 10mm，在真空中加热到 1350℃，加热速度是 90℃/s。而后由 1350℃ 以不同的冷却速度冷却下来，测定出相变时的伸长率，以确定相变开始温度与相变结束温度。可以通过改变控制系统或吹入 N_2、He 等气体，来调整冷却速度，特别是 800～500℃ 的平均冷却速度。

为了制作焊缝试样，选取 50mm 厚的 50kg 级钢板，采用双丝埋弧焊或金属极气体保护焊方法，焊接规范列于表 4-4，焊缝编号及其化学成分见表 4-5。观察典型冷却速度下的焊缝组织，测定其硬度值（HV），编制数据表，绘制 $t_{8/5}$ 与组织的坐标图，$t_{8/5}$ 与硬度值的坐标图，综合在一起作为焊缝 CCT 图的完整数据。

表 4-4　焊接条件

编号	焊接电流 /A	电弧电压 /V	焊接速度 /（cm/min）	焊接热输入 /（kJ/cm）	焊接方法
A1	800	37	70	25	气体保护焊
D7	800	40	70	27	气体保护焊
G3	800	32	65	24	气体保护焊

表 4-5　焊缝化学成分（质量分数）　　　　　　　　　%

编号	C	Si	Mn	P	S	Cu	Mo	Ti	B	O	N
Al	0.09	0.11	0.81	0.017	0.013	0.11	—	—	—	0.014	0.0050
D7	0.12	0.25	0.80	0.017	0.014	—	—	0.027	—	0.051	0.0055
G3	0.11	0.29	1.16	0.013	0.011	0.10	0.08	0.043	0.0034	0.020	0.0057

（2）实际的焊缝组织与焊缝 CCT 图的组织相关性

实际的焊缝组织与焊缝 CCT 图的组织相比较，存在如下两点关系引人注意。

① 再次奥氏体化后制作的 WM-CCT 图组织，与未经再次奥氏体化的实际焊缝相比较，奥氏体晶粒的尺寸有所改变，因为重新加热到 1350℃时，原焊缝组织再次奥氏体化，这时奥氏体晶粒长大不明显，没有原来的尺寸大，呈现较小的晶粒尺寸。但是，小的晶粒冷却相变后形成的组织，却与实际焊缝组织相同。

② 由焊缝 CCT 图上确定的铁素体相变开始温度，与焊接时铁素体的相变开始温度很一致。

2．影响焊缝 CCT 图的因素

（1）合金成分系统对焊缝 CCT 图及其组织的影响

① Si-Mn 系成分的焊缝 CCT 图见图 4-46，其相变组织见图 4-47。

图 4-47 中的 4 幅图片的冷却速度条件相同，只是开始淬水前的温度不同，因此形成的组织有明显差别。其中图 4-47（b）是在 720℃开始淬水，是铁素体刚开始形成的温度，图片上的组织即是铁素体形貌，两者对应。因为在奥氏体晶界上生成，而后继续长大，根据其特征，称为魏氏组织侧板条铁素体。

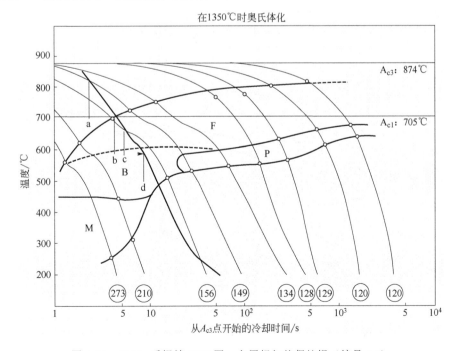

图 4-46　Si-Mn 系焊缝 CCT 图，金属极气体保护焊（编号 A1）

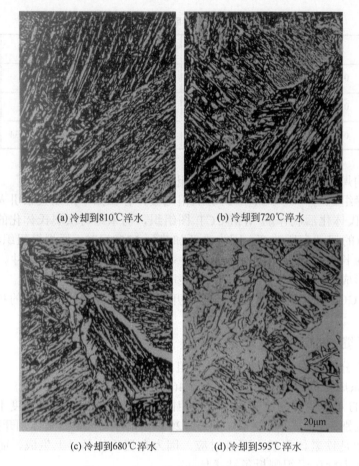

(a)冷却到810℃淬水 (b)冷却到720℃淬水

(c)冷却到680℃淬水 (d)冷却到595℃淬水

图 4-47　Si-Mn 系成分的焊缝组织变化

② Si-Mn-Ti 系的焊缝 CCT 图见图 4-48，其相变组织见图 4-49。

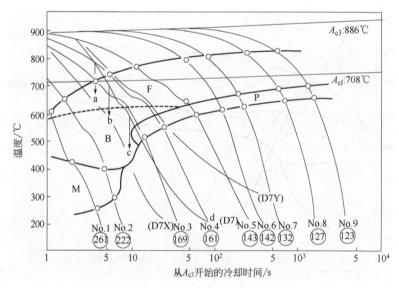

图 4-48　Si-Mn-Ti 系焊缝 CCT 图，金属极气体保护焊（编号 D7）

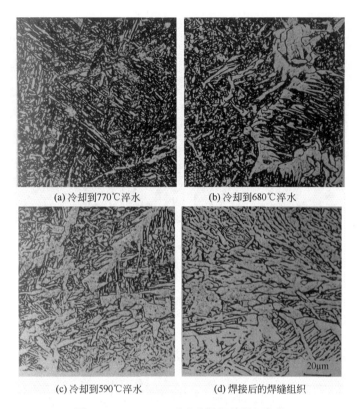

(a) 冷却到770℃淬水　　(b) 冷却到680℃淬水

(c) 冷却到590℃淬水　　(d) 焊接后的焊缝组织

20μm

图 4-49　Si-Mn-Ti 系成分的焊缝组织变化

图 4-49 中的前 3 幅图的冷却速度条件相同，只是淬水时的温度不同，故所形成的组织有明显差别。图 4-49（d）是焊接后的焊缝组织，存在晶界铁素体和从晶界上生成的魏氏组织侧板条铁素体，晶内是细晶粒铁素体。随着热输入量的增大，晶内细晶粒铁素体消失，生成多边形铁素体。

③ Si-Mn-Ti-B 系的焊缝 CCT 图见图 4-50，其相变组织见图 4-51。

在1350℃ 时奥氏体化

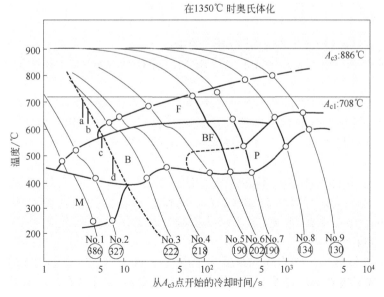

图 4-50　Si-Mn-Ti-B 系焊缝 CCT 图，金属极气体保护焊（编号 G3）

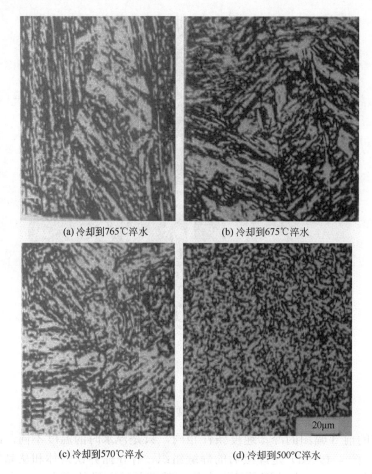

(a) 冷却到765℃淬水　　　　　　(b) 冷却到675℃淬水

(c) 冷却到570℃淬水　　　　　　(d) 冷却到500℃淬水

图 4-51　Si-Mn-Ti-B 系成分的焊缝组织变化

由于硼的作用，抑制了晶界铁素体的生成，在图 4-51（d）的冷却条件下生成细晶粒铁素体，即贝氏体铁素体。由淬水温度可知，细晶粒铁素体（即针状铁素体）是在贝氏体领域中生成的。

（2）含氧量对焊缝 CCT 图及相变组织的影响

含氧量对于 Si-Mn 系、Si-Mn-Ti 系、Si-Mn-Ti-B 系焊缝 CCT 图的影响见图 4-52～图 4-56。

① Si-Mn 系的焊缝 CCT 图（含氧量不同）如图 4-52 所示。

实线表示含氧量低时的相变曲线，虚线表示含氧量高时的相变曲线，随着含氧量的增加，相变曲线向左移动，即向加速铁素体形成的方向移动，促进了在较高温度下铁素体的析出。

在相同成分系的条件下，不同焊接方法的焊缝 CCT 图也有所不同，因为它们的焊缝含氧量差别较大，导致了焊缝 CCT 图的铁素体析出曲线位置有明显移动。采用双丝埋弧焊方法焊接的焊缝 CCT 图见图 4-53，采用金属极气体保护焊方法焊接的CCT 图见图 4-54。

图 4-53 的含氧量高，铁素体的最低生成温度在 600℃以上；图 4-54 的含氧量低，铁素体的最低生成温度在 600℃以下。对比图 4-53 与图 4-54 可以看出，含氧量增加，铁素体相变曲线向左移动，向上移动，即促进了铁素体在较高的温度下析出。

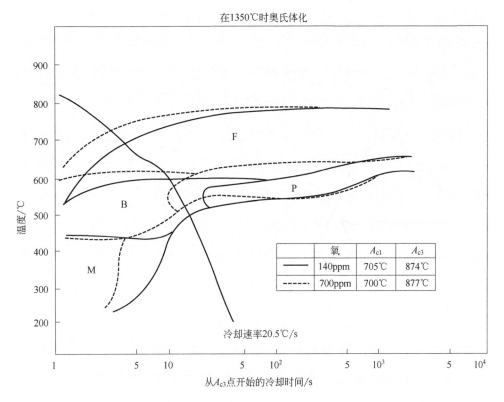

图 4-52　含氧量不同的 Si-Mn 系焊缝 CCT 图

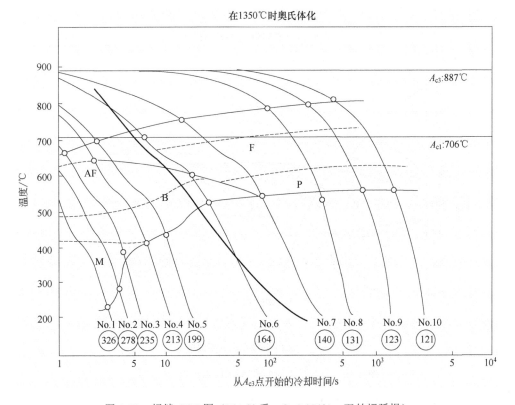

图 4-53　焊缝 CCT 图（Mn-Si 系，O=0.071%，双丝埋弧焊）

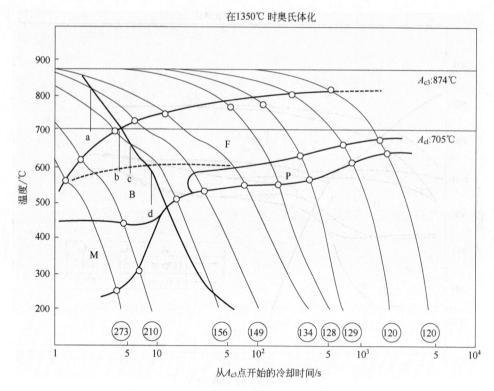

图 4-54　焊缝 CCT 图（Mn-Si 系，O=0.014%，金属极气体保护焊）

② Si-Mn-Ti 系的焊缝 CCT 图（含氧量不同）如图 4-55 所示。

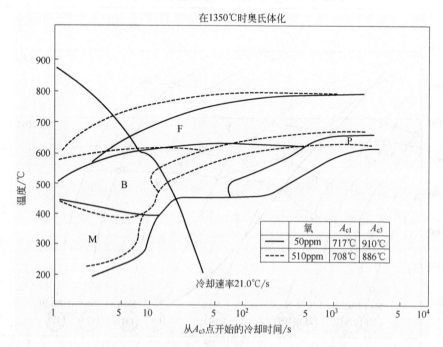

氧	A_{c1}	A_{c3}
50ppm	717℃	910℃
510ppm	708℃	886℃

图 4-55　含氧量不同的 Si-Mn-Ti 系焊缝 CCT 图

实线表示含氧量低时的相变曲线，虚线表示含氧量高时的相变曲线，随着含氧量的增加，相变曲线向左移动，即向加速铁素体形成的方向移动，促进了铁素体在较高的温度下析出。

③ Si-Mn-Ti-B 系的焊缝 CCT 图（含氧量不同）见图 4-56。

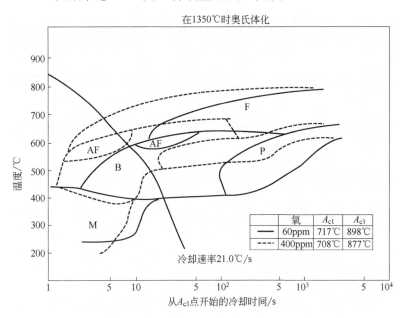

图 4-56 含氧量不同的 Si-Mn-Ti-B 系焊缝 CCT 图

实线表示含氧量低时的相变曲线，虚线表示含氧量高时的相变曲线，随着含氧量的增加，相变曲线向左移动，即向加速铁素体形成的方向移动，促进了铁素体在较高的温度下析出。

（3）含氧量对于焊缝金属相变温度的影响

① Si-Mn 系焊缝金属的相变温度。对于 Si-Mn 系焊缝金属，当其含氧量变化时，其相变温度有一定变化，如图 4-57 所示。

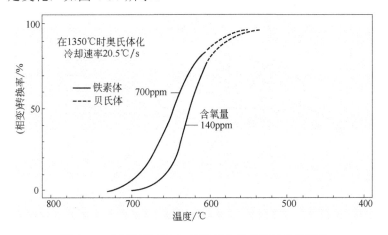

图 4-57 含氧量对 Si-Mn 系焊缝金属相变温度的影响

② Si-Mn-Ti-B 系焊缝金属的相变温度。对于 Si-Mn-Ti-B 系焊缝金属，当其含氧量变化时，其相变温度也有变化，如图 4-58 所示。

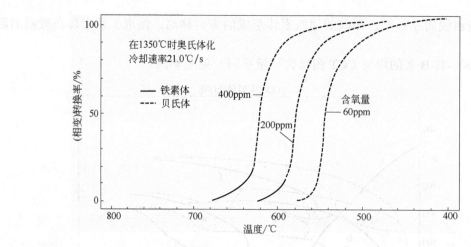

图 4-58　含氧量对 Si-Mn-Ti-B 系焊缝金属相变温度的影响

图 4-57 及图 4-58 说明了含氧量对于相变温度的影响，随着含氧量的增加，相变温度相应提高。在 Si-Mn 系焊缝中，含氧量由 140ppm 增加到 700ppm 时，相变温度上升了约 30℃。在 Si-Mn-Ti-B 系焊缝中，也是随着含氧量的增加，相变开始温度提高。但是，在 Si-Mn-Ti-B 系焊缝中，含氧量为 400ppm 时，它的相变开始温度仍低于 Si-Mn 系中含氧量为 140ppm 时的相变开始温度，可见，影响相变开始温度的因素，除了含氧量外，合金元素的作用也很重要。可见，这两个因素同时对焊缝 CCT 图相变行为有重要作用。

综合以上焊缝 CCT 图数据可以知道：①焊缝 CCT 图除了受合金成分的影响外，也受到氧含量的影响。在各个成分系中，都是随着氧含量的增加，铁素体转变的鼻尖向左移动，即向冷却速度快的一侧移动，促进铁素体转变。②增加合金元素含量与减少氧含量具有同样的作用，都能使相变曲线向右移动。如果把合金成分的影响与氧含量的影响组合在一张图上，即为图 4-59。

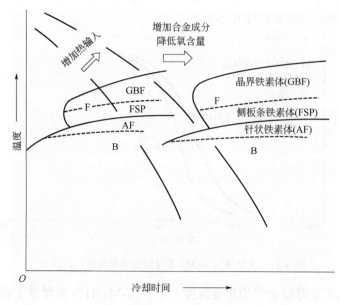

图 4-59　合金元素含量及氧含量对焊缝 CCT 图的影响

第五节
各种钢的焊缝及热影响区组织

1．焊接接头的总体组织形貌

采用普通的低合金钢，化学成分为（质量分数，%）：C 0.14、Mn1.03、Si 0.20、P 0.02、S0.006；板厚：35mm；三丝埋弧焊，不开坡口，单面一道焊完；电流 1150～1450A，电弧电压 40～45V。整个焊接接头的组织形貌见图 4-60，由 4 段连接起来，总长约 10mm。

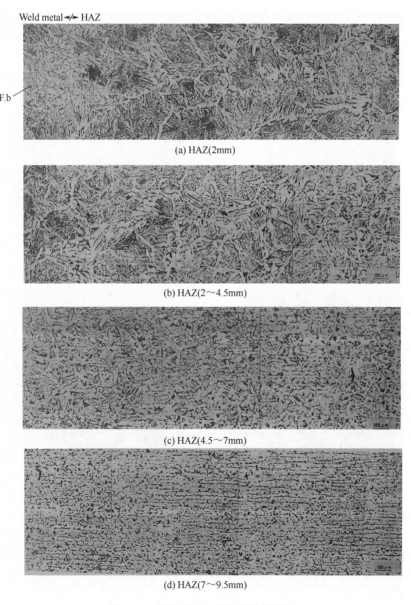

(a) HAZ(2mm)

(b) HAZ(2～4.5mm)

(c) HAZ(4.5～7mm)

(d) HAZ(7～9.5mm)

图 4-60　热影响区金相组织整体形貌

由图 4-60 看出，距熔合线 2mm 之内，晶粒明显粗大，晶界有先共析铁素体及侧板条铁素体；距熔合线 2～4.5mm，晶粒有一定程度的粗大；距熔合线 4.5mm 以上，晶粒变得细小。

2. 多道焊的各层焊缝组织形貌

焊缝的组织形貌与焊缝的受热状态有密切关系，多道焊接时受后续焊道的热循环作用，在先焊的焊缝中，有的重新相变，未发生相变的部分，也受到一次热处理作用。

重新相变的部分晶粒得到细化，力学性能也会改善。图 4-61 是多道焊焊缝的宏观组织，图片中的位置编号 1 是最后的焊道，它不会再次受到焊接的热作用，其微观组织如图 4-62 所示，中间部分是针状铁素体，其周围是晶界铁素体。位置编号 2 是先焊焊道中的粗晶区，被加热的温度在 1200℃至熔点附近，其组织与后焊焊道的相近，但奥氏体有些变圆，也有些细小化其组织仍是晶界铁素体和针状铁素体，如图 4-63 所示。位置编号 3 的焊缝是再次受到加热的细晶区部分，其加热温在 1000℃左右，其组织见图 4-64，它的组织均匀细小，是经过了相变重结晶的，白色部分是多边形铁素体，黑色部分是珠光体。

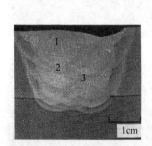

图 4-61　焊缝宏观组织

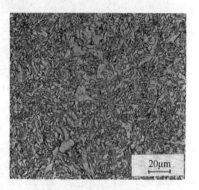

图 4-62　最后焊道的中心区组织

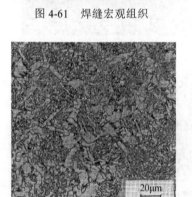

图 4-63　先焊焊道粗晶区组织

图 4-64　先焊焊道细晶区组织

3. 低碳钢的焊缝及接头组织

1）手工电弧焊

母材为低碳钢板，厚 19mm，V 形坡口，50°。在立焊位置施焊，焊条直径 4mm，焊接电流 140～145A，电压 22～24V，焊速 4.0～8.8cm/min。焊缝化学成分（质量分数，%）如下：C 0.08、Mn0.83、Si 0.52、P 0.012、S 0.009、N 0.008、O 0.033。焊缝金属力学性能是：R_m 530MPa、R_{eL} 465MPa、A_4 33%、0℃的冲击吸收能量 218J。焊接接头各区域的微观组织见图 4-65～图 4-68。

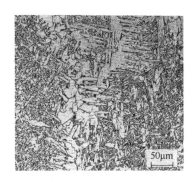

图 4-65   最后焊焊道微观组织

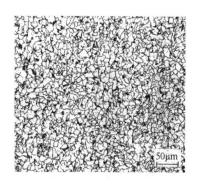

图 4-66   先焊焊道的细晶区组织

图 4-67   焊接热影响区微观组织

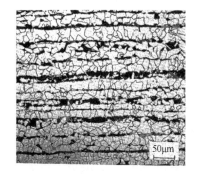

图 4-68   低碳钢轧制组织

图 4-65 是最后焊道的焊缝中心部位的组织，晶界是粗大的先共析铁素体，晶内是针状铁素体。晶界铁素体有棒状的和块状的，也有呈梳子状的侧板条铁素体。图 4-66 是先焊焊道的焊缝组织，因为受到后焊焊道的再次加热，发生了相变重结晶，晶粒明显细化，且均匀分布。组织中白色的是铁素体，黑色的是珠光体，硬度值较焊态下有所降低。图 4-67 是离开熔合线 1mm 处的热影响区组织，由晶界铁素体、侧板条铁素体和珠光体组成，晶粒明显粗大。图 4-68 是母材组织，白色的是铁素体，呈多边形状，晶粒比较细小，黑色的是珠光体，呈带状，它嵌入铁素体之中，这与母材的轧制加工过程有密切关系。

2）埋弧焊

采用低碳钢，板厚 20mm，焊缝化学成分（质量分数，%）：C 0.09、Mn 1.3、Si 0.21、P 0.021、S 0.006、CE=0.315（CE 代表碳当量）。焊接热输入 44.7kJ/cm；道间温度在 200℃ 以下。焊缝金属的力学性能：R_m 483MPa、R_{eL} 359MPa、A_4 37%、-30℃ 的冲击吸收能量 103J。

取样位置的编号见图 4-69，各不同位置的焊缝组织见图 4-70～图 4-72。

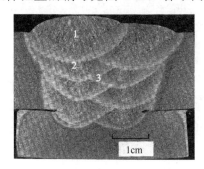

图 4-69   取样位置

图 4-70   最后焊道（位置 1）

图 4-71 粗晶区（位置 2）　　　　　图 4-72 细晶区（位置 3）

图 4-70 的焊缝组织是晶界铁素体、侧板条铁素体和带有碳化物的铁素体的混合组织。图 4-71 是焊缝中被后焊焊道加热的粗晶区组织，与图 4-70 的组织差别不大，只是带有碳化物的铁素体呈现出块状化。图 4-72 是被后焊焊道加热的细晶区组织，经过相变重结晶后，晶粒得到细化，其组织是晶内多边形铁素体和珠光体的混合组织。

3）CO_2 气体保护焊

母材是 Mn-Si 系，焊丝为 Mn-Si-Ti 系。焊接电流 350A，电弧电压 38～40V，焊接速度 30cm/min。由于是多层焊接，后焊焊道对先焊焊道再次加热，形成一个焊缝中的热影响区，如图 4-73 所示。这是整个再加热区域的低倍组织，它已充分显现出由再次加热而产生的晶粒细化作用。图 4-73 中的 b～e，分别表示没有受到后焊焊道热影响的部位和受到热影响的部位的组织，放大后分别示于图 4-74～图 4-77。图 4-74 中没有受到热影响的部位（位置 b），它是焊态组织，呈粗大的柱状晶，晶界上有先共析铁素体，晶内是针状铁素体。受到热影响部分，先说位置 c，即图 4-75，原来的针状铁素体受到了回火，晶界铁素体发生了再结晶，已奥氏体化的部分相变成了珠光体，它就是由这些组织混合组成的。再说位置 d，即图 4-76，它被加热到了更高的温度，重新结晶后变成了均匀细小的铁素体和珠光体。最后看位置 e，即图 4-77，它被加热到熔点附近的温度，奥氏体晶粒已明显长大。晶界铁素体粗大化，呈大的块状，晶内是针状铁素体。可见，低强度的焊缝再次受热时，铁素体形貌发生了很明显的变化。这对于多层焊接是一个值得注意的问题。

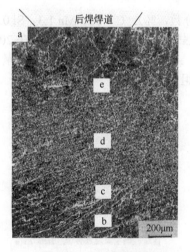

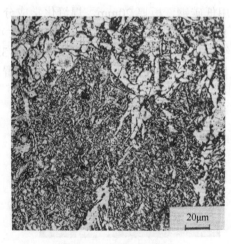

图 4-73 焊缝热影响区　　　　　　　图 4-74 位置 b 放大

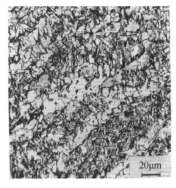
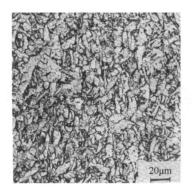

图 4-75 位置 c 放大 　　　图 4-76 位置 d 放大 　　　图 4-77 位置 e 放大

4．Cr-Mo 低合金耐热钢的焊缝和接头组织

1）2.25Cr-1Mo 钢

（1）TIG 焊

母材是直径 45mm 的管子，壁厚 9.4mm，采用自动 TIG 焊接，焊丝直径 1.0mm，电流 140A，电压 12V，焊速 4.7cm/min，热输入 21.5kJ/cm，预热 250℃，焊后热处理制度是：700℃保温 0.5h。母材的组织是铁素体+珠光体，由于进行过高温退火和 700℃的焊后热处理，一部分珠光体已发生了球化，在晶界和铁素体晶粒内都有细小的碳化物析出。

焊缝中心组织见图 4-78，主要是回火马氏体，也有部分晶界铁素体析出。熔合线附近的组织见图 4-79，左侧是焊缝，右侧是热影响区，因为母材含碳量高于焊缝，所以热影响区几乎没有晶界铁素体，都是回火马氏体。

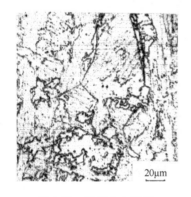
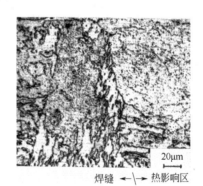

图 4-78 焊缝中心组织 　　　　图 4-79 熔合线两侧区组织

（2）电渣焊

母材的化学成分（质量分数，%）如下：C 0.10、Mn 0.52、Si 0.34、Cr 2.27、Mo 0.94、P 0.013、S 0.012；母材的力学性能：R_m 485MPa，R_{eL} 265MPa，A_4 25.4%；板厚 200mm。

采用双丝焊接，丝间距 80～85mm，摆动幅度 90～95mm，电流 570A，电压 52V，焊速 11～13mm/min。焊后热处理规范是：930℃，保温 4h，水冷；再加热到 695℃，保温 30h 进行消除应力热处理。焊缝的化学成分（质量分数，%）如下：C 0.15、Mn 1.10、Si 0.05、Cr 2.43、Mo 1.05、P 0.006、S 0.007。母材的微观组织见图 4-80，是块状铁素体和珠光体。板厚中心部位的焊缝微观组织见图 4-81，经过淬火和消除应力热处理，焊缝是均匀的贝氏体组织。因为受到了均匀化处理，0℃的冲击吸收能量为 196J。

图 4-80　母材组织

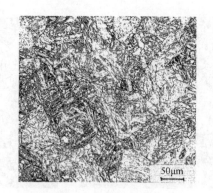

图 4-81　电渣焊焊缝组织

2）9Cr-1Mo 钢

母材是直径 63.5mm 的管子，壁厚 4mm，V 形坡口，手工 TIG 焊接，预热 250～300℃。

焊缝化学成分（质量分数，%）如下：C 0.06、Mn 0.60、Si 0.28、Cr 8.95、Mo 0.95。分为焊态和热处理状态两种条件，热处理规范是：720℃，保温 1h。

不热处理条件下的焊缝微观组织见图 4-82，属于马氏体组织；热处理条件下的接头区组织见图 4-83，左侧是焊缝，右侧是热影响区，不论焊缝还是热影响区都是回火马氏体，但是焊缝组织要比热影响区组织粗大。因为产品的内表面有高速流体通过，希望管子的焊道背面平滑，所以不进行热处理更有利些，其他部位都要求进行热处理。

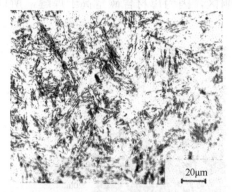

图 4-82　热处理的焊缝组织

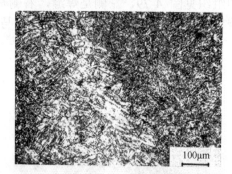

焊缝←→热影响区

图 4-83　热处理后的接头区组织

5．3.5%Ni 钢焊接区的组织

1）手工电弧焊

母材板厚 12mm，V 形坡口，向上立焊，共 5 道焊满。电流 135～140A，电压 21～23V，焊速 6.2～9.1cm/min；焊后在 620℃保温 1h，随后炉冷。焊缝化学成分（质量分数，%）如下：C 0.03、Mn 0.90、Si 0.32、Ni 3.19、Mo 0.27；焊缝金属力学性能是：R_m 554MPa、R_{eL} 450MPa、A_4 32%、−102℃的冲击吸收能量 77J。最后焊道的组织是较粗大的铁素体，如图 4-84；受到后续焊道加热的先焊焊道的组织也是铁素体，但其方向性已不明显，见图 4-85。由于焊缝中不含钛，与含钛的焊缝相比较，组织稍为粗大些。离开熔合线 1mm 处的热影响区组织如图 4-86，其组织是细小晶粒的铁素体，也有零散分布的珠光体，即照片中的黑色小颗粒。母材组织见图 4-87，它的组织类似于普通低碳钢，在铁素体之

间有层状的珠光体，因为含碳量低，珠光体的量极少。焊态下，不含钛的焊缝在-100℃的冲击吸收能量仅有 10～30J，经过 620℃消除应力退火后，冲击吸收能量明显地提高了，也稳定了。

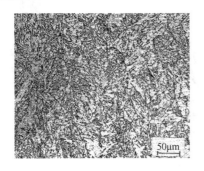

图 4-84　最后焊道的组织

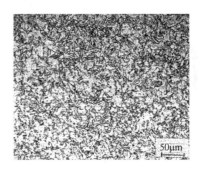

图 4-85　先焊焊道的组织

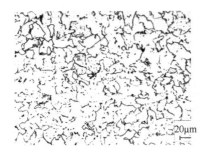

图 4-86　热影响区组织

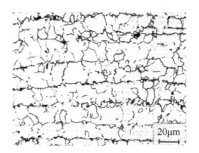

图 4-87　3.5%Ni 钢的微观组织

2）埋弧焊

母材厚 25mm，V 形坡口，60°；电流 600A，电压 45V，焊速 55cm/min，每层焊两道，预热和道间温度 150℃。焊缝化学成分（质量分数，%）如下：C 0.05、Mn 0.34、Si 0.06、Ni 3.58、Ti 0.02；焊缝金属力学性能是：R_m 508MPa、R_{eL} 437MPa、A_4 31%、-101℃的冲击吸收能量 142J。

最后焊道的焊缝呈现柱状晶，它是粗大的贝氏体与铁素体的混合组织，见图 4-88，这种组织对韧性带来不利影响。除了最后焊道外，如果焊接施工上不留意，在其它焊道中也会出现类似组织。先焊焊道的组织如图 4-89 所示，由于后焊焊道的热作用，它的柱状晶已完全消失，是极为细小的铁素体组织。该组织对获得优良的低温韧性很有利，故在焊接施工上要设法尽可能多地得到这种组织。

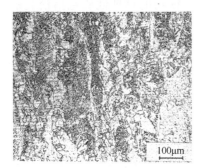

图 4-88　埋弧焊最后焊道的组织

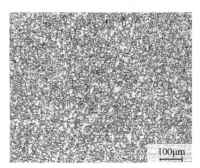

图 4-89　埋弧焊先焊焊道的组织

第五章
低合金钢用焊接材料的研发与应用

低合金钢用的焊接材料，包括电弧焊焊条，气体保护焊用实心焊丝及药芯焊丝，埋弧焊用焊丝及焊剂等，这些焊材广泛应用于国民经济的各个行业，有民用的，也有军工商用的。书中介绍的内容，大多是笔者自己研究开发的产品，为了满足各项使用要求，又进行了不少应用研究，如焊接参数的影响，焊接裂纹试验及焊接接头的断裂特性等，分别说明如下。

第一节
低合金钢用焊接材料的研发

一、铁粉焊条的研发

铁粉焊条的熔敷效率高，提高了劳动生产率，且焊接工艺性能优良，与普通焊条相比较其耐腐蚀性能更为优越，在国内外已得到了较为广泛的应用。为了进一步发展铁粉焊条，必须研究铁粉物理性质对焊接特性的影响。铁粉的物理性质包括松装密度（以下简称松比）、颗粒尺寸、颗粒形状及表面状态等，本节只对铁粉松比和粒度的影响进行试验。在焊接特性方面也仅对熔敷效率、发尘量及熔滴过渡形式的影响进行研究。还针对铁粉加入量的影响进行试验，铁粉的加入量包括相对加入量和绝对加入量，相对加入量即药皮中铁粉的百分比，绝对加入量是指在铁粉百分比不变的情况下，通过增加药皮厚度来增加铁粉的总量。这些研究为发展铁粉焊条提供了基础性支持。

1. 对铁粉焊条的基础性试验

试验选用了三种松比的铁粉，其松比及粒度组成见表 5-1。焊条为碱性低氢型，焊芯直径 4mm；药皮厚度分三档，其药皮外径 D 与焊芯直径 d 之比分别为 1.7、2.0 和 2.3。

表 5-1　试验用铁粉的松比及粒度组成

铁粉型号	松比 / (g/cm^3)	粒度组成（目）/%							
		+45	−45～+55	−55～+75	−75～+100	−100～+150	−150～+200	−200～+260	−260
F100.25	2.5	0	0	0.1	0.2	38.7	21.3	14.0	25.7
F40.30	3.0	3.0	7.7	16.0	13.0	19.0	19.0	10.0	20.0
F40.37	3.7	0.2	3.2	28.3	30.4	28.3	28.3	2.6	1.4

（1）铁粉松比对焊接特性的影响

试验采用松比为 2.5g/cm^3 和 3.7g/cm^3 的两种铁粉，加入量为 25%、35%、45% 和 55%，药皮中其它原材料的加入量保持不变，焊条外径 6.8mm（D/d=1.7）。不同松比的铁粉及其加入量对焊条熔敷效率的影响见图 5-1，它与发尘量的关系见图 5-2。

由图 5-1 可以看出，随着药皮中铁粉数量的增加，焊条的熔敷效率也增加。在铁粉加入量相同的情况下，铁粉的松比越大，熔敷效率也越高。由图 5-2 可以看出，随着药皮中铁粉数量的增加，焊条发尘量有下降的趋势，但松比对发尘量的影响不明显。

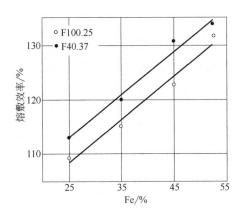

图 5-1　铁粉量对熔敷效率的影响

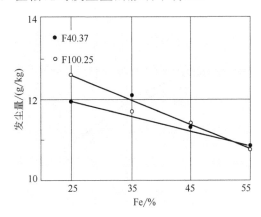

图 5-2　铁粉量对发尘量的影响

（2）铁粉粒度对焊接特性的影响

试验采用松比为 3.0g/cm^3 的铁粉，先将其过筛，按粒度不同进行分档，共分五档，即 −45～+100 目、−100～+150 目、−150～+200 目、−200～+260 目、−260 目。各粒度铁粉的加入量均为 50%，其它原材料保持不变，药皮外径为 6.8mm。铁粉粒度对焊条熔敷效率和发尘量的影响见图 5-3。由图 5-3 可以看出，除了极微细的铁粉（−260 目）对熔敷效率和发尘量有较明显的影响外，其它粒度的铁粉对熔敷效率和发尘量没有什么影响，熔敷效率均在 120% 左右，发尘量在 11g/kg 上下波动。需要注意的是，铁粉的粒度、颗粒形状及表面状态对铁粉的流动性影响很大，因此，它一定会影响到焊条的压涂性能，也会影响到药芯焊丝的成形过程，在制造工艺上应多加小心。极微细的铁粉比表面积大，在电弧温度下极易氧化成 FeO，引起熔敷效率下降。同时，有的氧化物挥发出来，进入焊接烟尘，导致其发尘量增加。大部分 FeO 进入熔渣，使渣变稀，使焊缝表面成形和脱渣性变差。

（3）焊条药皮厚度对焊接特性的影响

试验采用松比为 3.7g/cm^3 的铁粉，加入量分别为 45%、55% 和 63%，对应于每一铁粉量有三个不同的药皮厚度,其外径分别是 6.8mm、8.0mm、9.2mm,焊芯直径均为 4.0mm。随着药皮厚度的增加,施焊时的焊接电流也相应增大,以保证焊接过程的稳定。不同药皮厚度下的焊条熔敷效率见图 5-4,发尘量见图 5-5,直流焊接时,对熔滴短路过渡次数的影响见图 5-6。

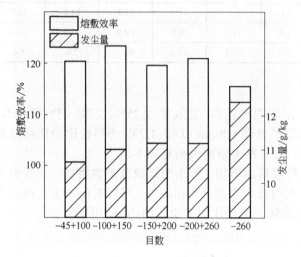

图 5-3　铁粉粒度对熔敷效率和发尘量的影响

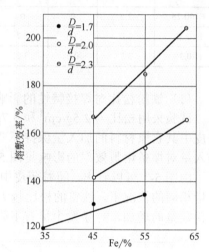

图 5-4　药皮厚度对熔敷效率的影响

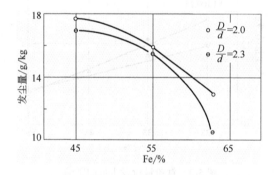

图 5-5　药皮厚度对发尘量的影响

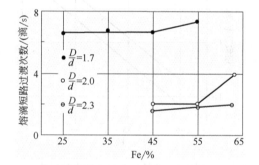

图 5-6　药皮厚度对熔滴短路过渡次数的影响

由图 5-4 可以知道,随着药皮厚度的增加,焊条的熔敷效率显著提高。例如,铁粉加入量为 55% 时,焊条外径从 6.8mm 增加到 9.2mm 的话,熔敷效率由 134% 增加到 186%。

从图 5-5 可知,增加药皮厚度有降低单位质量焊条的发尘量倾向,特别是铁粉的加入量多时,厚药皮焊条的发尘量明显减少。图 5-6 表明,当焊条外径达到 8mm 以上的话,熔滴短路过渡次数明显减少。随着短路过渡次数的减少,相应地会有更多的熔滴呈喷射状过渡,熔滴从短路过渡到喷射状过渡,对改善焊接工艺性能,如电弧稳定性、飞溅大小及表面成形等都是有利的,尤其是发尘量的明显下降,已得到了公认。

（4）铁粉加入量的控制

焊接工艺性能对焊条而言是极为重要的,为了得到良好的焊接工艺性能,在整个焊接过程中,必须保持适当而均匀的焊条套筒长度。套筒短的话,电弧不集中,吹力小,熔深不够。套筒长的话,电弧吹力大,熔深大,熔池变长,电弧稳定性不良。对于铁粉焊条来说,随着铁粉加入量的增加,药皮熔化速度加快,套筒长度变小。故铁粉的加入量应适当，以便得到合适的套筒长度。研究发现，合适的铁粉量可以借助于熔渣重 S 与熔化焊条重 E 之比 S/E 来判断。当两者之比 S/E=18%～24%时，焊条套筒长度合适，焊接工艺性能良好；当 S/E＜18%时，焊条套筒太短，电弧吹力小，熔渣量也多，渣壳太薄，脱渣性不良；当 S/E＞24%时，焊条套筒太长，电弧吹力过大，熔渣量也多，电弧热的有效利用率下降。表 5-2 列出了不同铁粉加入量条件下的 S/E 值。可以看出，药皮厚度不同，铁粉的合适加入量是不同的。对焊芯直径 4mm 的焊条而言，当其焊条外径为 6.8mm 时，铁粉的加入量宜限制在 45%以下；当其焊条外径为 8mm 时，铁粉的合适加入量为 45%～63%；当其焊条外径达到 9.2mm 时，铁粉的加入量宜控制在 60%以上。但是，铁粉加入量和药皮厚度的增加，都是有限度的，铁粉的最大加入量通常不超过 70%，药皮厚度，如果用 D/d 来表示，其最大值可达 2.5，否则，将导致制造过程难以实现。另外，铁粉的加入量不同时，所要求的铁粉松比也不一样。加入量少的话，可采用低松比的铁粉，如 F40.25 或 F100.25，铁粉粒度小对稳弧性有好处；当加入量多的话，只可采用高松比的铁粉，如 F40.37；对于中等的加入量 如 35%～45%，宜采用中等松比的铁粉，如 40.30，也可采用几种松比的铁粉搭配加入。

表 5-2　不同铁粉含量条件下的熔渣量与熔化焊条质量之比（S/E）

铁粉型号	F100.25				F40.37							
焊条外径/mm	ϕ6.8				ϕ6.8			ϕ8.0			ϕ9.2		
铁粉量/%	25	35	45	55	35	45	55	35	45	55	45	55	63
熔渣量 S/g	13.5	12.4	10.7	9.6	12.0	11.0	11.0	18.0	18.0	17.0	26.0	24.0	20.5
熔条量 E/g	56.5	57.5	58.1	59.9	59.0	60.5	63.0	70.5	74.0	77.5	93.0	95.0	97.0
（S/E）/%	23.9	21.6	18.4	16.0	20.3	18.2	17.5	25.5	24.3	21.9	28.0	25.3	21.1

2．铁粉焊条的产品性能

（1）氧化钛型铁粉焊条

氧化钛型焊条属于酸性渣系，药皮中含有大量的酸性氧化物，以 TiO_2 为主，也有不少数量的 SiO_2。这种渣系的焊条操作性能非常好，如电弧稳定、脱渣容易、成形美观、飞溅很少，适于交、直流两种电源。该类焊条往往用于盖面焊等装饰部位的施工。它的缺点是焊缝中扩散氢量高，抗裂性能差，不适于焊接刚性大的部位和厚板结构。另外，焊缝韧性较低，不适于焊接承受动载的结构或低温下使用的产品。正如上面进行的研究工作所指出的那样，在这类渣系中加入铁粉后，既可提高焊接效率又可降低发尘量和飞溅率。但是，要得到优良的焊接操作性能，必须进行大量的试验工作，使之具有良好的综合性能。在大量的工作基础上，开发出了一种高效低尘铁粉焊条，并获得了国家专利局的授权（专利号是 CN 85107951），专利要求中的铁粉含量＞40%。

焊条产品的特性如下，熔敷效率在 160%左右，交直流两用，焊接时飞溅少，脱渣容易，焊道表面成形美观，再引弧性能优秀，抗气孔性能良好。适于平焊和横角焊，用于各类碳钢构件的高效焊接。焊条的熔敷金属化学成分（%）和力学性能见表 5-3。

表 5-3　氧化钛型铁粉焊条的熔敷金属成分（质量分数，%）和力学性能

C	Si	Mn	Mo	R_m/MPa	$R_{p0.2}$/MPa	A/%	A_{kV}/J
0.10	0.31	1.20	0.12	550	450	26.5	92（0℃）

（2）低氢型铁粉焊条

属于碱性渣系，药皮中含有大量的碱性氧化物。由于熔渣的碱度高，对提高焊缝韧性极为有利。因为属于低氢型焊条，焊缝中扩散氢量低，抗裂性能优良，适于焊接刚性大的部位和厚板结构。另外，焊缝韧性高，适于焊接承受动载的结构或低温下使用的产品。有的中碳、高碳钢和高硫钢等难以焊接的钢种，也选用碱性焊条。它的不足之处是焊接工艺性能不如氧化钛型焊条好，主要表现在焊波较粗，焊道呈凸形，有的只能采用直流电源。另外，碱性焊条的再引弧性通常都不好。在这类渣系中加入铁粉后，既可提高焊接效率又可降低发尘量和飞溅率。为了得到优良的焊接操作性能，进行大量的试验工作，使这类低氢型铁粉焊条，也具备了良好的综合性能，开发出了一种高效碱性低氢型铁粉焊条，获得了国家专利局的授权（专利号是 CN 91104221.0）。专利要求中的铁粉＞45%。

焊条产品的特性如下：熔敷效率在 160% 左右，交直流两用，焊接时飞溅少，脱渣容易，焊道表面成形美观，再引弧性能优秀，抗气孔性能良好；熔敷金属的扩散氢含量小于 6mL/100g。适于平焊和横角焊，可用于焊接重要的碳钢和低合金钢结构，如船舶、锅炉等。焊条的熔敷金属化学成分（%）和力学性能见表 5-4。

表 5-4　低氢型铁粉焊条的熔敷金属成分（质量分数，%）和力学性能

C	Si	Mn	Mo	R_m/MPa	$R_{p0.2}$/MPa	A/%	A_{kV}/J
0.07	0.30	1.25	0.05	555	450	30.0	138（-20℃）

概括起来：①随着药皮中铁粉量的增加，焊条的熔敷效率增加；铁粉松比越大熔敷效率也越大。②极微细的铁粉在焊接过程中易于氧化和挥发，降低了熔敷效率，增加了发尘量，对焊接工艺性能带来不利影响，焊缝成形变差，脱渣困难。③增大药皮厚度允许加入更多的铁粉，进一步提高了熔敷效率，熔滴过渡形态也由以短路过渡为主变成以喷射过渡为主，使焊条发尘量明显下降，工艺性能更加优良。④铁粉的合适加入量，可采用熔渣重与熔化焊条重之比来判断，该比值以 18%～24% 为佳。在此研究的基础上，开发出了性能优良的氧化钛型和低氢型两种铁粉焊条。

二、低温钢用焊条的研制

06MnNb 钢是 20 世纪研制的国产低温工程用钢，它是为解决国内缺少镍资源条件而开发的，用以取代进口的含镍低温钢，如 2.5Ni 和 3.5Ni 钢。含镍钢配套的焊条国外已有成熟的产品，其焊缝成分与钢板成分相近似，性能也充分满足要求。但是，改成不含镍的钢种后，其焊缝成分系统如何选择，相应的坡口形状和施工技术等也要做出选择。例如加大坡口角度，反面清根时，加深加宽以减少母材的稀释率。因此，这一焊条的研制有一定的特殊性，可为其它异种成分的钢种和焊材配套提供借鉴。

采用两种焊芯成分进行研究：一是 H04A，含 C=0.03%；一是 H08A，含 C=0.07%。其余成分相近，Mn≈0.35%，Si≈0.1%。通过焊条药皮向焊缝中过渡合金元素，测定熔敷金属力学性能，以确定各元素的最佳含量。钢板采用 06MnNb 钢，厚度 16mm。

1. 化学成分对熔敷金属力学性能的影响

（1）Ni、Cu、Mo 对熔敷金属力学性能的影响

Ni 的含量分为五个档次，其它元素尽量不变化；再在 Ni 接近 4% 的条件下，改变 Cu

或 Mo 的含量，各分两档，以便对这两个元素的作用进一步加深了解。这三个元素对熔敷金属力学性能的影响列于表 5-5。

表 5-5　Ni、Cu、Mo 含量（%）对熔敷金属力学性能的影响

序号	C	Si	Mn	Ni	Mo	Cu	R_m/MPa	A/%	A_{kV}/J		
									−75℃	−95℃	−105℃
1	0.05	0.19	0.73	2.27	0.13	0.55	576	29.7	66	13	13
2	0.04	0.19	0.67	3.00	0.13	0.55	596	29.3	72	34	20
3	0.05	0.17	0.63	3.50	0.13	0.55	616	25.2	86	32	32
4	0.05	0.19	0.64	4.12	0.15	0.55	715	19.5	—	58	42
5	0.05	0.23	0.65	5.04	0.14	0.55	745	22.0	—	55	48
6	0.04	0.20	0.64	4.05	—	0.48	710	20.5	88	58	—
7	0.06	0.23	0.75	4.05	0.39	0	749	21.5	—	38	31

由表 5-5 可以看出，随着 Ni 含量的提高，熔敷金属的低温韧性逐步改善，在其含量超过 4% 以后，焊缝的韧性水平已不再进一步提高了。但是，Ni 含量的提高也引起了焊缝强度的提高，远超出了 06MnNb 钢板的强度水平（446~466 MPa）。因此，在韧性满足要求的前提下，Ni 含量尽可能低些为好。与不加 Cu 的焊缝相比较，加了 Cu 的焊缝有更高的低温韧性，因此，加入约 0.5%Cu 是必要的。与不加 Mo 的焊缝相比较，加了 Mo 的焊缝有较低的低温韧性。国外有资料介绍，加入少量的 Mo 有利于改善焊缝的回火性能。

（2）C、Si、Mn 对熔敷金属低温韧性的影响

在 Ni 约为 4% 的条件下，C 的含量分为两个档次，其它元素尽量不变化；并在 Ni 约为 3.3% 的条件下改变 Si 的含量，分为三档；再在最佳的 Ni 和 Si 含量下改变 Mn 的含量，也分成两档。它们对熔敷金属低温韧性的影响列于表 5-6。

表 5-6　C、Si、Mn 含量（%）对熔敷金属低温韧性的影响

序号	C	Si	Mn	Ni	A_{kV}/J		
					−95℃	−105℃	110℃
8	0.10	0.23	0.71	4.05	—	37	25
9	0.04	0.22	0.73	4.07	—	33	32
10	0.07	0.22	0.77	3.03	44	18	—
11	0.05	0.35	0.82	3.29	16	10	—
12	0.06	0.68	0.92	3.32	5	5	—
13	0.05	0.18	0.95	4.02		31	
14	0.04	0.23	0.75	4.05	—	43	—

由表 5-6 可以看出，C 含量在 0.04% 和 0.10% 两个水平下，熔敷金属韧性并无明显变化，但尚待进一步确认。Si 含量对熔敷金属低温韧性有较大负面影响，其含量在 0.35% 时，韧性已经下降，因此，Si 的含量在 0.2% 左右为宜，但太低了也不好，因为它起到脱

氧作用。试验结果表明，Mn≤0.75%是合适的，因为 Mn 在 0.95%时，其低温韧性已呈现下降趋势。

（3）N 含量对熔敷金属低温韧性的影响

作为一个合金元素来研究 N 的影响是很少见到的，N 对熔敷金属低温韧性的影响列于表 5-7。

表 5-7　N 含量（%）对熔敷金属低温韧性的影响

序号	C	Si	Mn	Ni	Cu	P	S	N	O	A_{kV}/J		
										−75℃	−90℃	−105℃
15	0.08	0.20	0.64	5.27	0.52	0.010	0.020	0.013	0.030	60	38	38
16	0.10	0.18	0.50	5.29	0.62	0.008	0.012	0.0075	0.033	127	86	71

比较表 5-7 中的化学成分可以看出，它们的最大差别是 N 的含量，并由此带来了低温韧性的显著不同。单从几个常量元素的成分分析结果，很难找出韧性差异的缘由，因此怀疑杂质元素及气体含量特别是氧的含量，它们可能是造成韧性差异的因素。数据表明，S、P、O 的含量虽然有点差异，但不至于造成如此大的影响，只能用 N 含量的差异来解释才更有说服力。由此，对 N 的作用刮目相看，今后需要进行更加深入的试验。通过大量试验，确定了能够满足-90℃低温韧性要求的熔敷金属成分范围，如表 5-8 所示。研制的焊条具有优良的工艺性能，成形美观，脱渣容易，采用直流反极性施焊，可进行全位置焊接。主要用于焊接-90℃低温下使用的 06MnNb 钢。试生产焊条的力学性能列于表 5-9。

表 5-8　焊条熔敷金属的化学成分（质量分数）范围　　　　　　　%

C	Si	Mn	Ni	Cu	Mo	P	S
≤0.10	≤0.25	≤0.80	4.0-5.3	≤0.55	≤0.20	≤0.020	≤0.02

表 5-9　试生产焊条的熔敷金属力学性能

热处理条件	R_m/MPa	$A/\%$	A_{kV}/J		
			−60℃	−75℃	−90℃
焊后不热处理	710	20.5	127	86	71
620℃×1h 回火	717	19.7	103	64	63

2．施工因素对低温韧性的影响

按上述化学成分范围的要求，批量生产了符合力学性能要求的焊条，并应用于制造相关产品。在施工前的模拟试验中发现，焊缝金属低温韧性不够稳定，因此在焊缝根部和上部分别取样，进行化学分析。结果表明，焊缝根部的 Ni 含量，个别的只有 2.05%，可见是由母材的稀释作用引起的，并由此导致了焊缝成分和低温韧性的不稳定。为了解决这一现象，开展了施工因素对低温韧性影响的试验工作。试验用钢板为 06MnNb，板厚 20mm。结合产品制造要求，采用不对称的 X 形坡口，角度 60°，不留间隙。焊接后焊面的焊道时，又分成不清根和清根（从背面刨去原来的第一层焊缝）两种方案。试验结果汇总于表 5-10。

表 5-10　施工因素对低温韧性的影响

坡口形式	焊根清理	冲击试样取样位置	A_{kv}/J		
			-65℃	-80℃	-90℃
X 形，不对称	不清焊根	板厚中心部位	43～61/50	37～67/50	21～34/28
X 形，不对称	不清焊根	后焊焊道部位	35～51/40	32～38/35	26～44/33
X 形，不对称	清焊根	后焊焊道部位	45～58/51	38～47/43	44～47/46

由表 5-10 可以看出，不清焊根时，焊缝金属的低温冲击吸收能量偏低，也不稳定，特别是-90℃时波动更加明显，最高值约为最低值的 1.5 倍；清理焊根后，焊缝金属的低温冲击吸收能量提高了，也很稳定，在各温度下均波动不大。这一结果表明，当母材和焊材在成分上差别较大时，焊接施工上必须采取相应措施，才能达到满意的效果。因此，采用所研制的含 Ni 量高的焊条焊接 06MnNb 钢时，一定要采用背面清焊根措施。

在焊条力学性能满足要求的前提下，又找出了合适的施工措施，进而开始造制相关产品。先后制造了乙烯储罐和 11.5 万吨/年乙烯装置中的 V-403 乙烯压缩机的三段吸入槽。设备经 X 射线检验全部合格。经过 620℃整体回火后，通过水压和气密性试验，均符合设计要求。

概括起来：①焊接不含 Ni 的低温钢时，应对熔敷金属中的主要成分进行控制，如 Ni≥4%，Cu≤0.55%，Mo≤0.2%，Si≤0.25%，Mn≤0.80%。②采用含 Ni 量高的焊条焊接不含 Ni 的 06MnNb 钢时，一定要采用背面清焊根措施，减少母材的稀释所带来的冲击吸收能量偏低和不稳定现象。

三、低合金耐腐蚀钢用焊条的研发

为了开发我国青海盐湖中的钾矿资源，在国家"八五"攻关项目中，列入了低合金耐腐蚀钢及其配套焊条的研制内容。由于盐湖一带的环境条件恶劣，腐蚀介质中有 $MgCl_2$、KCl、NaCl 等，故要求采用耐腐蚀性优良的钢种。国外在盐田设备上使用的低合金耐腐蚀钢，以法国的 APS 钢为代表，故我国也研制了与其成分相近的低合金耐腐蚀钢，包括 Cr_2-Al 和 Cr_4-Al 两个成分系列。钢板的化学成分见表 5-11，钢板的力学性能列于表 5-12。

表 5-11　试验用钢板的化学成分（质量分数）　　　　　　%

钢种	C	Si	Mn	Cr	Al	Cu	Mo	Ni	P	S
Cr_2-Al	≤0.15	0.2～0.4	0.4～1.0	1.8～2.2	0.2～0.8	0.2～0.6	0.2～0.4	0.2～0.6	≤0.03	≤0.03
Cr_4-Al	≤0.15	0.2～0.4	0.4～1.0	3.5～4.5	0.4～0.8	0.2～0.6	0.2～0.4	0.6～1.0	≤0.03	≤0.03

表 5-12　试验用钢板的力学性能

钢种	R_m/MPa	$R_{p0.2}$/MPa	A/%	A_{kv}/J
Cr_2-Al	≥400	≥300	≥20	≥100
Cr_4-Al	≥500	≥350	≥15	≥50

与钢板相配套的焊条首先要满足耐腐蚀性能的要求，在力学性能指标上也要与钢板相接近，从施工上考虑还必须有良好的抗裂性能和焊接工艺性能。为此，开展了相关试

验工作。

1. 焊缝化学成分对耐腐蚀性能的影响

化学成分的变化主要是改变 Cr 的含量，也对 Mo 含量做了稍许改动。另外，又选择了一种奥氏体焊条，即 18%Cr-8%Ni 的 A102 焊条。试验工作包括挂片腐蚀试验和电化学腐蚀试验，挂片腐蚀试验又分为熔敷金属挂片试验和焊接接头挂片试验。

（1）挂片腐蚀试验

熔敷金属的腐蚀试片尺寸是 3mm×25mm×30mm，腐蚀介质为：$MgCl_2$ 23.3%、KCl 3.3%、NaCl 2.3%、水 71.1%。介质温度 35℃，采用动态腐蚀方式，总腐蚀时间 796h。不同熔敷金属成分的挂片腐蚀试验结果见表 5-13。焊接接头的腐蚀试片尺寸是 3mm×30mm×40mm，其他腐蚀条件同熔敷金属的腐蚀试验，钢板采用 Cr_4-Al 钢。不同成分的焊接接头挂片腐蚀试验结果见表 5-14。

表 5-13 不同成分的熔敷金属挂片腐蚀结果

焊条序号	熔敷金属化学成分（质量分数）/%				平均腐蚀率 /[g/(m²·h)]
	Cr	Mo	Ni	Mn	
1	0.63	0.32	0.35	0.90	0.449
2	1.64	0.32	0.35	0.90	0.408
3	3.12	0.32	0.35	0.90	0.350
4	3.82	0.32	0.35	0.90	0.420
5	4.68	0.32	0.35	0.90	0.398
6	3.12	0.47	0.35	0.90	0.342
18	18.0	—	8.0	1.00	0.012

表 5-14 不同熔敷金属成分的焊接接头挂片腐蚀结果

焊条序号	熔敷金属化学成分（质量分数）/%				平均腐蚀率 /[g/(m²·h)]	腐蚀特征
	Cr	Mo	Ni	Mn		
1	0.63	0.32	0.35	0.90	0.448	焊缝区严重腐蚀，凹下约0.3mm
3	3.12	0.32	0.35	0.90	0.392	整个焊接接头与钢板的腐蚀情况相近
5	4.68	0.32	0.35	0.90	0.426	整个焊接接头与钢板的腐蚀情况相近
18	18.0	—	8.0	1.00	0.394	焊缝区未见腐蚀，热影响区及钢板被腐蚀

由表 5-13 可以看出，随着 Cr 含量的增加，腐蚀率下降，耐腐蚀性能有所改善。但 Cr 含量超过 3%时腐蚀率不稳定，原因待查。A102 焊条的耐腐蚀性能明显优于其它成分的焊条。

由表 5-14 可以看出，采用 Cr 含量为 0.63%的焊条焊接 Cr_4-Al 钢之后，焊缝金属的耐腐蚀性能明显低于母材，致使焊缝的腐蚀深度达 0.3mm；采用 Cr 含量在 3%以上的焊条焊接 Cr_4-Al 系钢时，焊缝金属的腐蚀情况与母材相接近。可见，焊接 Cr_4-Al 钢时，焊缝中 Cr 的含量不能低于 3%。采用 Cr 含量为 18%的 A102 焊条焊接 Cr_4-Al 钢之后，焊缝金属几乎不被腐蚀，热影响区和母材则腐蚀严重。其原因一是不锈钢本身的耐腐蚀性优良；

二是不锈钢焊缝处于阴极，母材为阳极，阳极的腐蚀起到了保护阴极的作用。就挂片的试样而言，母材所占的比例不大，容易被腐蚀；而在实际的焊接结构中，母材所占的比例是很大的，这时母材腐蚀情况要明显减轻。

（2）电化学腐蚀试验

腐蚀介质与挂片试验完全相同，采用美国进口的 250A 型腐蚀测定仪，扫描速度为100mV/s，电化学腐蚀试验结果见表 5-15。

表 5-15　电化学腐蚀试验结果

焊条序号	熔敷金属化学成分（质量分数）/%				腐蚀电位/V	腐蚀电阻/Ω	腐蚀电流/A	年腐蚀率/mm
	Cr	Mo	Ni	Mn				
1	0.63	0.32	0.35	0.90	-0.718	3.93×10^{-3}	5.52×10^{-3}	0.065
2	1.64	0.32	0.35	0.90	-0.704	4.06×10^{-3}	5.35×10^{-3}	0.063
3	3.12	0.32	0.35	0.90	-0.688	4.87×10^{-3}	4.46×10^{-3}	0.053
5	4.68	0.32	0.35	0.90	-0.679	5.79×10^{-3}	3.75×10^{-3}	0.044
18	18.0	—	8.0	1.00	-0.450	10.64×10^{-3}	2.04×10^{-3}	0.024

由表 5-15 可以看出，随着 Cr 含量的增加，腐蚀电位的数值变小，腐蚀电阻在增加，腐蚀电流在下降，年腐蚀率也在减少。另据测定，Cr_4-Al 系母材的腐蚀电位是-0.700V，与含 3%～5%Cr 的熔敷金属电位相接近。电化学腐蚀试验也证明，焊缝中 Cr 的量不能低于 3%。总体来看，焊接 Cr_4-Al 钢时，焊缝中 Cr 的量不能低于 3%，而奥氏体型的 A102 焊条的耐腐蚀性最优良。

2. 化学成分及热处理对焊缝金属力学性能的影响

为了满足焊缝金属力学性能要求，对 Cr 含量不同的焊条进行了试验，也采用奥氏体型的 A102 焊条做了对比试验。焊条直径 3.2mm，焊接电流 120A，道间温度 120～130℃。各焊条的熔敷金属的力学性能列于表 5-16。

表 5-16　熔敷金属的力学性能

焊条序号	熔敷金属化学成分（质量分数）/%				R_m/MPa	A/%	A_{kV}/J	接头弯曲 $D=3a$	热处理情况
	Cr	Mo	Ni	Mn					
1	0.63	0.32	0.35	0.90	—	—	125		焊态
2	1.64	0.32	0.35	0.90	—	—	83	—	焊态
3	3.12	0.32	0.35	0.90	970	15.0	44	90°沿熔合线裂	焊态
4	3.82	0.32	0.35	0.90	995	13.8	44	—	焊态
4-1	3.82	0.32	0.35	0.90	570	17.1	79	—	760℃×4h空冷
18	18.0	—	8.0	1.00	708	36.8	98	180°不裂	焊态

由表 5-16 可以看出，Cr 含量在 3%～4%的焊条，焊态下熔敷金属的抗拉强度太高，远高于对母材的强度指标要求（≥500MPa）；由于强度过高，韧性明显下降，达不到 50J 的指标要求；还因为焊缝强度高，进行弯曲试验时焊缝基本不变形，使变形集中于热影响区部位，故弯曲至 90°左右时，沿熔合线附近产生了开裂。为了改善焊缝的力学性能，

将 Cr 含量约 4%的焊接试板进行了回火处理，其加热温度和保温时间参照钢板的回火制度。经过热处理后，焊缝的强度明显下降，韧性大幅度提高，塑性也有所改善，这时的焊缝性能与钢板性能已基本相当。采用 A102 焊条与 Cr₄-Al 钢板组合焊接后，焊缝强度不太高，塑、韧性都优良，接头弯曲达到 180°也不裂，满足了力学性能相匹配的要求。Cr 含量≤2%的焊条，虽然表现出了高的韧性水平，但是，耐腐蚀性能达不到要求。

3．化学成分对抗裂性能的影响

采用了"铁研式"裂纹试验方法，焊条的烘干条件是 350℃×1h，焊条直径 3.2mm，焊接电流约 100A，环境温度 14℃，不同成分的焊条及预热温度对裂纹的影响见表 5-17。

表 5-17　不同成分的焊条及预热温度对裂纹情况的影响

焊条序号	熔敷金属化学成分（质量分数）/%				预热温度/℃	裂纹情况
	Cr	Mo	Ni	Mn		
3	3.12	0.32	0.35	0.90	不预热	30min 内焊缝表面纵向裂穿
3	3.12	0.32	0.35	0.90	100	140min 内焊缝表面纵向裂穿
5	4.68	0.32	0.35	0.90	不预热	焊后数分钟内焊缝表面纵向裂穿
18	18.0	—	8.0	1.00	不预热	焊缝表面无裂纹

抗裂性试验结果表明，Cr 含量超过 3%的焊条抗裂性能是不好的，即使预热到 100℃仍然产生了严重的裂纹。要避免产生裂纹，必须采取更为严格的工艺措施，如提高预热温度、缓慢冷却及进行后热处理等。因为在这么高的 Cr 含量情况下，空冷后的焊缝组织仍是马氏体，其抗裂性很差。然而，A102 焊条表现出了优良的抗裂纹能力，即使在较低的环境温度下，不预热也可以避免裂纹，有利于保证焊接质量，也给焊接施工提供了方便。A102 焊条的焊缝是奥氏体组织，它可以容纳大量的扩散氢，既可避免焊缝中出现裂纹，又可减少进入热影响区的扩散氢量，还能缓解热影响区的应力，对避免出现热影响区裂纹起到了有利的作用。针对这几种成分的焊条进行了多方面的性能试验后，发现各有利弊之处，如表 5-18 所示。

表 5-18　几种成分焊条的综合性能对比

焊条成分特征	耐腐蚀性能	力学性能	抗裂性能	经济性
Cr＜1.6%	差	优	良	优
3%＜Cr＜5%	良	差	差	良
18%Cr-8%Ni	优	优	优	差

由表 5-18 可知，Cr＜1.6%的焊条耐腐蚀性不过关；3%＜Cr＜5%的焊条力学性能和抗裂性能差，即便通过回火处理改善了力学性能，在施工上也很难解决裂纹问题；只有 A102 焊条，从保证耐腐蚀性能、接头力学性能和方便施工等几个方面比较，都具有综合优势。故，最后选定 A102 焊条作为 Cr₄-Al 系低合金耐腐蚀钢用的配套焊条。为了降低焊条的成本，采用低碳钢焊芯，通过药皮过渡合金元素的方式进行合金化，进而开发出了 A102T 焊条。它不仅满足了上述各项性能的要求，而且解决了不锈钢焊条的药皮发红、开裂问题。它可以使用较大的焊接电流，提高焊接生产率。A102T 焊条具有良好的焊接工艺性能，电弧稳定性好，飞溅不大，脱渣容易，适于交、直流两种电源。青海送变电

公司曾订购该焊条一吨多，用于省内的输电线路工程上。这批焊条的熔敷金属化学成分和力学性能列于表 5-19。

表 5-19　试生产焊条的熔敷金属化学成分（质量分数）和力学性能

熔敷金属化学成分/%							R_m /MPa	A /%	Z /%	A_{kV}/J	
C	Si	Mn	Cr	Ni	S	P				常温	-40℃
0.031	0.73	1.07	17.4	8.7	0.011	0.015	685	39.0	56.2	92	75

四、铬-钼耐热钢用焊接材料

铬-钼耐热钢广泛用于电站锅炉、石油化工、核动力等产品的受热设备。当设备的使用温度在 450℃ 以下时，一般采用碳钢或普通低合金钢；当设备的使用温度高于 450℃ 时，则推荐使用耐热钢。按照国际惯例，耐热钢分为两类，其一是铁素体类型耐热钢，包括珠光体、贝氏体、马氏体及铁素体耐热钢，下面叙述这类铁素体钢采用的焊接材料；另一类是奥氏体类型的耐热钢，通称高温耐热不锈钢，在本书中不予介绍。

1．国外的铬-钼耐热钢用焊材产品

（1）焊条

参照曼彻特公司提供的产品样本，本书收录了其中的相关内容。该公司的铬-钼耐热钢用焊条，大部分都采用高纯度的低碳钢焊芯，通过药皮过渡合金元素，以满足焊缝成分和性能的要求。药皮渣系都采用碱性，以获得高的焊缝韧性。在药皮中再加入适量铁粉，使其熔敷效率达到 105%～130%，故属于铁粉焊条。这种铁粉焊条，工艺性能良好，适于全位置焊接，又具有较高的效率。焊缝化学成分及力学性能，可通过调整药皮中的合金加入量来实现。但是，也有少量产品采用合金焊芯，即通过焊芯来过渡合金元素，这可进一步提高焊缝金属的纯净度，以便获得更高的焊缝韧性及高温下的耐腐蚀性能等。

在国外压制焊条时采用抗吸潮的黏结剂，它可以改善药皮的抗吸潮性能，进而保证焊缝扩散氢含量很低，以改善焊缝的抗裂性能。在防止焊条吸潮方面，对焊条的贮存则采用了精心管理。首先是采用金属盒密封包装，这样可以长期存放；打开包装后，能保证在 8h 的使用时间内，焊条含氢量小于 5mL/100g。对于吸了潮的焊条，必须进行再烘干，且经 250～300℃ 烘干后，可使含氢量≤10mL/100g；经 300～350℃ 烘干后，含氢量≤5mL/100g。焊条的最高烘干温度规定为 420℃，最多烘干 3 次，累计烘干时间≤10h。还提出建议：刚打开包装的焊条或经过再烘干的焊条，可存放在 100～200℃ 的烘箱内，也可放在 50～150℃ 的焊条保温筒内，建议最长不超过 6 周的放置时间。对于打开包装后又用塑料盒盖好的焊条，推荐的存放环境是：温度>18℃；相对湿度<60%RH。

就其焊条品种而言，对于同一等级的焊条，则有不同的成分类别，如低碳型、超低碳型、抗回火脆化型等。超低碳型（C≤0.05%）的焊条，其焊缝硬度低，焊接残余应力也小，具有优良的抗硫化物应力腐蚀开裂性能。除了这方面的应用外，也用于焊后不进行热处理的薄板焊接。抗回火脆化型焊条，严格控制焊缝中残余的有害元素 P、Sn、As、Sb 等，以使焊缝具有低的 X 脆化指数和 J 脆化指数，确保焊缝长期在 400～600℃ 工作时，具有优良的抗回火脆化性能。2.25Cr-1Mo 钢的抗回火脆化型焊条及不抗回火脆化型焊条，它们的焊缝主要成分及低温韧性数据见表 5-20，曼彻特公司耐热钢焊条的焊缝成分

汇总于表 5-21。

表 5-20 抗回火脆性不同的两种焊缝主要成分（质量分数，%）及其低温韧性

焊条特性	C	Mn	Si	Cr	Mo	P	Sn	As	Sb	A_{kV}/J（690℃×4h 回火）		
										20℃	−10℃	−30℃
不抗回火脆化型	0.07	0.8	0.4	2.25	1.05	0.015	＜0.006	＜0.010	—	140	80	—
抗回火脆化型	0.06	0.9	0.3	2.25	1.05	0.010	0.002	0.003	＜0.002	170	—	140

表 5-21 铬-钼耐热钢用焊条的焊缝化学成分（质量分数） %

铬-钼钢类型（焊条型号）	C	Mn	Si	Cr	Mo	V	W	Ni	Nb	N	备注
0.5Mo（E7018-A1）	≤0.10	0.75～1.20	≤0.6	≤0.2	0.40～0.65	—	—				
1.25Cr-0.5Mo（E7018-B2）	0.05～0.12	0.5～0.9	≤0.8	1.0～1.4	0.45～0.65	—	—	≤0.3	≤0.01	—	
1.25Cr-0.5Mo（E7015-B2L）	0.03～0.05	0.5～0.9	≤0.80	1.0～1.4	0.45～0.65	—	—				
1.25Cr-1Mo-V（ECrMoV1）	0.10～0.15	0.3～1.0	≤0.50	1.0～1.5	0.90～1.30	0.2～0.3		≤0.4			符合ISO-A
2.25Cr-1Mo（E9018-B3）	0.05～0.10	0.5～0.9	≤0.8	2.00～2.50	0.90～1.20	—	—	≤0.3	≤0.01	—	
2.25Cr-1Mo（E8015-B3L）	0.03～0.05	0.5～0.9	≤0.8	2.00～2.50	0.90～1.20						
T23/P23（E9015-G）	0.04～0.10	≤1.0	≤0.5	1.9～2.6	0.05～0.30	0.20～0.30	1.45～1.75	≤0.80	0.02～0.08	≤0.03	B≈0.001
5Cr-0.5Mo（E8015-B6）	0.05～0.10	0.5～1.0	≤0.8	4.0～6.0	0.45～0.65			≤0.40			
9Cr-1Mo（E8015-B8）	0.05～0.10	0.45～1.0	≤0.6	8.0～10.0	0.90～1.20			≤0.40			
T91/P91（E9015-B91）	0.08～0.12	0.4～0.75	≤0.3	8.0～10.0	0.85～1.20	0.15～0.25		0.20～0.40	0.03～0.08	0.03～0.07	Mn+Ni≤1.0
T91/P91（E9015-B91）	0.08～0.12	0.5～1.2	≤0.3	8.0～10.0	0.85～1.20	0.15～0.25		0.40～0.80	0.04～0.07	0.03～0.07	Mn+Ni≤1.5
T92/P92（E9015-B92）	0.08～0.13	0.4～1.00	≤0.4	8.0～9.5	0.30～0.60	0.15～0.25	1.5～2.0	≤0.80	0.04～0.07	0.03～0.07	B≈0.001

铬-钼钢类型 （焊条型号）	C	Mn	Si	Cr	Mo	V	W	Ni	Nb	N	备注
E911 （E9015-G）	0.08 ～ 0.14	0.5 ～ 1.2	0.15 ～ 0.3	9.0 ～ 10.5	0.85 ～ 1.20	0.18 ～ 0.25	0.85 ～ 1.2	≤0.80	0.04 ～ 0.08	0.03 ～ 0.07	
12CrMoV （ECrMoWV12）	0.15 ～ 0.20	0.4 ～ 1.3	≤0.8	10.0 ～ 12.0	0.80 ～ 1.20	0.20 ～ 0.40	0.40 ～ 0.60	≤0.80	—	—	符合 ISO-A

（2）实心焊丝

铬-钼耐热钢用实心焊丝，包括 TIG 焊丝、MIG 焊丝和埋弧焊焊丝，其中 TIG 焊丝和 MIG 焊丝绝大部分是镀铜焊丝，埋弧焊焊丝多数是非镀铜焊丝。TIG 焊接时采用纯 Ar 作为保护气体，电源是直流正极性。MIG 焊接时采用 Ar+2%～20%CO_2 或 Ar+1%～3%O_2 保护气体，电源为直流反极性。保护气体的组成既影响到焊接工艺性能，也对焊缝韧性带来重大影响。当 CO_2 含量增加时，电弧特性变好，有利于改善焊接工艺性能，但也会引起焊缝韧性下降，故建议在满足韧性要求的前提下，适当提高 CO_2 的比例。另外，随着 CO_2 的含量增加，焊缝金属的强度也会有所下降。

从铬-钼耐热钢的焊丝成分看，同一种耐热钢所要求的焊缝成分应当是相同的，且与母材成分相接近，因此，进行 TIG、MIG 及埋弧焊接时，可采用同一成分的实心焊丝，在 EN 标准中，也注明同一种焊丝可用于这三种焊接方法。MIG 焊接时，如果保护气体的氧化性小，对焊缝成分和性能将不会造成影响。但是，随着保护气体的氧化性增强，Si、Mn 等元素有所烧损，焊缝强度和韧性都会有所下降。埋弧焊接时，可以从烧结焊剂中过渡少量合金元素，获得需要的焊缝成分和性能。曼彻特公司耐热钢用实心焊丝的化学成分汇总于表 5-22。

表 5-22　铬-钼耐热钢用实心焊丝的化学成分（质量分数）　　　　　%

铬-钼耐热钢类型 （焊丝型号）	C	Mn	Si	Cr	Mo	V	W	Ni	Nb	其他	备注
0.5Mo （CMo）	0.08 ～ 0.12	0.90 ～ 1.3	0.5 ～ 0.7	—	0.45 ～ 0.60						
1.25Cr-0.5Mo （1CrMo）	0.08 ～ 0.14	0.8 ～ 1.2	0.5 ～ 0.8	0.9 ～ 1.3	0.45 ～ 0.65						符合 ISO-A
1.25Cr-0.5Mo （ER80S-B2）	0.07 ～ 0.12	0.4 ～ 0.7	0.4 ～ 0.7	1.2 ～ 1.5	0.40 ～ 0.65	—	—	≤0.20	—	—	符合 AWS
2.25Cr-1Mo （2CrMo）	0.07 ～ 0.12	0.8 ～ 1.2	0.4 ～ 0.8	2.3 ～ 2.7	0.90 ～ 1.20	—	—				符合 ISO-A
2.25Cr-1Mo （ER90S-B3）	0.07 ～ 0.12	0.4 ～ 0.7	0.4 ～ 0.7	2.30 ～ 2.70	0.90 ～ 1.10	—	—				符合 AWS
T23/P23 （2CrWV）	0.04 ～ 0.10	≤1.0	≤0.5	1.9 ～ 2.6	0.05 ～ 0.30	0.20 ～ 0.30	1.45 ～ 1.75	≤0.80	0.02 ～ 0.08	B≈ 0.003	

铬-钼耐热钢类型 （焊丝型号）	C	Mn	Si	Cr	Mo	V	W	Ni	Nb	其他	备注
5Cr-0.5Mo （5CrMo）	0.03 ~ 0.10	0.4 ~ 0.7	0.30 ~ 0.50	5.50 ~ 6.00	0.50 ~ 0.65	≤0.03	—	≤0.30	—	—	
9Cr-1Mo （9CrMo）	0.06 ~ 0.10	0.4 ~ 0.6	0.3 ~ 0.5	8.50 ~ 10.0	0.80 ~ 1.20			≤0.50			
T91/P91 （9CrMoV）	0.08 ~ 0.13	0.4 ~ 0.8	0.15 ~ 0.50	8.5 ~ 9.5	0.85 ~ 1.10	0.15 ~ 0.25		0.10 ~ 0.40	0.03 ~ 0.08	N≈ 0.05	Ni 含 量低
T91/P91 （9CrMoV-N）	0.08 ~ 0.13	0.4 ~ 0.8	0.15 ~ 0.50	8.5 ~ 9.5	0.85 ~ 1.10	0.15 ~ 0.25		0.40 ~ 0.80	0.03 ~ 0.08	N≈ 0.05	Ni 含 量高
T92/P92 （9CrWV）	0.08 ~ 0.13	0.4 ~ 1.0	≤0.40	8.0 ~ 9.5	0.30 ~ 0.60	0.15 ~ 0.25	1.5 ~ 2.0	≤0.80	0.04 ~ 0.07	N≈ 0.05	
12CrMoV （12CrMoWV12）	0.17 ~ 0.24	0.4 ~ 1.0	0.20 ~ 0.60	10.5 ~ 12.0	0.80 ~ 1.20	0.20 ~ 0.40	0.35 ~ 0.80	≤0.80	—	—	符合 ISO-A

（3）药芯焊丝

铬-钼耐热钢用药芯焊丝是近些年来开发应用的，首先采用的是药粉型，渣系以金红石为主，钢带为高纯度的低碳钢带，也有的采用合金钢带，如 P92 钢用的 Supercore F92 药芯焊丝，就采用合金钢带。金红石型药芯焊丝的工艺性能优良，适于全位置焊接，包括固定管道的焊接。采用的保护气体为 80%Ar+20%CO_2（范围是 15%～25%），流量 20～25L/min。该类型焊丝也可以采用 100%CO_2 作为保护气体，这时电压应提高 1～2V。

2Cr-1Mo 钢用的药芯焊丝，除了常规含碳量的，还有一种超低碳型（C≤0.05%）的产品，凭订单供货。它适合于焊后状态下修理电站设备，也可用在石油化工设备上。

除了药粉型焊丝外，还开发了金属粉型焊丝，如 9Cr1MoV-N 钢用的 CORMET M91 焊丝。它采用高纯度的钢带，熔敷效率为 96%，当采用的保护气体为 Ar+2.5%CO_2 时，可使得工艺性能与韧性有良好的匹配。也有的金属粉型焊丝采用合金钢带，如 E911 钢用的 CORMET 10MW 焊丝，其熔敷效率也是 96%。采用保护气体为 Ar+2.5%～20%CO_2。CO_2 含量高时，操作性能更好些，但是，CO_2 含量降低时，焊缝韧性更好。保护气体的流量多为 20～25L/min。

（4）埋弧焊用焊材

耐热钢用埋弧焊焊剂均为烧结焊剂，主要有 2 个渣系，即铝碱性渣系和氟碱性渣系。铝碱性渣系用于焊接珠光体耐热钢，如 1.25Cr-0.5Mo 等，其碱度较低，可使焊缝增 Si 约 0.3%，增 Mn 约 0.4%。氟碱性渣系用于焊接马氏体耐热钢，如 9Cr-1Mo 钢等，其碱度高。

铝碱性渣系的焊剂牌号有 LA436，碱度约 1.6，它的成分如下（质量分数，%）：

CaO+MgO 40；Al_2O_3+MnO 25；SiO_2+TiO_2 25；CaF_2 10；

氟碱性渣系的焊剂牌号有 LA490，其碱约 3.0，成分如下（质量分数，%）：

SiO_2+Al_2O_3 34；CaO+MgO 38；CaF_2 28。

2．铬-钼耐热钢的焊接施工

铬-钼耐热钢焊接过程中经常出现的问题有冷裂纹、再热裂纹及回火脆性等，再热裂纹出现在熔合线附近的粗晶区，这在焊后热处理时应充分注意。回火脆性与杂质元素有密切关系，可尽量采用抗回火脆化型焊接材料。在焊接施工上最为关注的问题，是防止出现焊接冷裂纹。为此，在焊接材料方面要充分考虑，包括焊条药皮应具有抗吸潮性、受潮的焊条进行再烘干、对焊条的存放及保管要有严格限制，以便能得到低的焊缝扩散氢量，这是防止冷裂纹的一个重要环节。其次是考虑母材成分的影响，其合金成分含量越高，或碳当量越大，所要求的预热及道间温度也应越高。再次是工件厚度的影响，即结构刚度的影响，钢板的厚度越大，拘束度越大，产生冷裂纹的可能性也越大，所要求的预热及道间温度也应越高。

由此可见，选定预热温度及保持相应的道间温度，是防止出现焊接冷裂纹的主要措施。另外，焊后脱氢处理，也是防止产生冷裂纹的措施之一。各种铬-钼耐热钢的成分有很大不同，它们所需要的预热及道间温度也应各不相同，工程上推荐的预热及道间温度列于表5-23。通常要求，预热温度应高于规定的下限温度，道间温度则应低于规定的上限温度。有时也专门规定出最高的道间温度，以免明显地影响到焊缝的冷却速度，特别是 $800 \sim 500 ℃$ 之间的冷却速度，即 $t_{8/5}$，进而影响到接头的力学性，$t_{8/5}$ 越大，焊缝强度越低。

焊后热处理也是施工过程中要特别重视的事项。对于铬-钼耐热钢而言，除了某些特殊应用外，焊后热处理都是必需的。这里指的热处理主要是回火处理，它是把工件加热到 A_{c1} 以下某个温度，经过适当保温，然后冷却到室温。据参考文献介绍，回火处理的目的在于减少内应力，稳定组织，获得所需的力学性能及其它性能。因为回火后的组织决定了焊接接头的性能和寿命，所以获得理想的回火组织是焊后热处理的主要目的。对于珠光体耐热钢来说，焊后回火温度不应超过钢板出厂时的回火温度，否则会引起板材的强度下降。而对于马氏体耐热钢来说，如 P91 钢，回火温度应不超过钢材的 A_{c1} 温度，否则会导致焊缝金属的局部二次相变并引起硬化。为此，有的限定焊缝金属中的 Ni+Mn $\leqslant 1.5\%$（或 1.0%），以确保其焊缝的 A_{c1} 温度足以高于焊后热处理的温度。各铬-钼耐热钢的焊后热处理制度，即加热温度和保温时间，也汇总于表 5-23，仅供参考。对于有些马氏体耐热钢，热处理应该在焊后工件冷却到 150℃ 以下才能进行，以使马氏体相变全部完成。另外，如果焊后热处理要在工件冷却到室温并进行无损检验之后进行的话，那么，在工件冷却过程中，应按照预热温度维持一段时间（时间长短应依工件厚度而定），以起到脱氢处理作用，防止产生冷裂纹。

表 5-23　铬-钼耐热钢的预热温度及焊后热处理制度

铬-钼耐热钢类型	预热温度及道间温度/℃	焊后热处理的保温温度/℃	保温时间/h	热处理后的焊缝组织
0.5Mo	$100 \sim 250$	$600 \sim 650$	$1 \sim 2$	针状铁素体+少量回火贝氏体
1.25Cr-0.5Mo	$200 \sim 300$	$690 \sim 700$	$1 \sim 4$	回火贝氏体
1.25Cr-1MoV	$200 \sim 300$	$690 \sim 700$	$1 \sim 4$	回火贝氏体
2.25Cr-1Mo	$250 \sim 300$	最佳温度 690	$1 \sim 4$	回火贝氏体
T23/P23	$150 \sim 200$ 道间温度≤350	$715 \sim 740$	$0.5 \sim 2$	回火贝氏体焊态下为贝氏体
5Cr-0.5Mo	$\geqslant 200$	$740 \sim 750$	$2 \sim 3$	回火贝氏体

续表

铬-钼耐热钢类型	预热温度及道间温度/℃	焊后热处理的保温温度/℃	保温时间/h	热处理后的焊缝组织
9Cr-1Mo	≥200	740～750	2～3	回火马氏体
T91/P91	200～300	750～760	2～3	回火马氏体
T92/P92	200～300	750～770	2～4	回火马氏体
E911	200～300	750～760	2～4	回火马氏体
12CrMoV	200～350	730～770	3～4	回火马氏体

五、六十千克级钢用烧结焊剂和焊丝的研发

与熔炼焊剂相比较，烧结焊剂在我国的应用更为广泛，特别是高强度钢、耐热钢、低温钢等焊接结构中，对使用性能有更高要求的产品，多采用这类焊剂。按照国家下达的科研任务，在开发 60kg 级高强度钢（HQ60）的同时，其配套材料的埋弧焊用焊剂和焊丝也开展了相应的研发工作。作为技术指标，焊态下的焊缝金属力学性能应达到表 5-24 的要求。

表 5-24　焊态下的焊缝金属力学性能

R_m/MPa	$R_{p0.2}$/MPa	A/%	A_{kV}/J	
			-10℃	-40℃
≥590	≥450	≥18	≥47	≥29

1．焊剂成分的确定

埋弧焊接高强度钢时，以前是采用熔炼焊剂，如 HJ 250、HJ 350 等。为了提高焊缝韧性要采用高碱度的焊剂，但焊剂碱度提高后引起了脱渣性变差、成形不良等，焊接工艺性能不能满足要求。随着烧结焊剂的问世，这类焊剂在提高碱度后不但可以改善焊缝韧性，也能得到良好的焊接工艺性能。因此，在开发 60kg 级高强度钢的埋弧焊用焊剂时，选择了高碱度烧结焊剂。在焊剂成分中提高碱性氧化物 CaO、MgO、CaF_2 等的含量，减少酸性氧化物 SiO_2、TiO_2 等的含量。为了使熔渣具有合适的黏度、熔点等物理性能，以便得到良好的焊接工艺性能，焊剂中还加入了较多的 Al_2O_3 和适量的 MnO 等。但是，随着焊剂碱度的提高，焊剂的抗吸潮性能降低，因而引起焊缝增氢，焊接高强度钢时有可能出现氢致裂纹。故焊剂的碱度不宜过高，在满足焊缝韧性要求的前提下，适当地降低碱度也是十分必要的。在大量的试验基础上，确定了焊剂的成分如下：$SiO_2 + TiO_2 = 15\%$～20%，$CaO + CaF_2 = 30\%$～35%，$Al_2O_3 + MnO = 20\%$～25%，$CaF_2 = 20\%$～25%。焊剂碱度 $B=2.7$。焊剂牌号定名 SJ104。与 SJ101 相比，碱性氧化物稍有增加，酸性氧化物稍有减少，其它成分也有所改动。该焊剂属于氟-碱性烧结焊剂，具有短渣特点，焊接环形焊缝时不易产生淌渣现象。由于 CaF_2 含量较多，应采用直流电源，焊丝接正极，最大焊接电流允许到达 800A。焊接时焊丝中的 Si 基本不烧损，也不出现增 Si 现象。当焊丝中 Mn 的含量小于 1.5% 时，Mn 的烧损也很少；当焊丝中 Mn 的含量大于 1.5% 时，会出现 Mn 的烧损，Mn 量越高，烧损越明显。在焊剂的成分确定之后进行了小批量试制，完成了如

下两方面的试验工作。

（1）焊缝扩散氢量测定

测氢方法为水银法，采用 H10MnSiMoTi 焊丝，焊剂的烘干条件是 350℃×2h，对比试验的焊剂有 SJ101 和 OK10.62。焊缝扩散氢量测定结果见表 5-25。

表 5-25　焊缝扩散氢量测定结果

焊剂牌号	SJ104	SJ101	OK10.62
扩散氢量 /（mL/100g）	1.21、1.96、1.18（平均值 1.45）	2.89、3.35、3.49（平均值 3.24）	4.81、4.41（平均值 4.61）

（2）焊剂吸潮性试验

吸潮性试验方法较多，本试验采用强化性吸潮方法，即将焊剂放入恒温恒湿箱中，控制其相对湿度为 93%，温度为 30℃，这样在较短的时间内就可以充分吸潮。对比试验的焊剂是 SJ101 和 OK10.62，焊剂吸潮性试验结果见表 5-26。

表 5-26　焊剂吸潮性试验结果

吸潮时间		2h	4h	6h	8h
吸潮量 /%	SJ104	0.28	0.36	0.38	0.40
	SJ101	0.10	0.15	0.16	0.17
	OK10.62	0.48	0.65	0.74	0.86

由表 5-26 可知，SJ101 焊剂的吸潮量最小，SJ104 居中，OK10.62 吸潮量最大。不论哪种焊剂，前 2h 的吸潮速度最快，这 2h 的吸潮量占到 8h 总吸潮量的 50%～70%；其后吸潮速度逐渐减慢，4h 以后渐趋稳定。由此确认，在实际生产中，为防止烧结焊剂吸潮，烘干的焊剂应尽快用完，随用随取，暂时不用的焊剂要放在保温箱内保存。

2．焊丝成分的确定

在焊剂成分确定之后，焊缝的力学性能主要取决于焊丝成分和焊接规范的大小，且不同的规范应配套不同成分的焊丝。试验用焊丝的成分范围见表 5-27，焊接规范分为两档，并分别测定大、小两个规范下不同焊丝的焊缝金属力学性能。

表 5-27　试验用焊丝化学成分（质量分数）范围　　　　　　%

焊丝号	C	Si	Mn	Mo	Ti	P	S
H08MnMoTi-1	0.06～0.11	0.15～0.35	1.0～1.3	0.2～0.4	0.05～0.12	≤0.030	≤0.025
H08MnMoTi-2	0.06～0.11	0.15～0.35	1.3～1.6	0.2～0.4	0.05～0.12	≤0.030	≤0.025
H10Mn2	≤0.12	≤0.07	1.5～1.9	—	—	≤0.035	≤0.035

（1）小规范时焊缝金属的力学性能

采用 SJ104 焊剂和表 5-27 中的三种焊丝，母材为 16Mn 钢板，厚度 20mm，V 形坡口，75°角，不留间隙，钝边为 4mm。焊接电流 550～570A，电弧电压 30～32V，焊速 25m/h，热输入约 25kJ/cm，道间温度≤200℃。小规范条件下的焊缝金属力学性能列于表 5-28。

表 5-28　小规范条件下的焊缝金属力学性能

焊丝号	R_m/MPa	$R_{p0.2}$/MPa	A/%	A_{kV}/J	
				−10℃	−40℃
H08MnMoTi-1	627	554	23.6	105	84
H08MnMoTi-2	700	622	18.2	52	45
H10Mn2	629	525	22.0	101	76

由表 5-28 可以看出，在小规范条件下，三种焊丝的力学性能均可满足技术指标要求，但 H08MnMoTi-2 焊丝的强度偏高，韧性下降较明显。其它两种焊丝均表现出良好的综合力学性能，它们配套 SJ104 焊剂用于 60kg 级钢的埋弧焊接是相当满意的。

（2）大规范时焊缝金属的力学性能

采用 SJ104 焊剂和表 5-27 中的三种焊丝，母材为 16Mn 钢板，厚度 20mm，V 形坡口，60°角，不留间隙，钝边为 13mm。焊接电流 700～750A，电弧电压 35～37V，焊速 19m/h，热输入约 50kJ/cm，道间温度≤150℃。大规范条件下的焊缝金属力学性能列于表 5-29。

表 5-29　大规范条件下的焊缝金属力学性能

焊丝号	R_m/MPa	$R_{p0.2}$/MPa	A/%	A_{kV}/J	
				−10℃	−40℃
H08MnMoTi-1	637	517	21.4	133	72
H08MnMoTi-2	637	535	21.0	91	61
H10Mn2	643	496	22.2	47	30

由表 5-29 可以看出，在大规范条件下，H10Mn2 焊丝的焊缝韧性已不能达到技术指标的要求；另外两种焊丝的综合力学性能均可达到技术指标要求，但 H08MnMoTi-1 焊丝的焊缝性能较优。所以，在大规范下焊接时，推荐采用 H08MnMoTi-1 焊丝。金相组织观察表明，在大规范下焊接时，H10Mn2 焊丝的焊缝组织中，粗大的先共析铁素体占的比例大，侧板条铁素体也较多，针状铁素体却较少，这样的组织势必使韧性大受损害。而 H08MnMoTi-1 焊丝的焊缝组织中，粗大的先共析铁素体占的比例小，侧板条铁素体基本消失，针状铁素体占的比例大，这样的组织对应着良好的焊缝韧性。这种好的焊缝韧性与焊丝中加入 Mo 和 Ti 有直接关系，特别是 Ti，它除了起脱氧、脱氮作用外，其脱氧产物还起到铁素体形核核心的作用，增加了晶内针状铁素体的数量。

综上所述，采用 SJ104 焊剂焊接 60kg 级的高强度钢时，如果采用小的焊接规范施工，可以选用 H10Mn2 或 H08MnMoTi-1 焊丝中的任何一种；如果采用大的焊接规范施工，只可选用 H08MnMoTi-1 焊丝。

3．焊接接头性能试验

（1）焊接接头拉伸和弯曲试验

母材为 HQ60 钢，板厚 38mm，V 形坡口，60°角，钝边为 13mm。采用 SJ104 焊剂和 H08MnMoTi-1 焊丝，热输入约 50kJ/cm，道间温度≤150℃。

接头拉伸试验的结果是：断裂强度为 648～658MPa，断在焊缝中心。因达到了焊缝强度指标要求的 R_m≥590MPa，所以判定为合格。

接头弯曲试验时，弯芯直径为板厚的三倍（$d=3a$），要求弯曲到 120°，且不允许出现裂纹。试验结果是：两个试样均弯曲到 120°，无裂纹产生，判定为良好。

（2）抗裂性试验

试验方法为 Y 型铁研式裂纹试验，母材为 HQ60 钢，板厚 38mm。采用 SJ104 焊剂和 H08MnMoTi-1 焊丝，热输入约 40kJ/cm。焊接时环境温度 12℃，相对湿度是 38%。试验结果是：不预热时，在焊缝中出现了贯穿性纵向裂纹；预热至 50℃时，不论是焊缝根部还是断面上，均无裂纹出现。故施工时推荐的预热温度为不低于 50℃。

概括如下：①研制了一种高碱度烧结焊剂——SJ104，它具有良好的焊接工艺性能，扩散氢含量比 SJ101 焊剂低，但抗吸潮能力不如 SJ101 焊剂。②研制了配套的埋弧焊焊丝——H08MnMoTi，适于焊接抗拉强度 60kg 级的高强度钢，焊缝金属及焊接接头的综合力学性能良好，预热温度在 50℃以上可避免产生焊接裂纹。③当采用较小的规范（如 25kJ/cm）焊接 HQ60 钢时，也可使用 H10Mn2 焊丝。

六、氧化性熔炼焊剂的研制

熔炼焊剂在我国广为应用，特别适用于碳钢和强度较低的低合金钢。随着高强度钢的推广和应用，必须开发相适应的熔炼焊剂。对这类焊剂的要求：一是要有高的焊缝韧性；二是要有良好的抗裂性能，即要求低的焊缝扩散氢量；三是具备良好的焊接工艺性能。为了焊接屈服强度大于 785MPa 级的高强度钢，在大量试验的基础上，中国钢研科技集团和四川大西洋焊材公司合作，成功地研制了一种氧化性熔炼焊剂。

1．焊剂成分及焊缝金属力学性能试验

1）焊剂成分对焊缝金属力学性能和焊接工艺性能的影响

试验用焊丝为 H06Mn2Ni3CrMo 系专用焊丝，直径 4mm，焊接电流 450～500A，电弧电压 36～38V，焊接速度约 16m/h，热输入约 40kJ/cm，道间温度为 100～120℃。试验用焊剂的化学成分及工艺性能列于表 5-30，焊缝金属的力学性能见表 5-31。

表 5-30　焊剂的化学成分（质量分数，%）及工艺性能

焊剂号	SiO	CaO	MgO	Al_2O_3	MnO	CaF_2	NaF	K_2O	工艺性能
1	19	6.5	13.5	19	6	27	—	2.0	良好
2	11	10	—	46	1	29	—	3.0	良好
3	30	15		15	17	18	—		良好
4	26	10	7	35.5	11	8	—		良好
5	20	28.5	37	6.5	3	19		3.5	较差
6	5			30	2	60	2	2.5	较差

表 5-31　焊缝金属的力学性能

焊剂号	R_m/MPa	$R_{p0.2}$/MPa	A/%	Z/%	A_{kU}/J	
					常温	-40℃
1	931	—	21.3	60.0	131	69
2	955	838	17.9	46.2	146	99

续表

焊剂号	R_m/MPa	$R_{p0.2}$/MPa	A/%	Z/%	A_{kU}/J	
					常温	-40℃
3	951	—	16.0	54.0	108	—
4	969	857	8.0	30.0	89	24
5	964	904	14.5	57.4	109	85
6	963	896	13.7	50.6	156	140

由表 5-30 和表 5-31 可知，5 号和 6 号焊剂的焊缝金属力学性能虽然较好，但焊接工艺性能不良，满足不了焊接施工要求，应放弃。剩余的焊剂中，以 2 号焊剂的韧性最佳，且工艺性能良好，可以作为首选对象，开展进一步的试验工作。

2）焊剂中 FeO 含量对焊缝扩散氢及力学性能的影响

（1）焊剂中 FeO 含量对焊缝扩散氢量的影响

试验用焊丝成分和焊接规范等同前，仅在 1 号和 2 号焊剂中加入不同数量的 FeO，并测定 FeO 含量对焊缝扩散氢量的影响，见表 5-32。

表 5-32　FeO 含量对焊缝扩散氢量的影响

焊剂号	FeO 加入量/%	扩散氢量/（mL/100g）	备注
1	0	5.2	焊剂吸潮
	3.0	3.02	焊剂吸潮
2	0	0.85	焊剂未吸潮
	2.0	0.73	焊剂未吸潮
	3.0	0.14	焊剂未吸潮
	4.0	<0.10	焊剂未吸潮

由表 5-32 可以看出，在焊剂中加入 FeO 可以有效地降低焊缝中的扩散氢量。1 号焊剂已经吸潮，所以焊缝中扩散氢量高，但加入 3% 的 FeO 后扩散氢量减少了 40% 左右；2 号焊剂未吸潮，焊缝中扩散氢量明显减少，且随着 FeO 加入量的增加，扩散氢量进一步减少。特别是加入 3%～4%FeO 后，扩散氢量已降至很低，无须进一步增加 FeO 的量了。

根据资料报道，随着焊剂中酸性氧化物（SiO_2 等）的增加，焊缝中的扩散氢量降低；随着焊剂中碱性氧化物（CaO 等）的增加，焊缝中的扩散氢量增加。但是，不能依靠增加焊剂中酸性氧化物来降低焊缝中的扩散氢量，因为随着酸性氧化物的增加，焊缝金属的韧性也会受到损害。为此，本研究是通过增加焊剂的氧化性，即采用所谓的氧化性焊剂。它是在焊剂中加入一定数量的强氧化性物质，如 FeO 等，来达到降低扩散氢的目的。焊接熔池中氢的平衡浓度与焊接气氛中氢的分解压和焊接熔池中氧的含量有密切关系，见图 5-7，即随着熔池中氧含量的增加，熔池中氢的平衡浓度要降低。在实际的焊接过程中，在焊接熔池的高温阶段，当温度提高后，氧在液态纯铁中的溶解度也在增大，如图 5-8 所示。这样一来，随着氧浓度的提高，必将降低氢在熔池中的平衡浓度，同时也会导致焊缝中扩散氢含量降低。

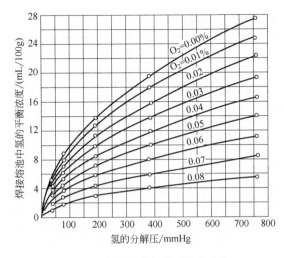

图 5-7　焊接熔池中氢的平衡浓度与
氢的分解压和氧含量的关系

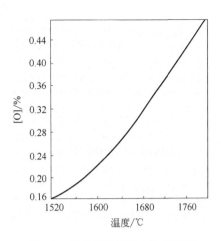

图 5-8　氧在液态纯铁中的溶解度
与温度的关系

从理论上讲，碱性渣中的 FeO 要比酸性渣中的 FeO 更易于向熔池金属中分配，增加熔池的氧化性，即碱性渣中的 FeO 起到更强的氧化作用。因为在酸性渣中 FeO 被结合成为复合物 $[(FeO_2) \cdot SiO_2]$，使得渣中游离的自由 FeO 浓度较低。在碱性渣中，强碱性氧化物 Cao 与大部分酸性氧化物 SiO_2 结合成为复合物（$CaO \cdot SiO_2$）、（$2CaO \cdot SiO_2$），而渣中游离的自由 FeO 浓度较高，更易于向熔池金属中分配，使得 FeO 的氧化作用得到充分发挥，具有更强的氧化性和更有效的降氢作用。本研究的焊剂属于弱碱性，也有利于 FeO 作用的发挥。总之，由于 FeO 的加入，在熔池高温阶段氧的溶解度有明显增加，有效地降低了氢在熔池中的平衡浓度，使焊缝中的扩散氢含量得以降低。

但是，随着焊剂中 FeO 的加入，势必增加焊缝中氧的含量，进而引起焊缝韧性下降。为此，必须采取措施降低焊缝中的氧量。首先是尽量减少 FeO 的加入量，在保证扩散氢量不高的前提下，尽量把 FeO 的加入量降到最低值。按照试验中提供的数据，FeO 的加入量在 3%～4%时，扩散氢的量已相当低了，再加入更多的 FeO 已不会起更大的作用，反而导致焊缝中增加氧量及合金元素的烧损，降低了焊缝金属的强度。其次是加强脱氧，即增加焊丝中的脱氧元素 Si、Mn 等含量。在焊接冶金过程中，焊接熔池的后部处于降温并开始结晶阶段，由于温度降低有利于吸热反应的进行，故合金元素的脱氧反应主要在低温阶段完成。只要脱氧剂足够，就可以充分脱氧，把焊缝中氧的量控制到一个较低的水平，避免它对焊缝韧性带来重大损失。从表 5-33 中可以看出，加入 4%的 FeO 量时，焊缝韧性仍是良好的，只是屈服强度有所降低。加入 3%的 FeO 量，则焊缝的强度、塑性及韧性都是符合要求的。

（2）焊剂中 FeO 含量对焊缝金属力学性能的影响

试验采用 5NiCrMoV 钢板，焊丝成分为 H06Mn2Ni3CrMo 系，直径 4mm、FeO 的加入量分为 3%和 4%两档，热输入约 40kJ/cm，道间温度为 120～140℃。焊缝的力学性能见表 5-33。

由表 5-33 可以确定，随着 FeO 量从 3%增加到 4%，焊缝金属的强度在下降，塑性有所提高，韧性变化不大。比较而言，焊剂中加入 3%左右的 FeO 后，焊缝的力学性能是良好的，且能够满足技术指标要求；焊剂的焊接工艺性能良好，扩散氢量低。所以，加入 3%左右 FeO 的焊剂，综合性能是满意的，它适用于高强度钢的埋弧焊接。

表 5-33　焊缝金属的力学性能

焊剂号	FeO 加入量/%	R_m/MPa	$R_{p0.2}$/MPa	A/%	Z/%	A_{kU}/J		A_{kV}/J $-50℃$
						常温	$-40℃$	
2	3	964	813	14.1	56.7	107	86	30
2	4	933	774	15.0	60.7	107	73	32

2．焊剂成分范围的确定

Al_2O_3 是氧化性熔炼焊剂中最主要的成分之一，它属于弱酸性氧化物，对提高焊缝韧性是不利的，但它与一定量的 CaF_2 相配合所组成的熔渣，对净化焊缝有好处。另外，Al_2O_3 在改善焊接工艺性能方面起到重要作用，其加入量宜控制在 38%～46%。CaF_2 也是氧化性熔炼焊剂中最主要的成分之一，它属于盐类，但起到碱性物质的作用，对提高焊缝韧性是有利的。它对电弧稳定性起到破坏作用，恶化了焊接工艺性能。另外，它对扩散氢也有影响，当其加入量少时，具有降氢作用；当其加入量过高时，又有增氢作用。因此，CaF_2 的加入量，要同时考虑到这几个方面的影响。在本焊剂中，CaF_2 的加入量与 Al_2O_3 的量要有一个适当的配比，以便得到黏度合适、流动性又好的熔渣，从而起到净化焊接熔池的作用。试验得出，CaF_2 的含量范围以 23%～29% 为宜。SiO_2 是强酸性氧化物，为了提高焊缝韧性，它的含量越低越好。但是，它的量太低会损害焊接工艺性能。所以，SiO_2 的加入量以 9%～14% 为好。CaO 是强碱性氧化物，从提高焊缝韧性角度考虑，它的加入量尽可能高些为好。但是，从焊接工艺性能和降低扩散氢方面看，CaO 的量又不能太多，希望 CaO 与 SiO_2 之比控制在 1.0 左右，故 CaO 的加入量也定为 9%～14%。MnO 的量可控制在 1% 以下，以避免增加焊缝中 P 的含量。如果焊丝中 Mn 的烧损严重的话，也可以适当提高 MnO 的含量，但以 5% 以下为好，这样有助于提高焊缝中 Mn 的合金化程度，也有助于提高焊剂的氧化性。在前面的试验中已经得出了 FeO 的最佳加入量，即 3%～4%，关键是如何保证把它加入焊剂之中。为加入 FeO，通常以铁鳞作原料。它的密度小，将其直接投入到熔炼炉中时，很容易被电弧吹散，难以进入熔化的液态渣中。为此，可先将 FeO 与 CaF_2 烧结成块，粉碎成适当尺寸后，作为中间料使用。待炉料全部熔化后，再将中间料投入炉内，并迅速将熔化的炉料搅拌均匀，而后即可出炉。由于电弧炉通常采用石墨电极，如果停留的时间过长，FeO 中的 Fe 会被还原出来，即 $FeO+C\Longrightarrow Fe+CO\uparrow$，导致失去其氧化性，起不到脱氢作用。故，出炉的动作要快捷，更要注意安全。

概括起来：①氧化性熔炼焊剂是一种去氢能力强的新型焊剂，由于加入了一定数量的 FeO，增加了高温阶段熔池中氧的含量，相应地降低了氢的平衡浓度，进而使焊缝中的扩散氢量明显减少。②为了克服氧化性熔炼焊剂带来的焊缝增氧问题，要求配套的焊丝中要有一定含量的脱氧元素，如 Si、Mn、Ti 等，以保证熔池充分脱氧。③焊剂以 Al_2O_3-CaF_2 渣系为主，再加入适量的 SiO_2 和 CaO，且要求 SiO_2 / CaO 约等于 1，以便得到良好的焊接工艺性能，也有利于提高焊缝韧性。

七、高强度高韧性药芯焊丝的研发

过去，高强度钢的全位置焊接广泛采用焊条电弧焊，为了提高焊接效率和降低对焊接技能方面的要求，药芯焊丝得到了越来越多的应用。对低碳钢和屈服强度在 500MPa 级以下的高强度钢而言，主要采用 TiO_2 型的药芯焊丝，这种渣系的焊丝会提高焊缝金属中的含氧量，酸性夹杂物的数量增多，很难得到高韧性的焊缝金属。在焊接更高强度级别的钢时，为了提高焊缝韧性，须要降低焊缝中的氧含量，这时有的采用高碱性渣系的药芯焊丝，但其不足之处是难以满足全位置焊接性能的要求。可见，高强度钢焊接时存在着韧性与全位置焊接性的矛盾，日本学者力图通过采用 TiO_2-MgO 渣系，使焊剂同时满足这两方面的要求。日本学者试验了不同类型的氧化性夹杂物对韧性的影响，采用三个渣系的药芯成分，即 HA 为 TiO_2 系、HB 为 TiO_2-MgO 系、HC 为 Al_2O_3 系。药芯焊丝的直径为 1.2mm，使用富氩气体保护焊，焊接规范见表 5-34。采用不同渣系的药芯焊丝焊接后，熔敷金属的化学成分列于表 5-35。为了对夹杂物做深入分析，日本学者在其最后焊接的焊道内制备试样，在光学显微镜下进行氧化物的图像分析，采用电子探针做夹杂物的成分分析，并对夹杂物的体积分数、密度进行测定，还对夹杂物进行了相分析等。

表 5-34　焊接规范

焊接电流	电弧电压	热输入	焊道，层数	保护气体	预热温度	道间温度
280A	30V	17kJ/cm	12 道，6 层	Ar+20%CO_2	150℃	150℃

表 5-35　熔敷金属化学成分（质量分数）　　　　　　　　　　　%

焊丝	C	Si	Mn	Ni	Mo	Ti	Al	O
HA	0.07	0.31	1.72	2.5	0.5	0.07	0.003	0.05
HB	0.07	0.26	1.78	2.5	0.4	0.05	0.002	0.04
HC	0.06	0.35	1.86	2.6	0.4	0.03	0.018	0.07

1．熔敷金属力学性能试验

分别采用三个不同渣系的药芯焊丝，在富氩气体保护下进行焊接，焊接规范参数按照表 5-34 要求执行。拉伸和冲击试样的制取部位在坡口的中心部位，熔敷金属的拉伸性能及冲击性能如图 5-9 所示。由图 5-9 可以看出，三个渣系的熔敷金属抗拉度均在 800MPa 左右，屈服强度的差别也不大，即渣系的不同未对拉伸性能带来大的影响。但是，在韧性方面，渣系的影响是显而易见的，TiO_2-MgO 渣系的 HB 焊丝具有最好的韧性值，-60℃的冲击吸收能量大于 70J，-40℃的冲击吸收能量大于 80J；TiO_2 渣系的 HA 焊丝韧性居中；Al_2O_3 渣系的 HC 焊丝韧性最低。从表 5-35 的熔敷金属化学成分可以看出：三种熔敷

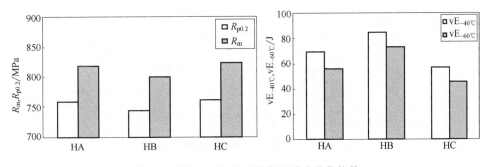

图 5-9　熔敷金属的拉伸性能及冲击吸收能量

金属除了铝、钛和氧的含量有明显差异外，其它合金元素含量差别不大。故这三种熔敷金属在力学性能上的不同，主要是由含氧量的不同及氧化性夹杂物的特性不同引起的。可以确认，随着含氧量的增高，熔敷金属的韧性降低。关于夹杂物特性的影响，将在下面进行分析。

2. 夹杂物特性及其对相变组织的影响

从表5-35的化学成分分析结果看出，熔敷金属的含氧量在0.04%～0.07%，这一含量是比较高的，它所形成的氧化性夹杂物，不论是体积还是数量都会较多，并将给熔敷金属的韧性带来不利影响。借助图像解析，对夹杂物的体积及数量进行了定量测定，所得出的含氧量与夹杂物体积分数的关系见图5-10，含氧量与单位体积内夹杂物数量的关系见图5-11。图中HT780、HT650分别表示抗拉强度为780MPa和650MPa级的两种焊丝。HT780焊丝有三个渣系，HT650焊丝仅有一个渣系，即TiO_2渣系。由图可知，对于两个强度级别的焊缝而言，随着熔敷金属中含氧量的增加，无论是夹杂物的体积分数还是数量都在增多，其中夹杂物的数量变化，有个别值波动较大，这可能与夹杂物的尺寸大小有关系。夹杂物的数量变化，将会造成熔敷金属冲击性能的变化。试验给出了单位体积内夹杂物数量对上平台冲击吸收能量（vE-Shelf）的影响，见图5-12。由图可知，随着夹杂物数量的增多，上平台冲击吸收能量逐渐下降。熔敷金属强度也对上平台冲击吸收能量有影响，强度级别越高，上平台冲击吸收能量越低。

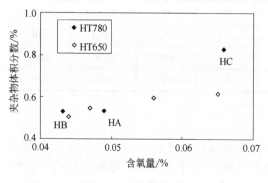

图5-10　含氧量与夹杂物
体积分数的关系

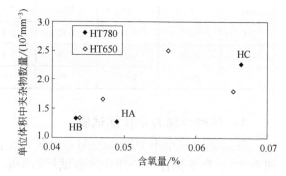

图5-11　含氧量与单位体积内
夹杂物数量的关系

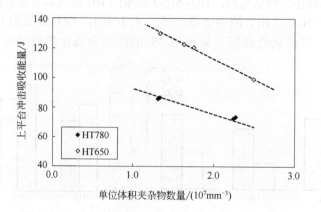

图5-12　单位体积内夹杂物数量对上平台冲击吸收能量的影响

3．高强度高韧性药芯焊丝的产品性能

（1）焊缝金属力学性能

采用 TiO_2-MgO 渣系研发成功新型药芯焊丝后，生产了新型的药芯焊丝产品，对产品的相关性能进行了检验。试板厚度 50mm，X 形坡口，进行双面焊接，施焊条件和焊缝金属力学性能汇总于表 5-36。

试验结果表明，焊缝金属抗拉强度可满足 650MPa 级要求，在-60℃低温下仍具有相当高的冲击吸收能量，其延-脆性转变温度低于-80℃。

表 5-36　施焊条件和焊缝金属力学性能

焊接位置	焊接热输入/（kJ/cm）	取样部位	拉伸性能			冲击试验			延-脆性转变温度/℃
			$R_{p0.2}$/MPa	R_m/MPa	A/%	冲击吸收能量/J（脆性断面/%）			
						-80℃	-60℃	-40℃	
横焊	15.0	正面焊缝	627	687	22	172（15）	189（3）	192（1）	<-80
		反面焊缝	640	708	25	146（17）	186（7）	197（0）	<-80
平焊	25.0	正面焊缝	578	669	27	130（18）	146（13）	170（5）	<-80
		反面焊缝	550	650	28	82（33）	152（18）	160（6）	<-80
向上立焊	40.0	正面焊缝	576	668	23	107（25）	141（14）	153（5）	<-80
		反面焊缝	573	696	26	85（38）	149（7）	163（4）	<-80

（2）焊缝金属的抗冷裂纹性能

为了对高强度高韧性药芯焊丝产品的抗冷裂纹性能进行评定，采用窗形拘束裂纹试验方法进行试验。试板厚 50mm，并利用角焊缝将其固定焊接在相当厚的拘束板上，使其拘束程度达到实际产品上的拘束程度，再在坡口内焊接检验焊缝。焊接规范和试验结果汇总于表 5-37。由表可知，新开发的药芯焊丝产品具有良好的抗冷裂纹性能，这与该焊丝在研制和制造过程中，特别关注降低扩散氢量而采取的一系列措施有关系。试验结果表明，为了防止出现冷裂纹，在焊接热输入为 17kJ/cm 时，所要求的预热或道间温度可小于 50℃；当焊接热输入为 10kJ/cm 时，要求的最低预热温度或道间温度为 75℃。

表 5-37　窗形拘束裂纹试验的条件及结果

焊接位置	焊接电流/A	电弧电压/V	焊接热输入/（kJ/cm）	不产生裂纹的最低预热温度和道间温度/℃
平焊	280	29	17.0	≤50
横焊	280	29	10.0	≥75

概括起来：①在熔敷金属拉伸性能相接近的条件下，三个渣系中以 TiO_2-MgO 渣系具有最好的低温冲击性能，其原因一是它的氧化物数量密度最低，二是它形成了微细的晶内贝氏体组织。②随着焊缝中含氧量的增加，夹杂物的体积分数和单位体积内

的夹杂物数量都在增加，这些夹杂物通常呈复合氧化物存在。有学者认为，在这些复合氧化物中，只有结晶相（$MnTi_2O_4$）可以起到形核核心的作用，促进生成晶内贝氏体组织。这个结晶相必须与晶内相变组织（如铁素体或贝氏体）和奥氏体组织都存在结晶相位关系。这样，当这些氧化物从奥氏体中结晶出来后，才会起到形核核心的作用。③当夹杂物具有形核核心作用时，相变后可以获得细小的晶内组织，这类组织的晶粒尺寸，对焊缝的延-脆性转变温度具有很大影响。而夹杂物的数量密度则对上平台冲击吸收能量具有重要影响，在不同强度级别情况下，其影响程度是一致的。④研发并生产的 TiO_2-MgO 渣系药芯焊丝产品，焊缝金属在低温下具有相当高的冲击吸收能量，其延-脆性转变温度低于-80℃。抗冷裂纹性能试验表明，该药芯焊丝产品具有良好的抗冷裂纹性能。

八、大热输入焊接用药芯焊丝的研发

我国的大热输入药芯焊丝的研发工作起步较晚，主要依靠进口国外产品。国内造船行业所需的 100～300kJ/cm 大热输入药芯焊丝，基本上从日本神户制钢所进口。

工信部自 2018 年起，连续三年一直将大热输入钢用焊接材料，划入先进基础材料，即 17 种先进钢铁材料之一，列入最新重点发展材料目录。

针对这样的情况，北京奥邦新材料公司和北京科技大学组成研发团队（以下简称奥邦团队），全力研制气电立焊大热输入焊接用药芯焊丝，努力追赶世界先进水平，并取得了可喜的进展。

1. 大热输入焊接的难点

热输入是指单位长度焊缝（1cm）上吸收的热量（kJ）。通常，焊接同样厚度的钢板，如果采用普通焊条电弧焊，需要多道次完成焊接，每一道次的热输入量，一般不超过20kJ/cm，且要严格限制道间温度。而采用大热输入或超大热输入焊接（200～1000kJ/cm）时，只需一道即可完成全部焊接，也不需要预热及控制道间温度。按照目前国内企业现有的焊接设备条件，大热输入焊接时，所采用的焊接材料主要是药芯焊丝；焊接中出现的技术难点是焊缝及焊接热影响区的韧性问题。

因为热输入大，高温下停留的时间长，焊接区的冷却速度很慢。焊接时，熔合线附近瞬间升温至 1623～1673K，这样，在高温区长时间停留，会造成焊缝和热影响区晶粒迅速长大。由于奥氏体晶粒严重粗大化，加上焊后冷却速度缓慢，在随后的相变过程中，容易形成粗大的先共析铁素体、侧板条铁素体、魏氏组织、上贝氏体等组织，也有的焊缝中产生 M-A 组元，使焊缝及焊接热影响区的韧性严重恶化，影响焊接结构件的安全使用性能。

研究表明，与小热输入焊接相比，大热输入焊接时，热影响区和焊缝韧性损失，一般为 20%～30%，严重时可达到 70%～80%。虽然焊接热影响区宽度一般只有几毫米，但热影响区中粗晶区的韧性严重下降，很可能成为裂纹的开裂源，工程结构的使用安全性得不到保证。

采用厚度为 40mm 的钢板，焊接热输入 300kJ/cm，经过大热输入焊接后，焊缝的组织见图 5-13 和图 5-14。普通药芯焊丝的焊缝中，产生了先共析铁素体、侧板条铁素体、魏氏组织或上贝氏体等组织，这类组织导致焊缝及热影响区的韧性严重恶化，-40℃的冲击吸收能量仅有 10J 左右。

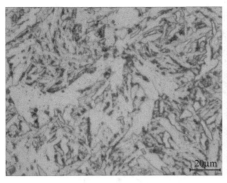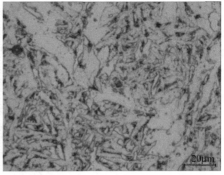

图 5-13 板厚 40mm，焊接热输入 300kJ/cm，普通药芯焊丝的焊缝组织（1 号药芯焊丝）

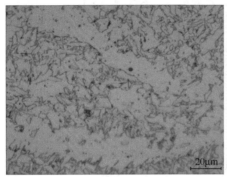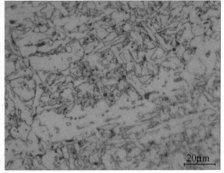

图 5-14 板厚 40mm，焊接热输入 300kJ/cm，普通药芯焊丝的焊缝组织（2 号药芯焊丝）

2．改善大热输入药芯焊丝强韧性的措施

在过去 30 年，许多学者针对药芯焊丝热输入焊接造成焊缝以及热影响区性能的严重恶化，做了大量研究工作，发表了许多文章。研究表明，采用氧化物冶金技术，利用钢中的细小氧化物，通过促进晶内铁素体形核，可明显改善焊接热影响区和焊缝的组织。研究发现，设计适当的焊缝化学成分，采用合适的冷却速度，确保焊缝金属中产生足够的针状铁素体，可以同时使大热输入焊缝的韧性和强度处在较高的水平。

氧化物冶金技术，是向钢中添加 Ti、B 等微量合金，在钢中形成细小的氧化物，通过它们促进奥氏体晶内针状铁素体形核，抑制晶间多边形和侧板条铁素体的生成，使热影响区和焊缝的微观组织主要呈针状铁素体，明显改善焊缝和焊接热影响区的韧性。由于针状铁素体组织为连锁结构，能很好地阻止裂纹的扩展，故使韧性得到提高。

1）焊接金属的凝固相变过程

Sudarsanam S Babu 介绍了焊接液态金属的凝固相变过程，对研究确定合适的药芯焊丝成分尤为重要，如图 5-15。

在焊接的热作用下，填充的金属和母材首先熔化，熔化后的液态金属温度很高。在焊接热源移开后，液态的金属开始从 2000～1700℃连续冷却，液态中溶解的氧和脱氧元素开始生成复杂的氧化物，尺寸约为 0.1～1μm。冷却到 b 位置，温度为 1700～1600℃，包含夹杂物的体心立方 δ 铁素体开始形成，并在稍低一些温度转变为面心立方的奥氏体；在 1600～800℃时，即 c 位置，奥氏体开始粗化；在 800～300℃时，奥氏体分解为各种形貌的铁素体组；d 和 e 图形代表先共析铁素体；f 图形代表侧板条铁素体（Ferrite Side Plates，FSP）；g 图形代表针状铁素体（Acicular Ferrite，AF）。如果缺少足够的形核核心，针状铁素体形核的条件不具备，那么贝氏体铁素体会取代针状铁素体；更快的冷却速度下，会形成马氏体或 M-A 组元。对于焊缝金属来说，最易形成的组织是先共析铁素体、侧板条铁素体和针状铁素体，马氏体形成的可能性不大，因为焊缝的合金元素含量不多，淬透性低。

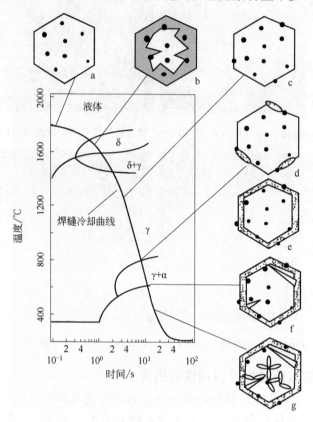

图 5-15 焊接液态金属的凝固相变过程示意图

因此在考虑焊丝成分设计时，应该特别注意添加抑制先共析铁素体的元素，选用有诱导针状铁素体形成的夹杂物，特别注意添加合适的合金元素范围和选择适当的渣系。

2）药芯焊丝化学成分对气电立焊焊缝性能的影响

有关药芯大热输入焊接的焊缝性能，学者们发表了大量的文章。研究表明，为了解决大热输入引起的焊缝及热影响区性能严重下降，必须选择合理的焊缝成分系统，控制冷却速度，进行施工工艺设计，使在大热输入焊接条件下，在缓慢冷却的焊缝中，能生成大量细小弥散分布的夹杂物，并以夹杂物为核心，诱导生成放射状的针状铁素体组织（AF），降低奥氏体相变温度，以便改善焊缝金属的力学性能，特别是低温韧性。

在国外，以 Evans 为代表的许多学者研究了铝、氮、钛、硼、锰对焊缝性能的影响。对药芯焊丝的成分进行了非常深入的研究。综合其研究成果，药芯焊丝焊缝的最佳成分为碳<0.1%、硅 0.2%～0.4%、锰 0.6%～2.0%、Ni 0.8%～2.5%、钼 0.2%～0.5%，保持合适的氧化物数量；加入微量元素钛、硼、镁、铝等；尽量降低氮、硫、磷等杂质的含量；加入的稀土合金含量应控制在合适的范围。

在国内，奥邦团队利用 20 多年生产和研发药芯焊丝的经验，综合了多方面的研究成果，研究开发出的大热输入药芯焊丝，在成分设计上采用超低碳、低硅，锰、镍、钼合理匹配，并加入微合金元素（Nb、Ti、B、Al、Ca、Mg 及稀土合金），找到了具有优良的强韧性和经济适用的元素配比方案。在焊丝配方的设计过程中,采用向焊缝金属过渡适量的 Ti-B 元素的方案,有效地抑制先共析铁素体的析出,使焊缝获得细小均匀的针状铁素体组织;再向焊缝金属过渡适量的稀土元素,对焊缝金属起到净化和变质的作用,同时稀土元素有利于焊缝金属中夹杂物的细化、球化,也是增加针状铁素体形核核心的措施之一,从而保证了焊缝中有足够数量的针状铁素体。经多批次生产及反复焊接试验,经过再调整再试验,最后得出了定型配方。最终确定了混合气体保护焊丝的配方编号是:3 号、4 号,分别用于 30～50mm 厚板的单丝气电立焊和 60～80mm 厚板的双丝气电立焊。二氧化碳气保护焊丝的配方编号是:5 号和 6 号,分别用于 30～50mm 厚板的单丝气电立焊和 60～80mm 厚的钢板的双丝气电立焊。

奥邦团队设计的配方,确保碳在 0.04% 以下(越低越好),Ni(2.4%)和 Mn(1.6%)、Mo(0.18%)等恒定的情况下,着重研究了铝、钛、氧、碳、硅、锰等对大热输入焊缝性能、主要是低温韧性的影响。

(1)铝含量的影响

Evans 研究认为,在正常氮水平上,添加铝最初导致了针状铁素体的细化(0.016%Al,0.0067%N),随着 Al 含量的进一步增加,最终导致针状铁素体粗化(0.05%Al,0.004%N),即便氮含量很低。

闫红的试验研究表明,随着 Al 含量升高,焊缝中夹杂物体积增大,且大颗粒的夹杂数量增加,导致焊缝的冲击韧性降低。体积较小的夹杂物形状接近圆形,圆形夹杂相对不易引起应力集中。但当 Al 含量上升时,夹杂物形成大颗粒凝聚态的 Al_2O_3,此时夹杂物外形不规则,出现较多棱角。这些棱角处容易产生应力集中,导致焊缝韧性进一步降低。

刘政军等人指出,当 Al 元素含量为较低水平时,焊缝金属中大部分夹杂物尺寸均小于 1.0μm,小尺寸的夹杂物为 Al_2O_3 氧化物,这种氧化物一方面可以作为针状铁素体的形核核心,增加形核概率,另一方面因其尺寸小,外表呈圆球形而降低了对周围基体组织的割裂作用,因此,对焊缝金属冲击吸收能量的提升是有利的。当 Al 元素含量较高时,焊缝金属中大于 2.0μm 的夹杂物增多,多为 AlN 氮化物,颗粒大并且呈多边形,会降低焊缝金属的冲击吸收能量。同时,当焊缝金属中 Al 元素含量多时,焊缝金属组织中还存在着凝固过程中来不及转变的骨架状 δ-铁素体组织,因此,使焊缝金属的冲击吸收能量降得更低。

奥邦团队大量的试验结果表明,氮含量控制在 120ppm 以下,Al 含量高于 200ppm 时,其金相组织粗大,当达到 500ppm 时,主要由晶界铁素体、上贝氏体、M-A 组元等组成,针状铁素体几乎全部消失,完全背离了提高针状铁素体含量的本意,如图 5-16,其焊缝成分见表 5-38。此时,组织中基本上全被上贝氏体占据,低温冲击韧性极低,-20℃的冲击吸收能量仅为 5～10J。

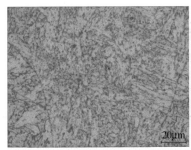
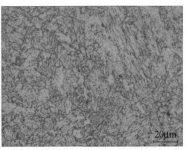

(a) Al 501ppm, N 112ppm　　　　　　(b) Al 550ppm, N 120ppm

图 5-16　高铝含量焊丝大热输入焊接焊缝金相组织

表 5-38 研究试验的焊缝金属成分（质量分数）分析 1

焊丝编号	C/%	Si/%	Mn/%	Ni/%	N/ppm	Al/ppm	B/ppm
OA-40GFA	0.04	0.28	1.6	2.4	112	501	50
OA-40GFC	0.04	0.3	1.6	2.4	120	550	50

随着铝含量降低到 300ppm 以下，其晶内的晶粒减小，上贝氏体、粒状贝氏体占多数，只有少量针状铁素体，如图 5-17。低温冲击韧性在低水平，在-20℃时，冲击吸收能量为 35J、30J。

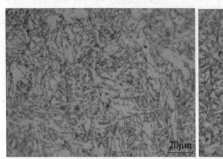

(a) H22-6 Al 230ppm,N 88ppm   (b) H22-8 Al 280ppm,N 102ppm

图 5-17 中等铝含量焊丝大热输入焊接的焊缝金相组织

试验的焊缝金属成分见表 5-39。

表 5-39 研究试验的焊缝金属成分（质量分数）分析 2

焊丝编号	C/%	Si/%	Mn/%	Ni/%	N/ppm	Al/ppm	B/ppm
H22-6	0.04	0.256	1.6	2.4	88	230	50
H22-8	0.04	0.254	1.6	2.4	102	280	50

保持其它成分尽量恒定，进一步降低铝含量至 160～100ppm 时，这时焊缝金相组织进一步细化，AF 比例大大提高，低温冲击韧性达到了高水平；在-20℃时，冲击吸收能量为 125J、105J。

试验的焊缝金属成分见表 5-40。

表 5-40 研究试验的焊缝金属成分（质量分数）分析 3

焊丝编号	C/%	Si/%	Mn/%	Ni/%	N/ppm	Al/ppm	B/ppm	-20℃冲击吸收能量/J
H2S86	0.04	0.21	1.5	2.4	90	110	50	125
22-BXX-2	0.04	0.22	1.5	2.4	98	150	50	105

（2）钛含量的影响

向钢中添加 Ti 等微量合金，在钢中形成细小的氧化物，通过它促进奥氏体晶内针状铁素体形核，是改善焊缝低温韧性的基本方法。

Evans 研究结论是，对于成分为 1.5%Mn、0.35%Si、0.07%C 的焊缝而言，含有 30ppm Ti 和 200ppm Ti 的两种选择都能产生最佳的冲击性能。

田志凌等人研究结果，含硼量少时（低于 11ppm），焊缝钛含量的增加并不会使针状铁素体的含量发生大幅度变化；当含硼量小于 45ppm 时，含钛量在 450ppm 左右可得到最多的针状铁素体；当含硼量大于 45ppm 时，含钛量在 200ppm 左右可获得最多的针状铁素体量。

在焊缝 Ti 质量分数约为 0.03%的条件下，B 质量分数为 0.0052%时，焊缝获得了最佳的低温冲击韧性。

B.Beidokhti 在 0.02%～0.05%钛的含量范围内，获得了管线钢焊缝微观结构和冲击性能的最佳组合。

关于钛在钢中的作用，钛的纳米级碳氮化合物可以钉扎原奥氏体晶界，细化热影响区粗晶区的组织。同时钛的氧化物可以作为针状铁素体的形核核心，促进针状铁素体的形成，提高热影响区的韧性。但钛为奥氏体稳定化元素，过多的钛将促使奥氏体向贝氏体转变。

奥邦团队研究了 50 多种不同钛含量的焊缝性能，包括金相组织和低温冲击韧性两方面。当焊缝金属钛含量低于 200ppm 时，其-40℃或-20℃冲击韧性都不会满足国标要求，只有当钛含量高于 350ppm 时，-40℃或-20℃冲击韧性才都满足了国标要求。不同钛含量条件下的焊缝组织见图 5-18～图 5-25。

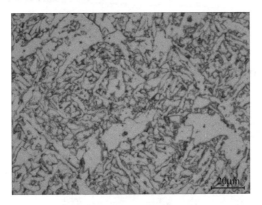

图 5-18　低钛含量的焊缝组织
（BB-83B 焊丝钛含量 150ppm）

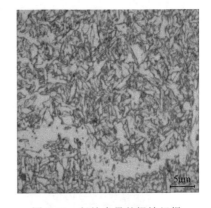

图 5-19　低钛含量的焊缝组织
（BB-83BXX 焊丝钛含量 110ppm）

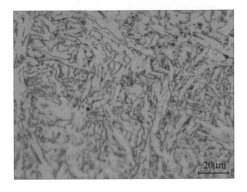

图 5-20　中低钛含量的焊缝组织
（65H-28 焊丝，焊缝钛含量 210ppm）

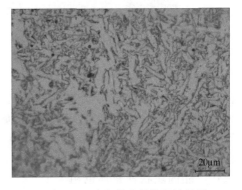

图 5-21　中低钛含量的焊缝组织
（L66-6 焊丝，焊缝钛含量 200ppm）

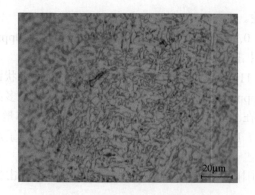 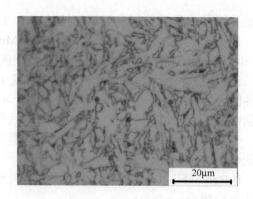

图 5-22　中高钛含量的焊缝组织
（焊丝 65H22，焊缝钛含量 350ppm）
　　　　　　　　　　　　　　图 5-23　中高钛含量的焊缝组织
（焊丝 22BXX-2 B+1　焊缝钛含量 320ppm）

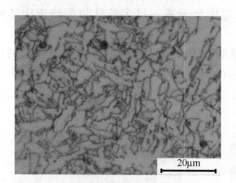 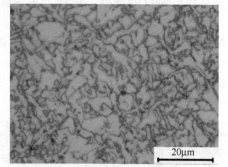

图 5-24　合适钛含量的焊缝组织（焊丝 83BXX-2A+1 焊缝钛含量 450ppm　针状铁素体）

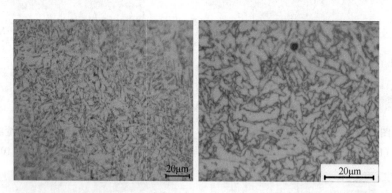

图 5-25　合适钛含量的焊缝组织（焊丝 H2S86-220712-B+2 焊缝钛含量 480ppm　针状铁素体）

（3）氧含量的影响

在 Mn-Si-Ti-B 系焊缝中，随着含氧量的增加，相变开始温度向高温一侧移动，即提高了相变温度，这必将引起组织变化，例如焊缝含氧量为 60～80ppm 时，其组织是粗大的贝氏体；含氧量达 250～300ppm 时，其组织为均匀的针状铁素体；当含氧量达到 380ppm后，在奥氏体晶界局部生成先共析铁素体；随着含氧量的进一步增加，晶界铁素体增多并粗大化，晶内块状铁素体也粗大了。

奥邦团队研究确定的高韧性配方含氧量分析结果，见表 5-41，与上面的研究结论一致。

表 5-41　药芯焊丝气电立焊焊缝典型的含氧量

焊丝编号	C/%	Si/%	O/ppm	Ni/%	N/ppm	-20℃冲击吸收能量/J
H2S86	0.04	0.21	265	2.4	90	125
22-BXX-2	0.04	0.22	250	2.4	98	105
83BXX-2	0.035	0.15	320	2.4	82	100～140
33BXX-2	0.042	0.125	350	2.4	78	40～60

（4）碳含量的影响

有人研究焊缝金相组织发现，碳含量降低，尽管金相组织并未细化，甚至其晶界铁素体体积分数还略有增加，但韧性却明显提高。其主要原因为，碳质量分数的降低导致碳化物、M-A组元减少，有效提高了大热输入焊接性能，降低了对韧性的损害。

（5）硅含量的影响

主要考虑焊接性能，试验过程发现，焊缝中一定量的硅可防止气孔、提高可焊性或焊接工艺性能，后者对于气电立焊的良好下渣、保证连续焊接尤为重要。

由于硅的增加，会产生两个微观结构的变化，即减小奥氏体晶粒尺寸和降低 AF 体积分数。后者对提高焊缝的低温冲击韧性不利。从焊缝低温韧性角度来讲，硅越低越好；硅含量大于 0.25%，低温韧性明显受损。奥邦团队在研究焊缝性能过程中，遇到了硅含量不同、其它元素基本保持一致的情况下（除了钛含量有一些差别），金相组织变化较大的例子，见图 5-26。为了使气电立焊连续焊接不停顿、下渣均匀，硅含量不能太低。

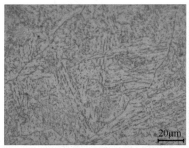 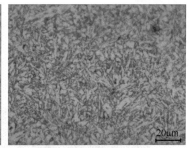

(a) H22-81B2焊丝Si含量0.348%　　　　(b) H22-82B2焊丝Si含量0.128%

图 5-26　硅含量对焊缝组织的影响

（6）锰含量的影响

锰的添加，可抑制晶界转变产物的产生，促进微细针状铁素体组织生成，但在较高的碳含量条件下，易导致 M-A 组元大量生成，不利于大热输入焊接性能的改善。因此，本研究中总是保持碳含量越低越好好。

Evans 为了研究钢的焊接热影响区的冲击韧性，对试验钢的含碳量进行了调整。结果表明：若碳含量在中间范围内，即 0.07%～0.09%时，当锰水平为 1.4%时，达到了最佳韧性。

对于更低碳含量，锰更多时，有利于发挥细化焊缝金属微观结构的能力，并在浓度约为 1.5%时，产生最佳的冲击性能。奥邦团队研究结果是，焊缝碳含量控制在 0.04%～0.05%，锰含量控制在 1.45%～1.6%，低温冲击韧性容易达到高位。

3）控制冷却速度

在大热输入气电立焊过程中，保持适当的冷却速度及采用适合的设备系统，有利于得到针状铁素体组织，保证焊缝具有优良的强韧性。改变水冷滑块的面积和水缝的结构及水压和流量等参数，可以获得不同的冷却速度；焊缝背面可以采用水冷铜滑块或陶瓷衬板，因为改变了冷却速度，也会获得不同的焊缝组织结构。奥邦团队试验设备中改变冷却速度的方法见图 5-27 及图 5-28。

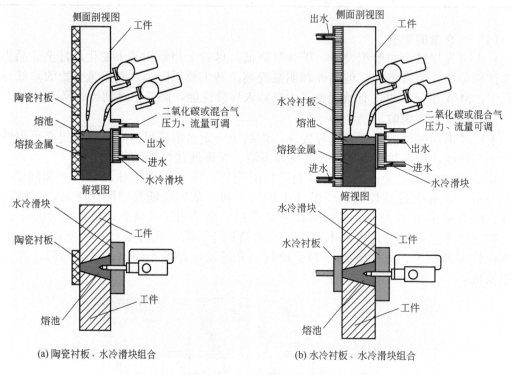

(a) 陶瓷衬板、水冷滑块组合　　　　　(b) 水冷衬板、水冷滑块组合

图 5-27　气电立焊双头焊机

图 5-28　奥邦团队研发的不同尺寸的水冷铜滑块（对气电立焊正面焊缝产生不同冷却强度）

气电立焊用双丝和三丝焊接设备，以前只有日本能够生产，国内个别科研机构也曾购买过此类设备，其价格昂贵。北京奥邦新材料有限公司和北京科技大学团队，从 2016 年开始，组织了攻关团队，并于 2019 年 3 月成功地研制出了单丝和双丝气电立焊用设备，双丝气电立焊设备如图 5-29。该设备自动化程度高，操作简单，焊接效果好。

图 5-29　双丝气电立焊设备

4）成功开发的药芯焊丝性能与组织

（1）焊缝金属的力学性能

采用奥邦团队开发的药芯焊丝，在不同焊接热输入下得到的焊缝金属力学性能列于表 5-42；国家标准规定的，对厚度≤70mm 造船钢板的力学性能要求见表 5-43。

表 5-42　不同焊接热输入条件下焊缝金属的力学性能

焊丝号-板厚/[热输入/（kJ·cm^{-1}）]	抗拉强度/MPa	屈服强度/MPa	断面收缩率/%	伸长率/%	-40℃冲击吸收能量/J
日本焊丝 A1 40mm/300	655	470	0.72	19	100～140
83BXX-2 A1 40mm/300	615	492	67.5	19.5	100～140
H2S86 B2 40mm/ 300	615	470	0.68	20	70～100
0512HH A2 60mm/420	675	520	65	23	100

表 5-43　国家标准对几种厚度≤70mm 造船钢板的力学性能要求（GB 712—2011）

型号	抗拉强度/ MPa	屈服强度/ MPa	伸长率/%	冲击吸收能量-40℃/J
EH36	490～630	≥355	≥21	≥34
EH40	510～660	≥390	≥20	≥41
EH420	530～680	≥420	≥18	≥42
EH460	570～720	≥460	≥17	≥46

可以看出：焊接热输入在 300～450kJ/cm 的较大范围内变化时，奥邦团队开发的药芯焊丝，其焊缝各项力学性能均可满足常用 E 级造船钢板的性能要求。

（2）焊缝金属的微观组织

采用本研究开发的药芯焊丝，在大于 300kJ/cm 的热输入焊接条件下，焊态下的焊缝金属微观组织见图 5-24 及图 5-25。从图中可以清晰地看到，在焊缝金属中存在着大量细小分布的非金属夹杂物，这些微细夹杂物将作为形核核心，诱导生成大比例分数的晶内针状铁素体（AF），而这些交叉分布的 AF 晶粒，可有效地阻止裂纹的扩展。

另外，采用扫描电子显微镜，对-40℃冲击试样的断口进行观察，断口形貌属于韧窝状，韧窝内有细小的夹杂物，这是韧性断裂的特征，如图 5-30 所示。

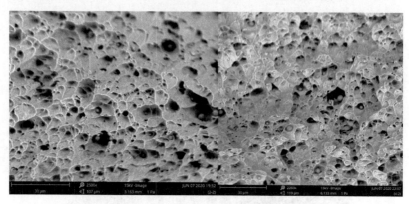

图 5-30　焊缝冲击断口的扫描电镜观察结果

大量的试验及测试表明，奥邦团队研发的大热输入药芯焊丝系列产品，能够满足大热输入焊接的需要；焊缝的低温韧性明显超过了国家标准要求；焊丝生产质量稳定，具有重复性和可信性；熔敷金属的力学性能达到了日本同类焊丝的水平。气电立焊焊丝，在单面焊双面成型焊接时，在厚板 40mm，焊接热输入 300kJ/cm 的条件下，-40℃冲击吸收能量可稳定达到 100～140J。60mm 的厚板，焊接热输入为 420kJ/cm 时，-40℃冲击吸收能量 100J。达到了日本同类产品现有水平，填补了国内空白。

第二节
钢的焊接施工及焊接性评价

一、焊接规范对焊缝金属力学性能的影响

焊接规范参数包括焊接热输入、道间温度、焊接位置及焊材直径等。焊接热输入集中反映了焊接电流、电弧电压和焊接速度的综合影响，它是决定焊缝冷却速度的主要环节之一。影响焊缝金属力学性能的主要因素除了化学成分外，就是冷却速度了。道间温度（通常在计算公式中采用预热温度）是决定焊缝冷却速度的又一个主要环节。焊接位置及焊材直径也会影响到冷却速度，还会影响到焊缝中各结晶区的组成比例。

1. 规范参数对屈服强度 590MPa 级焊缝金属力学性能的影响

（1）焊条电弧焊

采用直径 4mm 的焊条，钢板厚度 24mm，V 形坡口，60°角，钝边 2～3mm。焊条的焊缝金属化学成分列于表 5-44，焊接热输入对焊缝冲击吸收能量的影响见表 5-45，道间温度对焊缝金属力学性能的影响见表 5-46。

表 5-44　焊条的焊缝金属化学成分（质量分数）　　　　　%

C	Si	Mn	S	P	Ni	Cr	Mo	Cu
0.08	0.24	0.81	0.012	0.020	1.33	0.37	0.37	0.16

表 5-45　焊接热输入对焊缝金属 V 型缺口冲击吸收能量的影响

热输入 /（kJ/cm）	常温	0℃	-20℃	-40℃	-60℃
≈42	71	52	37	21	13
≈36	91	67	37	20	17
≈30	99	61	46	25	20
≈17	131	95	66	46	27
≈12.5	130	101	69	46	19

表 5-46　道间温度对焊缝金属力学性能的影响

道间温度/℃	$R_{p0.2}$/MPa	R_m/MPa	A/%	Z/%	A_{kU}/J（常温）
4～6	715	770	20.4	71.0	245
70～80	686	745	22.2	72.1	260
120～130	652	733	25.9	73.3	283

由表 5-45 可以看出，对于给定成分的低合金焊缝金属而言，热输入对其韧性有明显影响，随着热输入的增加，焊缝韧性包括低温下的韧性都在下降。当焊接热输入小于 17kJ/cm 时，焊缝韧性最高，故，施工时应将焊接热输入控制在这一范围之内。42kJ/cm 的焊接热输入，相当于立焊时大幅度摆动焊条的施工方法，它的韧性是很低的。

由表 5-46 可以看出，道间温度对焊缝的力学性能有一定影响，随着道间温度的提高，相当于冷却速度降低了，屈服强度和抗拉强度有所下降，塑性和 U 型缺口冲击吸收能量稍有提高。道间温度的提高，也有利于改善焊缝的抗冷裂纹能力，在满足强度指标要求的条件下，道间温度适当高一些是必要的，但不宜过高，避免冷却速度太慢，产生不利于韧性的粗大组织。

（2）埋弧焊接

采用直径 5mm 的焊丝，钢板厚度 24mm，V 形坡口，60°角，钝边 5～6mm。为了防止底部烧穿，反面采用焊条进行封底焊接，并采用焊剂垫。焊缝金属的化学成分列于表 5-47，在道间温度为 70～100℃条件下，焊接热输入对焊缝金属力学性能的影响见表 5-48。

表 5-47　焊缝金属的化学成分（质量分数）　　　　　%

C	Si	Mn	S	P	Ni	Cr	Mo	Cu
0.09	0.42	1.02	0.017	0.012	1.30	0.60	0.50	0.21

表 5-48　焊接热输入对焊缝金属力学性能的影响

热输入 /（kJ/cm）	$R_{p0.2}$/MPa	R_m/MPa	A/%	Z/%	A_{kU}/J	
					常温	-40℃
≈33	627	746	22.1	59.9	134	126

热输入 /（kJ/cm）	$R_{p0.2}$/MPa	R_m/MPa	A/%	Z/%	A_{kU}/J	
					常温	-40℃
≈50	629	735	22.3	54.4	127	119
≈63	626	719	21.7	54.9	138	123
≈88	564	692	20.9	52.5	154	111

由表 5-48 可以看出，热输入在 33～63kJ/cm 之间变化时，焊缝的强度、塑性和韧性变化都不明显，这给施工带来了方便。但是，当热输入达到 80kJ/cm 以上时，焊缝的屈服强度已经低于技术指标要求。另外，这么大的热输入，也会使焊接热影响区的性能特别是韧性进一步降低。因此，应将热输入控制在适当范围，对于本成分的焊材而言，热输入宜≤63kJ/cm。

2. 规范参数对屈服强度 785MPa 级焊缝金属力学性能的影响

（1）热输入对焊缝金属力学性能的影响

为了改变焊条电弧焊的焊接热输入，采用了进口的 S-11 焊机，它可以固定焊速，也可以左右摆动。焊接电流 160A，电弧电压 26V，焊速分别为 100mm/min、150mm/min 和 200mm/min；相应的热输入分别是 25kJ/cm、16.7kJ/cm 和 12.5kJ/cm。预热和道间温度控制在 100～120℃，经过计算，这三种热输入的 $t_{8/5}$ 相应为 10.7s、7.1s 和 5.3s。试验用焊条的焊缝金属化学成分列于表 5-49，不同热输入条件下的焊缝力学性能见表 5-50。

表 5-49　焊条的焊缝金属化学成分（质量分数）　　　　%

C	Si	Mn	S	P	Ni	Cr	Mo	Cu
0.05	0.27	1.33	0.007	0.005	2.25	0.54	0.40	0.20

表 5-50　焊接热输入对焊缝力学性能的影响

热输入 /（kJ/cm）	$R_{p0.2}$/MPa	R_m/MPa	A/%	Z/%	A_{kV}/J	
					0℃	-50℃
25	782	883	17.8	66.9	92	62
16.6	843	916	16.2	62.8	99	51
12.5	867	926	14.9	60.2	96	61

由表 5-50 可知，随着热输入的减少，焊缝强度有所增加，塑性有所降低，韧性变化不大。但热输入达到 25kJ/cm 时，焊缝的屈服强度已达不到技术指标规定的要求，故该成分的焊条所允许的焊接热输入应在 12.5～20kJ/cm 范围之内为宜。

（2）道间温度对焊缝金属力学性能的影响

试验用焊条的焊缝金属化学成分见表 5-49，道间温度分别为 50℃、100℃ 和 150℃。在改变道间温度时，其焊接热输入不改变，控制在 13～15kJ/cm，板厚 22mm，单面 V 形坡口，60°角，钝边 2～3mm。为了测定焊缝的冷却速度，将热电偶直接插进焊接熔池中。测量结果表明，道间温度为 50℃ 和 150℃ 时，800～500℃ 的冷却时间分别是 9.1s 和 18.9s，这一测定结果与计算结果有一定差别，实测的冷却速度慢了些，主要是因为试板的尺寸小，降低了散热速度。道间温度对焊缝金属力学性能的影响见表 5-51。

表 5-51　道间温度对焊缝金属力学性能的影响

道间温度 /℃	$R_{p0.2}$/MPa	R_m/MPa	A/%	Z/%	A_{kV}/J		
					常温	0℃	−50℃
50	926	999	17.1	62.4	105	88	58
100	840	980	15.5	62.0	100	78	48
150	784	966	18.7	63.7	114	89	44

由表 5-51 可得知，随着道间温度的提高，屈服强度明显下降，但抗拉强度变化不大。这与屈服强度为 590MPa 级的焊缝有所不同，即随着强度级别的提高，其屈服强度对冷却速度的变化更加敏感，而抗拉强度对冷却速度的变化并不那么敏感。道间温度的变化对焊缝韧性影响不明显。

（3）焊接位置对焊缝金属力学性能的影响

为了比较焊接位置对焊缝金属力学性能的影响，应把各个焊接位置施焊的热输入和道间温度，都控制在允许的范围之内，如都要求采用多层多道焊，不允许左右摆动，从而保证了各位置下焊缝的冷却速度基本相当。不同焊接位置条件下的焊缝金属力学性能列于表 5-52。

表 5-52　不同焊接位置下的焊缝金属力学性能

焊接位置	$R_{p0.2}$/MPa	R_m/MPa	A/%	A_{kV}/J（−50℃）
平焊	843	913	18.0	74
立焊	832	875	15.4	66
仰焊	792	869	18.7	75

可以看出，在严格控制热输入和道间温度等规范参数的条件下，尽管焊接位置不同，但焊缝金属的冷却速度应该是相接近的。因此，它们的力学性能也相差不大，无论是强度、塑性还是低温下的冲击吸收能量都是良好的。因为低合金高强度焊缝金属的力学性能与冷却速度有着密切关系，且强度越高关系越密切。所以，焊接施工时，应把各个焊接位置下的热输入和道间温度，都控制在允许的范围之内，以便得到良好施工质量。

二、焊后热处理对焊缝金属力学性能的影响

焊后热处理在工程结构施工过程中是经常采用的，特别是铬-钼耐热钢和低温钢的焊接产品，往往采用焊后回火热处理，以达到消除残余应力及改善组织性能等目的。对于高强钢而言，有的结构不需要焊后热处理，如船舶、桥梁、钢架结构等；但有些受压容器，如空气瓶、封头及筒体等也需要进行焊后热处理，通常情况下只进行消除应力处理；有的产品是先焊接而后成形，这时往往连同钢板一起进行正火加回火处理，也有的进行调质处理，甚至先进行正火再进行调质处理。不同的焊后热处理方式，会给焊缝以及整个焊接接头性能带来不同的影响，特别是组织和力学性能方面会出现明显的变化，成为整个焊接结构安全使用的关键环节，必须引起高度重视。下面介绍焊后热处理对高强度焊缝组织和性能的影响。

1．焊后热处理对屈服强度 690MPa 级焊缝金属力学性能的影响

（1）焊后消除应力处理对焊缝性能的影响

采用焊条电弧焊，在平焊位置施焊，热输入约 17kJ/cm，道间温度 100～120℃。板厚 25mm，V 形坡口，60°角。试验用焊条的焊缝金属化学成分列于表 5-53，焊态及焊后消除应力状态下的焊缝金属力学性能汇总于表 5-54。

表 5-53　试验用焊缝金属的化学成分（质量分数）　%

焊条直径/cm	C	Si	Mn	Mo	S	P
φ4	0.07	0.37	1.88	1.12	0.010	0.027

表 5-54　焊态及焊后消除应力状态下的焊缝金属力学性能

焊后热处理制度	焊缝拉伸性能				焊缝冲击性能 A_{kU}/J	
	$R_{p0.2}$/MPa	R_m/MPa	A/%	Z/%	常温	-40℃
500℃×1h，空冷	811	911	19.2	71.0	213	88
550℃×1h，空冷	799	898	18.8	68.8	209	138
600℃×1h，空冷	851	955	19.6	66.0	172	100
500℃×1h，炉冷	826	918	21.0	66.8	159	110
550℃×1h，炉冷	789	941	21.7	67.5	137	107
600℃×1h，炉冷	776	949	20.5	66.0	150	110

由表 5-54 可以看出，焊后在 500～600℃范围内消除应力时，不论是空冷还是炉冷条件下，焊缝的力学性能都变化不明显。有的数字上有些波动，这可能与试验过程不严格有关系。

（2）调质处理时的回火温度对焊缝性能的影响

试验用焊条及焊接条件等同上，焊后调质处理制度是先经 920℃×1h 加热，水淬，而后在不同温度下进行回火。回火温度对焊缝金属力学性能的影响见表 5-55。

表 5-55　调质处理时回火温度对焊缝金属力学性能的影响

焊后调质处理的回火制度	焊缝拉伸性能				焊缝冲击性能 A_{kU}/J	
	$R_{p0.2}$/MPa	R_m/MPa	A/%	Z/%	常温	-40℃
630℃×2h，空冷	921	977	18.0	62.0	102	12.3
640℃×2h，空冷	846	897	18.7	66.0	137	38.0
650℃×2h，空冷	774	833	19.3	68.8	170	125.0
660℃×2h，空冷	727	804	19.4	70.0	179	137.0

由表 5-55 可以看出，淬火后在 630～640℃范围内回火时，焊缝的低温韧性太低，强度又过于高些，这样的回火温度显得过低。而经过 650～660℃回火后，焊缝的低温韧性明显提高，强度也降低了不少，这样的回火温度表现出最佳的焊缝综合性能，是最理想的回火温度。

（3）调质后消除应力处理对焊缝性能的影响

试验用焊条及焊接条件等同上，焊后经 920℃水淬，并在 650℃进行回火，而后进行消除应力处理。消除应力处理对焊缝金属力学性能的影响见表 5-56。

表 5-56　调质后消除应力处理对焊缝金属力学性能的影响

调质处理后的 消除应力制度	焊缝拉伸性能				焊缝冲击性能 A_{kU}/J	
	$R_{p0.2}$ /MPa	R_m /MPa	A /%	Z /%	常温	-40℃
500℃×1h，空冷	837	910	16.7	66.5	175	102
550℃×1h，空冷	743	824	18.5	68.8	81	12.3
600℃×1h，空冷	787	845	18.4	70.5	84	16.0
500℃×1h，炉冷	760	841	18.4	71.3	100	15.0
550℃×1h，炉冷	734	814	17.9	67.5	98	11.0
600℃×1h，炉冷	740	821	18.7	70.0	125	15.0

由表 5-56 可以看出，调质处理后不宜再进行消除应力热处理，如果一定要进行，只可在 500℃以下，且一定要空冷。否则将严重损害焊缝韧性，特别是低温韧性将损失殆尽。

（4）正火及淬火后回火温度对焊缝性能的影响

试验用焊条及焊接条件等同上，焊后先进行正火，经 920℃水淬后再在不同温度下进行回火，正火及回火处理温度对焊缝金属力学性能的影响见表 5-57。

表 5-57　正火后进行调质处理时焊缝金属力学性能的变化

正火及随后的 调质处理制度	焊缝拉伸性能				焊缝冲击性能 A_{kU}/J	
	$R_{p0.2}$ /MPa	R_m /MPa	A /%	Z /%	常温	-40℃
1000℃，空冷 920℃，水淬 640℃，空冷	772	837	16.8	67.3	23	9.0
1050℃，空冷 920℃，水淬 640℃，空冷	721	789	18.4	65.9	172	77.0
1000℃，空冷 920℃，水淬 650℃，空冷	711	809	18.4	68.0	15.0	7.0
1050℃，空冷 920℃，水淬 650℃，空冷	776	851	17.7	68.0	185	70.0

由表 5-57 可以看出，正火后进行调质处理时焊缝金属的拉伸性能变化不明显，但冲击韧性明显不同。正火温度为 1000℃时的冲击吸收能量很低，而正火温度为 1050℃时，冲击吸收能量显著增加。另外，回火温度在 640～650℃变化时，对冲击吸收能量影响不大，主要影响因素是正火温度。因此，为了得到满意的焊缝韧性，正火温度应≥1050℃。在不同的焊后热处理条件下，焊缝组织也会发生相应变化。焊后不进行处理的焊缝组织，如图 5-31，焊后进行消除应力处理的焊缝组织如图 5-32 所示。

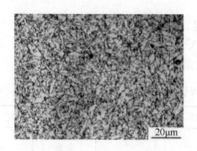

图 5-31　焊态下的焊缝组织

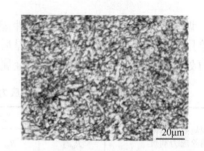

图 5-32　600℃×1h 消除应力的焊缝组织

由图可以看出，焊态下的焊缝组织是贝氏体，属于粒状贝氏体，组织内存在不少颗粒状的 M-A 组元。焊后经过 600℃×1h 消除应力的焊缝组织也是贝氏体，但形貌上发生了变化，基体中增加了很多白色的颗粒状析出物，如图 5-32 所示。在 600℃×1h 消除应力时，不会发生相变，仍然是贝氏体组织，但在这一温度下热处理，会有碳化物析出，特别是富碳的 M-A 组元中会有碳化物析出。图片中出现的白色颗粒状析出物，可能是由碳化物析出造成的。

2. 焊后热处理对屈服强度 785MPa 级焊缝金属力学性能的影响

采用焊条电弧焊，热输入约 16kJ/cm，道间温度 120～130℃。第一步是确定各个合金元素对热处理条件下焊缝金属力学性能的影响。通过改变焊缝中 Mn、Ni、Cr 三个合金元素的含量，测定不同成分下焊缝金属的力学性能。热处理制度是：正火温度 900℃，保持 40min，回火温度为 580℃，保温 60min。焊缝金属的化学成分列于表 5-58，焊缝金属的力学性能见表 5-59。

表 5-58　焊缝金属的化学成分（质量分数）　　　　　　　　%

序号	C	Si	Mn	Ni	Cr	Mo	P	S
1	0.06	0.12	0.83	2.42	0.68	0.65	0.021	0.010
2	0.06	0.18	1.08	3.14	0.71	0.64	0.013	0.011
3	0.05	0.17	0.94	3.20	1.37	0.62	0.014	0.011
4	0.05	0.15	0.92	4.12	0.78	0.64	0.014	0.012
5	0.05	0.16	1.43	3.27	0.75	0.64	0.015	0.011

表 5-59　焊缝金属的力学性能

序号	R_m/MPa	A/%	Z/%	A_{kU}/J	
				常温	-50℃
1	895	15.4	61.4	118	125
2	884	15.0	61.1	197	94
3	966	14.1	59.2	107	97
4	902	15.1	56.2	118	111
5	959	15.4	59.2	132	109

由表 5-59 可以看出，在正火加回火条件下，随着焊缝中合金含量的提高，焊缝金属强度的变化程度是不一样的。Cr 和 Mn 在提高强度方面效果都很明显，每增加 1% 的 Cr 可使强度提高 120MPa 左右，每增加 1% 的 Mn 可使强度提高 210MPa 左右；但是在改善焊缝韧性方面，Mn 的作用要比 Cr 好些。Ni 在改善韧性方面有一定效果，但在提高强度

方面的效果是很小的，每增加1%的Ni仅使强度提高20MPa左右。因此，序号5的焊缝成分最合适，它具有良好的综合性能。下面将以此成分的焊缝为基础，进行热处理方面的相关试验。

（1）正火后回火温度对焊缝性能的影响

采用同一批号的焊条，其成分与表5-58中序号5的焊缝成分相接近，其焊接规范也尽可能相一致，焊接后进行如下热处理：正火温度均采用900℃，保温时间1h；回火温度分别为560℃、580℃和600℃，保温时间2h；另有一组只进行正火不做回火处理；还有一组是既不正火也不回火处理，即焊后状态。这五组试验的焊缝金属力学性能汇总于表5-60。

表5-60　不同正火加回火条件下的焊缝金属力学性能

序号	热处理制度	R_m/MPa	A/%	Z/%	A_{kU}/J	
					常温	-40℃
6	900℃正火，560℃回火	978	18.2	60.8	129	71
7	900℃正火，580℃回火	962	17.0	61.4	138	121
8	900℃正火，600℃回火	962	21.7	61.4	141	114
9	900℃正火，不回火	970	14.0	60.8	114	92
10	焊后状态	1041	11.7	55.6	100	87

从表5-60可以看出，正火处理后进行回火，对改善焊缝的塑性和韧性是有好处的，特别是回火温度不低于580℃的情况下效果更明显。与焊后状态相比，单一正火处理降低了焊缝金属的强度，并使其塑性和韧性有所改善；正火处理后再进行回火处理，会使其塑韧性进一步好转。关于焊缝组织，因为合金成分较高，特别是Ni和Mn的含量较高，使其奥氏体相变温度下降。因此，焊态下可以得到条状贝氏体加少量板条马氏体组织，这种马氏体属于自回火马氏体，它会在马氏体相变之后的冷却过程中，产生自回火现象，即少量碳化物会在马氏体板条内部析出，这对改善其韧性无疑是有利的。焊后再进行正火时，焊缝又进行了一次奥氏体化，但因冷却速度较低，空冷后的组织还应该是贝氏体加少量板条马氏体，此后进行回火处理时，马氏体中的碳化物得以析出，回火温度越高析出越充分。

（2）淬火后回火温度对焊缝性能的影响

采用与上面相同的焊条并使其焊接规范尽可能相接近，焊接后进行如下热处理：淬火温度为920℃，保温时间1h；回火温度分别为560℃、590℃和620℃，保温时间2h。调质处理后焊缝金属的力学性能列于表5-61。

表5-61　不同调质条件下焊缝金属的力学性能

序号	热处理制度	$R_{p0.2}$/MPa	R_m/MPa	A/%	Z/%	A_{kU}/J	
						常温	-40℃
11	920℃淬火，560℃回火	951	1000	15.0	57.5	116	85
12	920℃淬火，590℃回火	862	902	17.7	62.0	122	85
13	920℃淬火，620℃回火	774	807	19.8	66.0	202	138

从表 5-61 可以看出，回火温度对焊缝金属的力学性能有明显影响，不管是屈服强度还是抗拉强度，均随着回火温度的提高而显著下降，温度每变化 10℃，强度变化 30MPa 左右。焊缝的韧性均随着回火温度的提高而上升，620℃回火时焊缝的韧性已相当满意了。从组织上看，焊态下的焊缝组织，是条状贝氏体加一定量马氏体，见图 5-33；焊后经过调质处理的焊缝组织是高温回火马氏体，如图 5-34 所示。淬火状态下其组织全部是过饱和的板条马氏体，高温回火过程中，板条内过饱和的碳以 Fe_3C 等碳化物形式析出，有的扩散到晶界或板条界，有的在板条内析出。这些碳化物的析出，使马氏体的过饱和状态消失，导致其强度下降，塑性和韧性提高。在正火处理后进行回火处理时，焊缝的力学性能变化并不明显，其原因在于焊缝中没有足够数量的马氏体，回火过程中不可能析出大量的碳化物；而淬火后再进行回火处理时，就具备了这样的条件，从而导致了焊缝金属力学性能明显变化。因此，为了得到优良的焊缝金属力学性能，调质处理要比正火加回火处理优越得多。

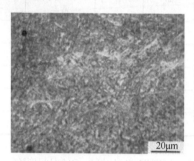
图 5-33　焊态下的组织

图 5-34　900℃水冷，620℃空冷

综上得知：

① 对于屈服强度 690MPa 级焊缝金属来说，焊后在 500～600℃ 范围内消除应力时，不论是空冷还是炉冷，焊缝的力学性能都变化不明显。淬火后进行 650～660℃ 回火时，焊缝的强度降低、低温韧性明显提高，现出最佳的焊缝综合性能。调质处理后不宜再进行消除应力热处理。正火后进行调质处理时，为了得到满意的焊缝韧性，正火温度应 ≥1050℃。

② 对于屈服强度 785MPa 级焊缝金属来说，正火后进行回火对改善焊缝的塑性和韧性是有好处的，特别是回火温度不低于 580℃ 的情况下效果更明显。淬火后的回火温度对焊缝金属力学性能有明显影响，随着回火温度的提高焊缝强度下降、韧性提高，620℃回火时焊缝的韧性已相当满意。与屈服强度 690MPa 级焊缝金属相比，最佳回火温度降低了 30～40℃。

③ 屈服强度 690MPa 级的焊缝金属，焊态下的组织是贝氏体，属于粒状贝氏体，组织内存在不少 M-A 组元。在 600℃×1h 消除应力处理后仍然是贝氏体组织，但在富碳的 M-A 组元中会有碳化物析出。屈服强度 785MPa 级的焊缝金属，其焊态下的组织是条状贝氏体加一定量马氏体，经过调质处理的焊缝组织是高温回火马氏体，它具有优良的综合力学性能。

三、低合金钢的焊接性评价

低合金钢包括高强度钢、铬-钼耐热钢、低温钢和耐腐蚀钢等，在工程结构中被广泛采用，它在国民经济建设中具有很重要的作用。低合金钢的焊接是建造这些工程结构的主要工艺方法之一，也是产品制造过程中必须特别重视的关键环节。许多工程结构的破坏，包括一些重大的灾难性事故，都是因为在焊接上出现了质量问题。低合金钢的焊接应重点关注两大方面的问题：一是焊接接头的韧性，防止接头的任一区域产生脆化，特别是过热区；二是焊接裂纹，要防止在焊缝或热影响区中出现裂纹，主要是焊接冷裂纹。对于承受动载荷的结构，还要有足够的抗动载断裂性能。因此，对低合金钢焊接接头而言，需要进行下述几方面的试验，这包括热影响区及模拟热影响区性能，焊接接头的抗裂性能、焊接接头的抗动载断裂情况等。根据得出的结果，既可对钢种的这些性能作出评价，又可以选出合适的焊接热输入、焊前预热及道间温度等施工参数。

1．焊接热影响区不同部位的冲击吸收能量

从理论上分析，脆性断裂的试验方法包括两大类，一是测定材料的抗启裂性能，用以确定结构缺陷处裂纹启裂的条件，即启裂型试验；二是测定脆性裂纹出现后，材料阻止裂纹扩展的能力，即止裂型试验。前者常采用的试验方法有冲击试验、宽板拉伸试验、断裂力学方法等，后者常采用的试验方法有动态撕裂试验、落锤试验、落锤撕裂试验和爆炸试验等。

冲击试验是最常用的一种动态力学试验，用于测定材料断裂所需的能量。夏比冲击试验有两类评定标准，一是按冲击吸收能量评定（对试验温度和冲击吸收能量均有要求），有的只规定下平台值，有的同时规定上、下两个平台值，如在0℃和-50℃各有不同的冲击吸收能量要求。二是按脆性转变温度评定，也称延性-脆性转变温度（如 vTrs、vT15 等）。随着冲击试验方法的应用和技术的进步，又开发出了更先进的数据记录和处理系统，即示波冲击试验。它是根据一个平面坐标图的面积计算出裂纹形核功和扩展功的数值，其纵坐标是力的变化，横坐标是时间变化。它以力的峰值点分界，力的上升阶段所占的面积，可理解为启裂功或裂纹形核功；力的下降阶段所占的面积，可理解为止裂功或裂纹扩展功。

（1）低碳马氏体钢不同部位的冲击吸收能量

试验用钢的化学成分如下（质量分数，%）：C 0.10、Si 0.20、Mn 0.50、Ni 4.50、Cr 0.50、Mo 0.50、V 0.07。板厚24mm，采用 J857Ni 焊条，直径 4mm，焊接电流 170～180A，电弧电压 26～28V，焊接速度约 150mm/min，道间温度为 120～140℃。冲击吸收能量样的缺口分别位于焊缝中心、熔合线和熔合线外 2mm。在-50℃下进行试验，所得到的冲击吸收能量曲线如图 5-35 所示，焊接区不同部位的冲击吸收能量列于表 5-62。

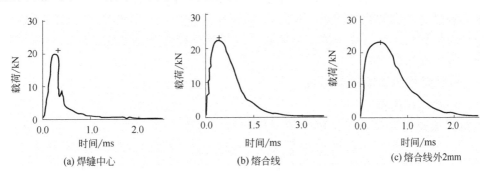

(a) 焊缝中心　　　　　(b) 熔合线　　　　　(c) 熔合线外2mm

图 5-35　焊接区不同部位的示波冲击曲线

表 5-62　低碳马氏体钢焊接区不同部位的冲击吸收能量（-50℃）

缺口位置	焊缝中心	熔合线	熔合线外 2mm
冲击吸收能量总值/J	36.3	115.0	127.5
裂纹启裂功/J	19.1（占总值的 53%）	32.0（占总值的 28%）	46.6（占总值的 36.5%）
裂纹扩展功/J	17.2（占总值的 47%）	83.0（占总值的 72%）	80.9（占总值的 63.5%）

由图 5-35 和表 5-62 可以看出，焊缝中心的冲击吸收能量很低，裂纹扩展功占总值的比例不足 50%，一旦出现裂纹将会在焊缝中快速扩展。熔合线和熔合线外 2mm 处的冲击吸收能量都很高，且裂纹扩展功占总值的比例高，均大于 60%，这表明热影响区有着高的阻止裂纹扩展能力。如果焊缝中的裂纹扩展到热影响区的话，它将会在热影响区中被阻止。

（2）低合金高强度结构钢过热区的冲击吸收能量

试验用钢的化学成分如下（质量分数，%）：C 0.11、Si 0.22、Mn 0.83、Ni 1.21、Cr 0.62、Mo 0.50、Cu 0.35。试验用板厚 24mm，采用气体保护焊，热输入在 9～37kJ/cm 范围内分为 5 个档次，道间温度 130～150℃。冲击试样的缺口位于热影响区的过热区，在-20℃下进行试验。不同热输入条件下的冲击吸收能量列于表 5-63。

表 5-63　HQ100 钢在不同热输入条件下过热区的冲击吸收能量（-20℃）

序号	热输入/（kJ/cm）	裂纹启裂功/J	裂纹扩展功/J	冲击吸收能量总值/J
1	9.1	19～23（平均 21）	26～29（平均 28）	46～52（平均 49）
2	15.5	22～31（平均 28）	36～46（平均 41）	58～77（平均 69）
3	19.5	27～31（平均 29）	35～61（平均 48）	63～90（平均 79）
4	24.8	29～35（平均 31）	36～54（平均 46）	62～85（平均 77）
5	36.7	26～33（平均 29）	41～58（平均 49）	67～85（平均 78）

由表 5-63 可以看出，当热输入＜10kJ/cm 时，启裂功、扩展功、冲击吸收能量总值均较低，这可能与淬硬组织的出现有关；当热输入在 15～37kJ/cm 范围内变化时，启裂功、扩展功和冲击吸收能量总值均有一定程度的提高，但是，热输入的影响不明显，说明组织上没有大的变化。在这样的热输入范围内，裂纹扩展功约占冲击吸收能量总值的 60%，表明热影响区有一定的止裂能力。但是，与上面的低碳马氏体钢比较，其冲击吸收能量总值和裂纹扩展功都有明显下降，故阻止裂纹扩展的能力是偏低的。施工中必须采取相应措施，防止焊接裂纹的产生。

2．模拟焊接热影响区的性能

（1）低碳马氏体钢

模拟焊接热循环是在设定的峰值温度和冷却速度条件下进行的，可以完成一次、两次及多次模拟加热。试验时的加热速度为 100℃/s，峰值温度（T_p）最高为 1350℃，通常选定几个有代表性的温度，如两相区温度、正常的奥氏体区温度和粗大的奥氏体区温度等。冷却速度通常用 800～500℃之间的冷却时间，即 $t_{8/5}$ 表示，当 $t_{8/5}$ 设定为 5～

10s 时，代表焊条电弧焊；当 $t_{8/5}$ 设定为 20～40s 时，代表中等规范的气体保护焊或埋弧焊；当 $t_{8/5}$ 设定为＞40s 时，则代表大规范的气电立焊或电渣焊等。试验用钢的化学成分和力学性能列于表 5-64，钢的 A_{c3} 是 790℃，A_{c1} 是 660℃。试验选用的模拟焊接热循环参数见表 5-65。

表 5-64　试验用钢的化学成分（质量分数，%）及力学性能

C	Si	MN	Ni	Cr	Mo	V	R_m/MPa	$R_{p0.2}$/MPa	A/%	A_{kV}/J
0.10	0.20	0.50	4.50	0.50	0.50	0.07	940	825	20	203（-50℃）

表 5-65　模拟焊接热循环参数

$t_{8/5}$/s	5　10　20　40　60　90
T_p/℃	750　950　1150　1350

在测定峰值温度的影响时，把 $t_{8/5}$ 固定在 10s，其它参数保持不变；在测定 $t_{8/5}$ 的影响时，把峰值温度固定为 1350℃。在不同峰值温度和不同 $t_{8/5}$ 条件下，热影响区的冲击吸收能量和硬度汇总于表 5-66。

表 5-66　热循环参数对冲击吸收能量和硬度的影响

序号	峰值温度/℃	$t_{8/5}$/s	A_{kV}/J（-50℃）	硬度 HV5
1	750	10	181	325
2	950	10	176	373
3	1150	10	162	354
4	1350	10	147	352
5	1350	5	115	347
6	1350	10	147	352
7	1350	20	185	350
8	1350	40	207	304
9	1350	60	86	299
10	1350	90	29	298

由表 5-66 可以看出，与母材-50℃的冲击吸收能量为 203J 相比较，模拟加热之后的韧性都有所降低，且峰值温度越高下降越明显。峰值温度在 1350℃时韧性最差，比母材的冲击吸收能量下降了约 30%。在硬度方面，仅 750℃加热后的硬度值低于母材（HV5=348），其它峰值温度条件下的硬度均有所提高。950℃加热后硬度提高最明显，这与重新相变后生成马氏体组织有关系。750℃加热时，引起原回火马氏体中的碳化物进一步析出，导致硬度降低。

由模拟焊接热循环试验得知，当 $t_{8/5}$≤40s 时，随着 $t_{8/5}$ 的增加，模拟热影响区的韧性在逐渐提高，当 $t_{8/5}$=40s 时韧性达到最高值，并与母材的原始性能相当。$t_{8/5}$＞40s 后，随着 $t_{8/5}$ 的增加，模拟热影响区的韧性逐渐下降。$t_{8/5}$=60s 时韧性已明显降低，$t_{8/5}$=90s

时冲击吸收能量下降到30J以下。因此，焊接 10Ni5CrMoV 钢时，其 $t_{8/5}$ 应控制在 40s 之内为宜。根据相关的公式计算，如果把预热或道间温度设定为120℃，这时的热输入约为 63kJ/cm；如果把预热或道间温度设定为 150℃，则它的热输入约为 55kJ/cm。这样的热输入上限，可满足气保焊和埋弧焊等的施工要求。另外，$t_{8/5}$ 也不宜太小，以 10s 为下限。如果 $t_{8/5}=5s$，热影响区的韧性也会受到损害，这与组织上出现了孪晶马氏体等有密切关系。

（2）低碳贝氏体钢

试验用钢的化学成分如下（质量分数，%）：C 0.05，Si 0.22，Mn 1.65，Al 0.014，Cr+Ni+Mo+Cu=1.02，Nb+V+Ti= 0.085，B 0.0012。钢的力学性能是：R_m 860MPa，$R_{p0.2}$ 665MPa，A 17.5%，$-20℃$的 A_{kV} 156J。示波冲击试验得到的冲击吸收能量曲线如图 5-36 所示，不同部位和不同 $t_{8/5}$ 条件下热影响区的裂纹形核功和裂纹扩展功见图 5-37。

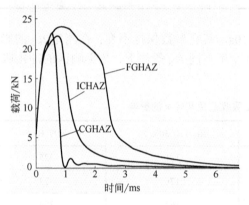

图 5-36　示波冲击曲线图

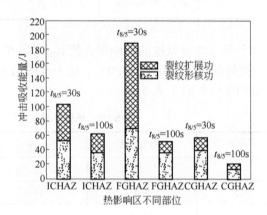

图 5-37　热影响区不同部位的冲击吸收能量

由图 5-36 看出：焊接热影响区的细晶区（FGHAZ）有着很大的裂纹扩展面积，裂纹扩展功占总吸收能量的比例最大，故该区域的组织有着良好的阻止裂纹迅速扩展的能力。粗晶区（CGHAZ）的载荷到达峰值后迅速下降，扩展区基本消失，裂纹扩展功占总吸收能量的比例最小，故该区域阻止裂纹扩展的能力很低。部分相变区（ICHAZ）的载荷到达峰值后也下降较快，扩展区的面积也不太大，远小于细晶区，但又大于粗晶区，裂纹扩展功占总吸收能量的比例介于两者之间，故该区域阻止裂纹迅速扩展的能力也介于两者之间。

与图 5-37 的六组冲击吸收能量数值比较，可以得知，$t_{8/5}$ 对细晶区的裂纹扩展功影响最大，而对裂纹形核功的影响不大。$t_{8/5}=30s$ 时，裂纹扩展功达 100J 以上；而 $t_{8/5}=100s$ 时，裂纹扩展功只有 20J 左右，下降了约 80J。但是，对应于这两个 $t_{8/5}$ 时的裂纹形核功，却仅下降了约 20J。据资料介绍，当 $t_{8/5}$ 较小时，热影响区冷却速度较快，它的细晶区有着高密度的大角晶界，晶粒又细小，二次裂纹在原奥氏体晶界处被止裂。这样一来，单元裂纹路径非常短，因而有着良好的阻碍裂纹扩展能力，裂纹扩展功增高。当 $t_{8/5}$ 增大后，热影响区冷速度变慢，奥氏体晶粒明显长大，这时该区内高密度的大角晶界明显减少，因而导致其裂纹扩展功也相应降低。

$t_{8/5}$ 对粗晶区的裂纹扩展功和形核功都有较大影响。与 $t_{8/5}=30s$ 相比较，$t_{8/5}=100s$ 时裂纹扩展功和形核功都有明显下降。因为粗晶区的奥氏体晶粒粗大，单元解理小刻面尺寸相应变大，大角晶界密度下降，单元裂纹路径变长，使其阻止裂纹扩展的能力降低，裂纹扩展功下降。当冷却速度更低时，晶粒内的取向变得更为单一，会使裂纹扩展功进一步降低。

据资料介绍，影响形核功大小的一个重要因素，是 M-A 组元的尺寸和形态。$t_{8/5}$=30s 时，M-A 组元呈不规则的小岛状或薄膜状，见图 5-38（a），形成细小的晶界型位错马氏体，它能维持较高的形核功。$t_{8/5}$=100s 时，M-A 组元的形态为大块状的孪晶马氏体，见图 5-38（b），M-A 组元尺寸的增大且形成孪晶马氏体，将导致临界应力降低，形核功显著下降。在部分相变区，它的有效晶粒尺寸很不均匀，导致了裂纹扩展功降低。$t_{8/5}$ 越大，裂纹扩展功下降也越明显。

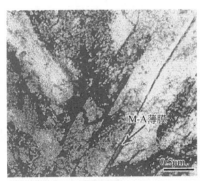
(a) M-A组元呈薄膜状

(b) M-A组元呈大块状

图 5-38　不同 $t_{8/5}$ 条件下 M-A 组元的尺寸和形貌

3．焊接接头抗裂性试验

1）插销试验

目前，国内外都利用插销试验方法来研究焊接热影响区的裂纹敏感性，并取得了很多共识。这一试验方法是专门用来评定热影响区的抗冷裂纹性能的，且是一个定量的试验方法，是国际焊接协会 IIW 推荐的试验方法。

插销试验用底板为低碳钢，插销棒必须采用低合金高强度结构钢，本试验采用10Ni5CrMoV 钢。焊接电流 170～180A，电弧电压 26～28V，焊接速度 150mm/min，焊道长度 100～150mm。焊完后当底板温度降至 150℃时，施加不同值的拉伸静载荷，并保持其大小不变，以便确定临界断裂应力。试验规定：当拉伸载荷保持 24h 焊接接头仍不断开的话，则视为不断裂。

（1）临界断裂应力的测定

为了比较焊条烘干温度对临界断裂应力的影响，将 J857Ni 焊条分别在不同温度下（350℃或450℃）烘干，同时采用水银法测定扩散氢含量，其结果是：经 350℃和 450℃烘干后，其扩散氢含量分别是 3.0mL/100g 和 1.43mL/100g。试验时烘干温度与不同的预热温度相互组合（50℃、80℃、120℃）。不同烘干温度和不同预热温度组合后，断裂应力与断裂时间之间的关系见图 5-39。由图可知，采用 350℃烘干的焊条，不进行预热时的临界断裂应力是 310MPa；采用 450℃烘干后，不进行预热时的临界断裂应力是 410MPa；当采用 450℃烘干后且预热 50℃时，应力不超过 690MPa 则不产生断裂；而当预热达到 80℃时，即使净截面应力增加到 880MPa 也不产生断裂。可见，对临界断裂应力而言,提高预热温度比提高焊条烘干温度的效果更加明显。插销试验的冷却速度如下:不预热焊接时,焊条熄弧至冷却到 150℃ 的时间是 60~70s;预热温度为50℃时,这一时间增至 100s 左右;预热温度为 80℃ 时增至 150s;预热温度为 120℃ 时达到 500s 左右。根据文献报道:熄弧至冷却到 150℃ 的时间为 60s 时,焊缝的扩散氢含量为 1.5mL/100g,而这一时间达到 500s 时,扩散氢含量仅有 0.5mL/100g。因此,随着预热温度的提高,扩散氢含量逐渐降低。另外,缓慢冷却也降低了焊接残余应力,因而使临界断裂强度得以有效提高。

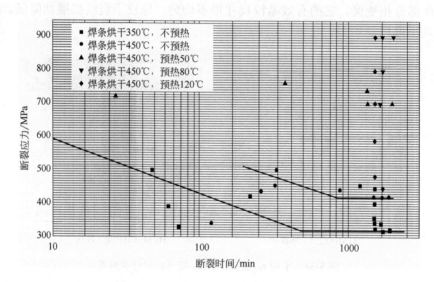

图 5-39   10Ni5CrMoV 钢的临界断裂应力

(2) 断口宏观形貌观察

插销试验结束后,将 24h 以内断裂的试样进行断口形貌目视观察,必要时采用放大镜,粗略地确定其纤维状断口和结晶状断口各占的比例,断口宏观形貌观察结果见表 5-67。

表 5-67   插销试验的试样断口宏观形貌观察结果

序号	焊条烘干条件	预热情况	断裂应力/MPa	断裂时间/h	纤维状断口/%	结晶状断口/%
1	350℃×2h	不预热	431	4.55	约10	约90
2	450℃×2h	不预热	431	14.92	约20	约80
3	350℃×2h	不预热	490	0.92	约20	约80
4	450℃×2h	不预热	490	5.43	约20	约80
5	350℃×2h	不预热	588	0.13	约30	约70
6	450℃×2h	50℃	784	0	约100	约0
7	450℃×2h	50℃	745	6.25	约90	约10
8	450℃×2h	50℃	725	21.75	约70	约30

由表 5-67 可以看出：不预热时，不论焊条烘干温度是高还是低，其断裂应力都是较低的，均在 600MPa 以下；当预热 50℃时，其断裂应力有了明显提高，都在 700MPa 以上。为便于理解，把前者称为低应力断裂，把后者称为高应力断裂。低应力断裂时对应的断口以结晶状（脆性断裂）为主，高应力断裂时对应的断口以纤维状（延性断裂）为主。试验表明，影响断口宏观形貌的因素，主要是焊条烘干温度和预热条件，与之对应的变化主要是焊缝中的扩散氢含量。除了氢的影响外，施加的应力大小对断口形貌也有一定影响。在同一焊条烘干温度时（如 350℃），且均不预热，焊缝含氢量应该是一样的，当其施加的应力较低时，断裂的持续时间增长，结晶状断口相应增多。在相同的预热温度下（如 50℃），且都是 450℃烘干，其含氢量也应是相同的，当其施加的应力较低时，断裂的持续时间也会增长，结晶状断口也相应增加。表明低应力断裂时，主要形成结晶状断口。

2）焊接接头的常用抗裂性试验

（1）直 Y 形坡口对接裂纹试验

试板尺寸为 200mm×150mm×40mm，采用 J857Ni 焊条。测定预热温度对裂纹的影响时，焊条不吸潮，烘干条件是 450℃×2h；测定吸潮时间对裂纹的影响时，焊条的烘干条件是 420℃×2h，放在 30℃×90%的恒温恒湿箱内 1～6h。上述两者的试验条件和裂纹率汇总于表 5-68。

表 5-68　直 Y 形坡口对接裂纹试验结果

预热温度/℃	吸潮时间/h	环境温度/℃	焊接电流/A	焊接速度/（mm/min）	表面裂纹率/%	断面裂纹率/%
150	0	3.5	170～180	100	0	0
100	0	3.0	170～180	128	0	0
80	0	-2	170～180	130	0	0
100	1	-2	170～180	112	7（弧坑）	4
100	2	-1	170～180	165	19	40
100	4	1	170～180	137	100	100
100	6	2	170～180	130	100	100

由表 5-68 得知，在焊条不吸潮的情况下，即使环境温度低，预热到 80℃以上仍可避免裂纹。但是，焊条吸潮超过 2h，即使预热到 100℃仍会在焊缝中出现严重裂纹。可见预防焊接材料吸潮是至关重要的。

（2）刚性固定对接裂纹试验

试板尺寸为 250mm×250mm×40mm，固定在 100mm 厚的底板上。采用 J857Ni 焊条，焊条烘干温度和预热温度对裂纹率的影响见表 5-69。

表 5-69　刚性固定对接裂纹试验结果

焊条烘干温度/℃	预热温度/℃	焊接电流/A	焊接速度/(mm/min)	裂纹情况
300	70～100	150～170	140～150	沿焊缝表面裂穿
460	不预热	150～170	140～150	焊缝表面裂纹率 30%
460	70～100	150～170	140～150	焊缝表面和内部均无裂纹

刚性固定对接裂纹试验结果表明，焊条烘干温度宜控制在 460℃，预热温度宜 ≥70℃。

（3）弧形角接裂纹试验

试件尺寸较大，板厚 50mm，长度 1.2m，宽度 0.8m，弯曲成弧形，配相同尺寸的立板，切割成弧形，加工上 V 形坡口。焊接规范与其他裂纹试验相似。弧形角接裂纹试验的环境条件和裂纹情况汇总于表 5-70。

由表 5-70 可知，焊条吸潮后焊缝中扩散氢含量明显增加，致使裂纹严重，应高度重视。当环境温度不低于 0℃，环境湿度≤80%时，预热和道间温度宜控制在 80～120℃；当环境温度低于-5℃时，预热和道间温度控制在 80～120℃还不足以消除裂纹，宜把预热和道间温度控制在 100～130℃，环境湿度越大，这一温度应越高。

表 5-70　弧形角接裂纹试验结果

环境温度 /℃	预热温度 /℃	道间温度 /℃	环境湿度 /%	吸潮量 /%	裂纹情况
2～3	70～100	80～120	≤80	不吸潮	无裂纹
7～8	80～120	80～120	≤80	不吸潮	无裂纹
11～13	不预热	≥70	≤80	不吸潮	无裂纹
14～16	70～100	≥70	≤80	0.07～0.15	三条裂纹，均小于 5mm
25～27	70～100	100～125	>90	2.3～3.8	大量焊缝表面横向裂纹
-12～-14	80～100	80～125	<80	不吸潮	一条裂纹，长 7mm
-5～-7	70～100	≥70	>90	不吸潮	大量焊缝表面横向裂纹

4．焊接接头的脆性或延性断裂

很多焊接结构的破坏事故是低应力下发生的脆性断裂，断裂前在表观上几乎不发生明显的塑性变形。工程上的脆断事故，总是由存在宏观缺陷或裂纹作为"源"的地方开始，在远低于屈服应力的条件下，由于疲劳或应力腐蚀等原因而逐渐扩展，最后导致突发性的低应力断裂。只要存在裂纹源，裂纹的扩展总是沿着韧性最差的部位进行。从这一点考虑，希望焊接接头的最薄弱部位要具有足够的韧性储备。

1）脆性或延性断裂裂纹的产生与扩展

在实际断裂中，不论是延性断裂还是脆性断裂，均由两个步骤所组成，首先在缺陷尖端或应力集中的地方产生微裂纹，然后该裂纹以一定形式扩展，最后造成结构失效破坏。中、低强度钢材的裂纹产生和扩展情况如图 5-40 所示。对于承受静载的结构，裂纹产生及扩展与温度的关系，如图中曲线 1 所示；动载试验时裂纹的产生及扩展与温度的关系，如曲线 2 所示。在曲线的第Ⅰ区，由于温度很低，在缺陷的尖端裂纹将以解理机制产生。在曲线的第Ⅱ区，由于温度升高，裂纹产生所需要的能量提高，裂纹为解理和剪切混合机制；在曲线的第Ⅲ区，裂纹的产生为纯剪切机制。

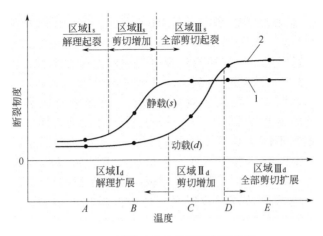

图 5-40 裂纹产生和扩展情况示意图

在分析裂纹扩展特性时发现，在图中温度 A 处施载启裂后，裂纹将以吸收能量最低的解理机制扩展。而在温度 B 处施载后，启裂前要产生一定的塑性变形，因而消耗一定的启裂功。如果使用的材料是对加载速度敏感的材料（在桥梁、采油平台、船舶中使用的焊接结构，多采用这类材料），启裂后仍以消耗能量少的解理机制扩展，其微观断口以对应于解理机制的形貌为主（如河流花样、扇状花样等）。如果在温度 C 处施载，启裂为消耗变形功较大的剪切机制，此后裂纹扩展虽然具有一定的剪切面积，但仍以对应于解理机制的断口为主。最后，如果在温度 D 处施载，则不论是裂纹启裂还是扩展，均以剪切机制进行。总的来看，在下平台温度区是解理断裂，呈解理断口；在上平台温度区是延性断裂，呈韧窝状断口；在过渡区即所谓延-脆性转变温度区间，启裂时要消耗变形功，但启裂后仍以消耗能量少的解理机制扩展，断口中解理或准解理断裂部分仍占很大比例，其断口为混合型。

2）脆性或延性断裂的断口形貌

（1）解理断口

解理断口属于穿晶脆性断裂，根据金属原子键合力的强度分析，对于一定晶系的金属，均有一组原子键合力最弱的、在正应力下容易开裂的晶面，这种晶面通常称为解理面。例如：属于体心立方晶系的金属，其解理面为{100}晶面。一个晶体如果是沿着解理面发生开裂，则称为解理断裂。面心立方金属通常不发生解理断裂。解理断口的特征是：宏观断口十分平坦，而微观形貌则是由一系列小裂面（每个晶粒的解理面）所构成。在每个解理面上可以看到一些接近于裂纹扩展方向的阶梯，通常称为解理阶。解理阶的形态是多种多样的，它与金属的组织类型和应力状态的变化有关。其中所谓"河流花样"是解理断口最基本的微观特征，河流花样解理阶是支流解理阶的汇合方向，故代表着断裂的扩展方向。汇合角的大小与材料的塑性有关，而解理阶的分布面积和解理阶的高度，与材料中位错密度和位错形态有关。因此，通过对河流花样解理阶的分析，可以帮助我们寻找主断裂源的位置，判断金属的脆性程度。典型的解理断口形貌见图 5-41，它具有明显的河流花样或舌形花样的特征。

（2）准解理断口

准解理断口也属于穿晶断裂，与解理断裂的不同之处在于，准解理为不连续的断裂过程，准解理裂纹的扩展路程比解理裂纹不连续得多。根据蚀坑技术分析，多晶体金属的准解理断裂，也是沿着原子键合力最薄弱的晶面（即解理面）进行。例如：对于体心立方金属（如钢等），准解理面也基本上是{100}晶面，但由于断裂面上存在较大程度的塑性变形，其断裂面不是一个严格准确的解理面。准解理断裂是介于解理断裂和韧窝断裂之间的一种过渡断裂形式。准解理的形成过程，首先在许多部位同时产生许多解理裂纹核，然后按解理方式扩展成解理小刻面，最后以塑性方式撕裂，与相邻的解理小刻面相连，形成撕裂脊。从断口的微观形貌特征来看，在准解理断裂中，每个小断裂面的微观形态类似于晶体的解理断裂，也存在一些类似的河流花样，但在各小断裂面之间的连接处，又具有某些不同于解理断裂的特征，如存在一些所谓的撕裂脊等。撕裂脊是准解理断裂的最基本的断口形貌特征。典型的准解理断口形貌见图 5-42。图中的白色部分是撕裂脊，是以塑性方式撕裂后的形貌；较大面积的白色部分则是剪切断裂区，它不同于撕裂脊。黑色部分是解理断裂面，是由很多解理小刻面组成的，小刻面的大小和形貌各异。如果发生断裂的温度刚好在延性-脆性转变温度的范围内，也常出现准解理断裂。

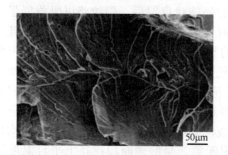

图 5-41 典型的解理断口形貌

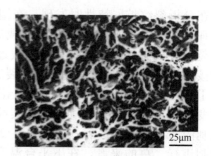

图 5-42 典型的准解理断口形貌

（3）韧窝断口

韧窝是金属塑性断裂的主要微观特征，它是材料在微小范围内塑性变形产生的显微空洞，经形核、长大、聚集且最后相互连接起来，最终断裂后在断口表面上所留下的痕迹，韧窝断口也称微孔聚集型断口。韧窝的大小表现在平均直径和深度两个方面，影响韧窝大小的主要因素：从材料方面讲有第二相的大小、密度，基体的塑性变形能力，形变硬化指数，等等；从外界条件讲则与应力大小和加载速率有关。典型的韧窝断口形貌参见图 5-43。通常，在断裂条件相同的情况下，韧窝直径越大、越深，表示材料的塑性越好，冲击吸收能量也越高，如图 5-43（a）所示。相反，韧窝直径越小、越浅，表示材料的塑性越差，冲击吸收能量也越低，如图 5-43（b）所示。

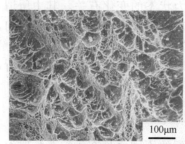

(a) 大而深的韧窝

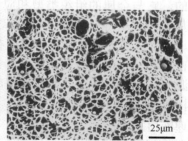

(b) 小而浅的韧窝

图 5-43 典型的韧窝断口形貌

（4）混合断口

如果材料断裂时的启裂阶段有一定剪切变形，而扩展阶段为解理断裂，则其断口多为混合断口形貌，包括韧窝与准解理混合断口，如图 5-44（a）；解理、准解理及剪切变形的混合断口，如图 5-44（b）。

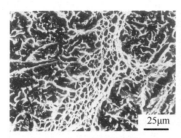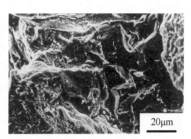

(a) 韧窝与准解理混合断口　　　　　　　　　(b) 解理与准解理混合断口

图 5-44　不同类型的混合断口形貌

上面所阐述的断裂，主要用于由同一种材质制成的试样，而实际的焊接结构或焊接接头，是由力学和冶金特性非均质的材料构成，还有焊接残余应力的作用等。在这样的条件下，裂纹通常在焊缝或热影响区的薄弱部位启裂，而后可能进入母材中扩展。显然，此时焊缝或热影响区的抗启裂性能是首位的，而对于母材，则其抗止裂性能是首位的，此乃焊接结构防断设计的基本要点。但是，作为焊接结构而言，抗启裂性能和抗止裂性能都是值得关注的。为防止焊接结构发生脆性破坏，相应地有两个设计准则，一是防止裂纹产生准则，即启裂控制；二是防止裂纹扩展准则，即扩展控制。前者要求结构的薄弱部位具有一定的抗启裂性能，后者则要求，一旦裂纹产生，材料应具备阻止裂纹扩展的能力。显然，后者的要求更为苛刻。

参 考 文 献

[1] 吴树雄. 焊条选用指南 [M]. 第四版. 北京：化学工业出版社，2010.

[2] 上田修三. 结构钢的焊接：低合金钢的性能及冶金学 [M]. 荆洪阳，译. 北京：冶金工业出版社，2004.

[3] 尹士科，王畅畅，王存. 日本两公司开发的大热输入焊接用高强度钢 [J]. 材料开发与应用. 2021（3）：78-85.

[4] 尹士科. 焊接材料及接头组织性能 [M]. 北京：化学工业出版社，2011.

[5] 尹士科，王移山，陈佩兰. 低合金高强度钢焊缝金属组织的研究 [J]. 金属学报，1987（10）：B266-B268.

[6] 畑野等、中川武、杉野毅. 780MPa 级高强度鋼溶接金属の組織に及ぼす Ti，B の影響 [J]. 神户製鋼技报，2008，No．1，18-23.

[7] 长谷川俊永. 高强度钢的溶接－高强度溶接金属のじん性向上技术[J]．溶接技术，2008：153-160.

[8] 尹士科，吴树雄，王移山. Ti-B 系碱性铁粉焊条的研制 [c] //第六届全国焊接学术会议论文集第3集．1990.

[9] 尹士科，小松肇，谷野满. 冷却过程中硼化物的析出行为 [J]. 金属学报，1982（5）：559-564.

[10] 木谷靖. 低炭素鋼大入热エレクトロスラグ溶接金属の高韧性化 [J]. 溶接学会論文集，2009，No．3，240-246.

[11] 岡崎喜臣. 高强度溶接金属の組織および韧性に及ぼす酸化物系介在物組成の影響 [J]. 溶接学会論文集，2009，No．2，131-137.

[12] 尹士科，王移山，陈佩兰. 热处理对低合金高强度钢及焊缝组织与性能的影响 [J]. 钢铁研究总院学报，1988，8（3）：43-46.

[13] 尹士科，黄古粉. 铁粉及其加入量对焊接性能的影响 [J]. 钢铁研究总院学报，1984（3）：279-286.

[14] P.A. 科兹洛夫著. 焊接船体钢时的氢 [M]. 尹士科，译. 北京：科学出版社，1973.

[15] 尹士科，王勇，谷野满. 钢中硼化物的析出行为 [J]. 钢铁研究学报，2012，24（11）：45-49.

[16] 尹士科，黄古粉，王移山. 焊缝中的氢及其逸出行为 [J]. 焊接，1987（4）：6.

[17] 尹士科，吴树雄，王移山，等. 高效铁粉焊条焊接气孔的研究 [C] //第三届中日焊接科学与技术讨论会文集. 镇江，1989.

[18] 尹士科，郭怀力，王移山. 焊接热循环对 10Ni5CrMoV 钢组织的影响 [J]. 焊接学报，1996（1）：25-30.

[19] 尹士科，张忠文，王先礼. Cr-Al 钢焊接热影响区冲击韧性研究 [J]. 钢铁研究学报，1991（3）：57-61.

[20] 尹士科，王移山，王勇. 低合金钢焊接热影响区的静载断裂特性研究 [J]. 钢铁研究学报，2013（4）：49-53.

[21] 李少华，尹士科，刘奇凡. 焊接接头强度匹配和焊缝韧性指标综述 [J]，焊接，2008（1）：24-27.

[22] 哈尔滨焊接研究所编著. 焊接裂纹金相分析图谱 [M]. 哈尔滨：黑龙江科学技术出版社，1981.

[23] 尹士科，吴树雄. 焊缝中气孔的形貌及其成因分析 [J]. 焊接材料信息，2020，（2）23-27.

[24] 尹士科. 低碳低合金钢焊缝金属的铁素体组织 [J]. 焊接材料信息，2021（1）15-20.

[25] 尹士科，王畅畅，王存. 日本 JFE 公司开发的大热输入焊接用高船板钢 [J]. 焊接材料信息，2021（2）：38-42.

[26] 尹士科，王畅畅，王存. 日铁公司开发的大热输入焊接用建筑结构钢 [J]. 焊接材料信息，2021（3）：26-31.

[27] 尹士科，王畅畅，王存. 日本神户制钢公司开发的大热输入焊接用高强度钢板 [J]. 焊接材料信息，2021（4）：35-39.

[28] 尹士科，王移山，彭云. 不同强度级别的焊缝金属组织特征及其对韧性的影响 [J]. 钢铁研究学报，2014（7）：55-60.

[29] 尹士科，卢军华. 含氧量对低合金钢焊缝组织和韧性的影响 [J]. 焊接，2013（6）：10-15.

[30] 路勇超，尹士科. 高强度焊缝金属的韧化途径研究 [J]. 焊接技术，2018（12）：5-8.

[31] 尹士科，喻萍，王移山. 焊接接头的抗动载断裂特性 [J]. 机械制造文摘（焊接分册），2014（6）：1-6.

[32] 尹士科，吴树雄，喻萍. 铝在自保护药芯焊丝中的作用及焊缝韧化途径分析 [J]. 焊接分册，2015（1）：10-15.

[33] 李亚江，王娟. 焊接性试验与分析方法 [M]. 北京：化学工业出版社，2014.

[34] 李亚江，先进材料焊接技术 [M]. 北京：化学工业出版社，2012.

[35] 尹士科，吴树雄. 焊缝中扩散氢含量的影响因素 [J]. 焊接材料信息，2022（1）：42-45.

［36］张朋彦，高彩茹，朱伏先．超大热输入焊接用 EH40 钢的模拟熔合线组织与性能［J］．金属学报，2012（3）：264-270．

［37］陈晓，卜勇，习天辉．武钢大线能量焊接系列钢的研发进展［J］．中国材料进展，2011，30（12）：34-39．

［38］张宇，徐红梅，潘鑫，等．大焊接热输入船板 EH40 气电立焊接头的组织和性能［J］．焊接，2013（3）：38-41．

［39］尹士科，王移山．低合金钢焊接特性及焊接材料［M］．北京：化学工业出版社，2014．

［40］尹士科．焊接材料实用基础知识［M］．北京：化学工业出版社，2015．

［41］尹士科，边境，陈默．钢铁材料焊接施工概览［M］．北京：化学工业出版社，2020．

［42］児岛，植森．利用微细粒子使热影响区组织细化技术开发厚钢板［J］．まてりぁ，2003：42，67．

［43］铃木伸一．溶接热影响部韧性に優した造船用高張力钢板［J］．JFE 技报，2004：5，19．

［44］児道明彦．微细粒子にょる HAZ 细粒高韧化技术"HTUFF"の開発［J］．新日铁技报，2004，第 380 号：2-5．

［45］安部．大热输入溶接用高强度厚钢板［J］．R&D 神户制钢技报，2005：2，26．

［46］一宫克行．"JFE EWEL"技术を適用した大热输入溶接仕様 YP460 级钢板［J］．JFE 技报，2007：11，13．

［47］Evans，G.M. Effect of manganese on the microstructure and properties of all-weld-metal deposits．［J］．Welding Journal，（1980）：67-75．

［48］Evans，G.M．The Effect of Carbon on the Microstructure and Properties of C—Mn All-Weld Metal Deposits．Weld．Res．Abroad 19.1（1983）：13-24．

［49］Lee，Jye-Long，Yeong-Tsuen Pan．Effect of silicon content on microstructure and toughness of simulated heat affected zone in titanium killed steels．Materials science and technology 8.3（1992）：236-244．

［50］Erik J．Pavlina，C.J．Van Tyne，J.G．Speer．Effects of combined silicon and molybdenum alloying on the size and evolution of microalloy precipitates in HSLA steels containing niobium and titanium．Materials Characterization 102（2015）35-46．

［51］王超，娄号南，王丙兴，等．合金元素对大线能量焊接用钢组织性能的影响［J］．钢铁，2018，53（6）：85-91，97．

［52］栗卓新，张天理，Kim H J．低合金高强钢焊缝金属中 AF 的研究进展［J］．中国材料进展，2012，31（01）：50-55．

［53］魏然，吴开明．低合金高强度钢焊缝金属中针状铁素体的微观组织［J］．焊接学报，2010，31（07）：47-51．

［54］刘湃．大线能量焊接高强船板钢氧化物冶金新技术的新进展［J］．世界钢铁，2012，12（01）：20-28．

［55］宋峰雨．大热输入药芯焊丝焊缝熔敷金属组织及力学性能研究（D）．沈阳：东北大学，2017．

［56］阿荣，赵琳，潘川，等．硼对低合金高强钢大热输入焊缝韧性的影响［J］．机械工程学报，2014，50（24）：100-105．

［57］Babu，Sudarsanam Suresh．The mechanism of acicular ferrite in wel deposits．Current Opinion in Solid State and Materials Science 8.3-4（2004）：267-278．

［58］王征，桂赤斌，王禹华．钛对气保护药芯焊丝熔敷金属组织韧性的影响［J］．焊接学报，2009，30（11）：109-113．

［59］刘政军，武丹，苏允海．B 元素对药芯焊丝焊缝金属针状铁素体形成的影响［J］．焊接学报，2018，39（12）：19-25．

［60］刘洪波，李建新，吝章国，等．大热输入焊接用 EH40 船板钢焊接热影响区组织转变与力学性能［J］．焊接，2020（11）：21-28．

［61］Wegrzyn，T. Effect of oxygen on the toughness of low-carbon，low-hydrogen steel weld metal．Welding international 6.9（1992）：683-689．

［62］Ilman，M.N.，R.C．Cochrane，G.M．Evans．Effect of titanium and nitrogen on the transformation characteristics of acicular ferrite in reheated C-Mn steel weld metals．Welding in the World 58.1（2014）：1-10．